3D프린터 실기/실습

# 인벤터 3D 프린팅

이광수 편저

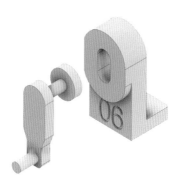

일진사

최근 4차 산업혁명의 도구로 개인용 3D프린터가 급속히 보급되고 있습니다. 이에 따라 3D프린팅 데이터를 만들어주는 모델링 소프트웨어에 대한 시장도 민감하게 바뀌고 있습니다.

개인 사용자는 물론 산업계에서도 사용하기 쉽고 안정적이며 다양한 기능을 탑재한 3D CAD 프로그램이 각광을 받고 있습니다. 가장 대표적인 것이 오토데스크 사의 인벤터(Inventor)입니다. 최근 오토데스크 사는 급변하는 외부 환경 변화와 고객들의 니즈에 맞춰 학교를 중심으로 인벤터 프로그램을 무료로 보급하고 있습니다.

인벤터는 학생의 인증만 있으면 정품 프로그램을 무료로 사용할 수 있습니다. 이러한 외부 환경 변화와 비대면 수업에 대응하여 대폭 개선된 교육용 버전을 정품으로 사용하는 학생들에게는 무척 낯설고 사용하기 어려울 수 있습니다.

특히 3D프린팅은 4차 산업의 다양한 분야에서 여러 형태로 적용되고 있기 때문에 전문가가 아닌 사람들도 직접 디자인해서 3D프린터를 활용할 수 있습니다.

이에 따라 본 저자는 최신 버전의 기능을 가장 적절히 전달할 수 있는 과제를 선정하여 다음과 같은 특징으로 이 책을 집필하였습니다.

**첫째,** 3D 형상 모델링 입문자가 내용을 이해하는 데 걸리는 시간을 최소화하고, 수업 시뮬레이션을 실시하여 그 내용을 누구나 쉽고 빠르게 따라 할 수 있도록 편집하였습니다.

**둘째,** 반복적인 명령어 사용과 자세한 설명으로 이 책을 따라만 하더라도 3D모델링을 할 수 있도록 이미지와 명령어를 순서대로 나열하였습니다.

**셋째,** 3D프린터운용기능사 자격증 시험을 준비하는 수험자가 빠른 시간에 관련 기능을 습득할 수 있도록 공개도면 모델링 따라하기로 편성하였습니다.

끝으로 이 책이 학습자에게 유용하고 꿈을 실현하는데 도움이 되기를 바라며, 아울러 이 책을 출판하기까지 여러모로 도와주신 도서출판 **일진사** 직원 여러분께 감사드립니다.

저자 씀

# 차례 CONTENTS

## Chapter **3** 3D프린터 모델링 기법     79

# Inventor의 시작

INVENTOR 3D PRINTING

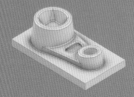

## 1  Inventor 시작 및 화면 구성

### (1) Inventor의 초기 화면

Inventor를 실행하면 위와 같은 화면이 나타난다. 주요 아이콘별 기능은 다음과 같다.

① **새로 만들기** : 새로운 작업을 시작할 때 선택한다.

② **열기** : 기존에 저장된 작업 파일을 불러온다.

③ **최근 문서** : 가장 최근에 작업한 데이터를 불러온다.

[새로 만들기]를 클릭하면 다음과 같은 화면이 나온다.

시작하기 ⇨ 시작 ⇨ 새로 만들기 ⇨ 부품—2D 및 3D 객체 작성 ⇨ Standard.ipt ⇨ 작성

## (2) Inventor 화면 구성

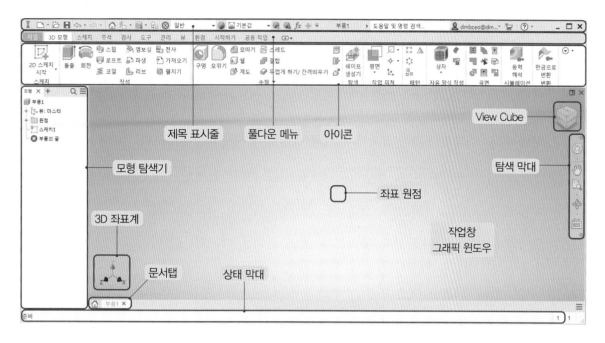

## (3) 응용프로그램 메뉴

- 새로 만들기 : 새 파일을 작성한다.
- 열기 : 기존에 저장된 작업 파일을 불러온다.
- 저장 : 파일을 저장한다.
- 다른 이름으로 저장 : 다른 이름의 파일 사본을 저장한다.
- 내보내기 : 파일을 DWG, PDF 또는 다른 CAD/이미지 형식으로 내보내기 한다.
- 관리 : 모든 파일을 변환 또는 갱신하여 관리한다.
- Vault 서버 : Vault로 연결한다.
- iProperties : iProperties로 연결한다.
- 인쇄 : 인쇄(출력)한다.
- 닫기 : 닫기

① **최근 문서** : 가장 최근에 사용한 파일이 맨 위부터 목록에 나열되고, 파일을 선택하여 파일을 불러온다.

② **현재 열린 문서** : 가장 최근에 연 파일이 맨 위부터 목록에 나열되고, 파일을 선택하여 파일을 불러온다.

③ **옵션** : 응용프로그램 옵션 대화상자에서 옵션을 선택한다.

④ **inventor 종료**

## (4) 신속 접근 도구막대

- 많이 사용하는 명령 도구들을 생성하여 사용한다.
- 소프트웨어 버전 이름 : 사용 중인 Autodesk Inventor 소프트웨어 이름과 버전을 표시한다.
- 파일 이름 : 현재 사용 중인 파일 이름을 표시하며, 파일 이름을 지정하지 않은 경우 [부품 1], [부품 2], … 등의 순서로 파일이 생성된다.

① **정보 센터** : 다양한 정보를 검색하며, 제품 갱신 및 공지사항에 연결하여 정보를 제공 받는다.

② **도움말 항목 검색** : 대화상자, 팔레트의 설명, 절차 및 자세한 내용이나 용어 정의를 빠르게 검색하고, 사용법을 검색한다.
- 키를 선택한다.
- 신속 접근 도구막대에서 도움말 ⑦ 항목을 선택한다.

## (5) 리본

① **명령 아이콘** : 기능별로 명령 아이콘을 나열하며, 탭들을 분류하여 묶은 활성화된 창에 따라 변경된다.

윈도우 그래픽 창 위에서 마우스 오른쪽 클릭 ⇨ 고정 위치(리본 메뉴를 위와 왼쪽, 오른쪽으로 배치할 수 있다.)
맨 위 : 수평 리본은 창 맨 위에 위치한다.
왼쪽 : 수직 리본은 창 왼쪽에 위치한다.
오른쪽 : 수직 리본은 창 오른쪽에 위치한다.

② **키 탭**

Alt 키, F10 키를 선택하면 응용프로그램 메뉴가 나타나며, 표시된 영문키를 선택하면 명령이 실행된다.

## (6) View Cube

View Cube를 클릭하여 뷰에서 선택한 객체 또는 전체 모형으로 창을 채우고 회전한다. View Cube 근처에 표시된 홈 버튼은 뷰에 맞춤을 수행하는 동안에 모형을 3/4 뷰 또는 사용자 정의 뷰로 회전한다. View Cube 메뉴를 허용하여 홈 뷰를 정의한다.

## (7) 탐색 막대

줌 및 초점 이동 컨트롤이 포함된 탐색 막대와 Autodesk 탐색 휠의 화면표시를 on/off한다.

| 아이콘 | 도구 | 기능 |
|---|---|---|
| | Steering Wheels | 다수의 일반 탐색 도구를 단일 인터페이스로 결합한 도구이다. |
| | 초점 이동 | 커서를 그래픽 창에서 뷰를 끄는 데 사용되는 4방향 화살표로 변경한다. |
| | 줌 창 | 선택한 영역으로 그래픽 창을 채운다. 십자선 커서를 사용하여 부품, 조립품 또는 도면의 한 영역이 그래픽 창을 채우도록 정의할 수 있다. |
| | 자유 회전 | 회전축 주변 또는 중심에서 커서 입력을 기준으로 뷰를 동적으로 회전한다. 회전 기호에는 수직축과 수평축이 있다. 도면에서는 사용되지 않는다. |
| | 면 보기 | 선택한 면은 화면에 평행하게, 선택한 모서리는 화면에 수평하게 배치하고, 선택 항목은 중심에 오도록 한다. |
| F5 | 이전 뷰 | 작업하는 중에 F5 키는 이전 뷰로 복원할 수 있다. |
| Shift + F5 | 다음 뷰 | 작업하는 중에 Shift + F5 키는 다음 뷰로 되돌아간다. |

## (8) 화면표시

음영처리, 모서리로 음영처리, 와이어프레임 등으로 표시할 수 있다.
뷰 ⇨ 모양

| 아이콘 | 도구 | 기능 |
|---|---|---|
| | 사실적 | 고품질 음영처리를 사실적으로 텍스트 처리된 모형 |
| | 음영처리 | 부드럽게 음영처리된 모형 |
| | 모서리로 음영처리 | 가시적 모서리로 부드럽게 음영처리된 모형 |
| | 숨겨진 모서리로 음영처리 | 숨겨진 모서리로 부드럽게 음영처리된 모형 |
| | 와이어프레임 | 모형 모서리만으로 표시 |
| | 숨겨진 모서리로 와이어프레임 | 숨겨진 모서리가 표시된 모형 모서리 |

### (9) 모형탐색기

부품 작업 요소 간의 상호 관계 구조 등의 정보를 표시한다.

### (10) 상태 막대

활성 창의 하단에 표시되는 상태 막대의 화면표시를 켜거나 끄고 작업의 다음 단계에 대해 프롬프트를 표시한다. 프롬프트는 상태 막대의 왼쪽에 표시되고 메모리 상태 표시는 가장 오른쪽에 표시된다. 상태 막대는 작업을 계속하는 데 필요한 명령이 있을 때 표시된다.

### (11) 작업창

• 문서 탭 : 문서가 둘 이상 열려 있을 때 그래픽창의 하단에 표시되는 문서 탭을 표시하거나 숨긴다. 탭을 클릭하면 열려 있는 문서들 간에 전환할 수 있다. 창은 바둑판식이나 계단식으로 화면에 배열할 수 있다.

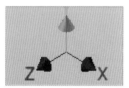

• 기능 목차 메뉴

윈도우 그래픽 화면에서 마우스 오른쪽 클릭

기능의 목차 메뉴를 제공하며, 선택한 객체의 자주 사용하는 기능을 표시하고 선택하면 명령이 실행할 수 있다.

• 3D 좌표계

기본 좌표계는 X축−적색, Y축−녹색, Z축−청색으로 표시한다.

### (12) 사용자 메뉴 만들기

리본 빈 공간에서 마우스 오른쪽 버튼을 클릭하면 팝업창이 나오며, 체크하여 리본 메뉴를 추가할 수 있다.

## 2 기본 명령어

### 1 새로 만들기( Ctrl + N )

새 파일 대화상자에 표시된 템플릿 파일을 선택하여 새로운 작업을 시작한다.

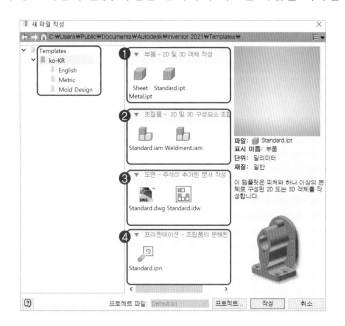

- Templates 탭 : 기본 표준 파일을 새로 생성한다.
- English 탭 : Inch계열의 파일(ANSI, Inch계열)을 새로 생성한다.
- Metric 탭 : mm계열의 파일(JIS, DIN, ISO, mm계열)을 새로 생성한다.
- Mold Design 탭 : 금형설계의 파일을 새로 생성한다.

#### ❶ 부품-2D 및 3D 객체 작성
- Sheet Metal.ipt : 판금 부품 파일을 작성한다.
- Standard.ipt : 부품 파일을 작성한다.

#### ❷ 조립품-2D 및 3D 구성 요소 조립
- Standard.iam : 조립품을 작성한다.
- Weldment.iam : 용접의 조립품(구조물)을 작성한다.

#### ❸ 도면-주석이 추가된 문서 작성
- Standard.dwg : Inventor 도면(.dwg)을 작성한다.
- Standard.idw : Inventor 도면(.idw)을 작성한다.

#### ❹ 프리젠테이션-조립품의 분해된 투영 작성
- Standard.ipn : Autodesk Inventor 프리젠테이션을 작성한다.

## 2 열기(Ctrl + O)

열기 대화상자는 기존에 작성하여 저장한 파일을 연다.

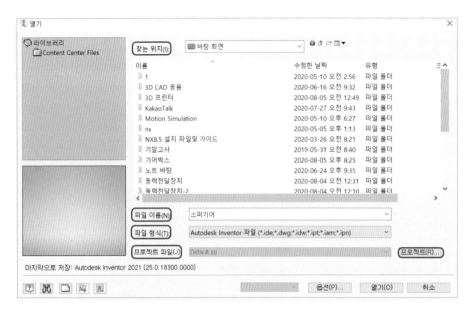

- 찾는 위치(I) : 찾는 파일 경로의 위치
- 파일 목록 창 : 파일의 목차를 표시
- 파일 이름(N) : 열고자 하는 파일 이름을 입력한다.
- 파일 형식(T) : 나열된 파일 목록에서 열고자 하는 형식을 선택한다.
- 프로젝트 파일(J) : 프로젝트 파일을 표시
- 프로젝트(R)... : 프로젝트 파일의 프로젝트 대화상자를 연다.

## 3 저장

파일 이름과 형식으로 지정하여 저장한다.

① 신속 접근 막대 ⇨ 💾

　　단축 키 : Ctrl + S

② 파일 ⇨ 저장 ⇨ 💾 저장
　　　　　　　　　활성 파일을 저장합니다.

　　열려 있는 파일이 지정되며, 파일은 열린 상태로 유지된다.

③ 파일 ⇨ 저장 ⇨ 💾 전체 저장
　　　　　　　　　열려 있는 모든 파일을 저장합니다.

　　열려 있는 모든 파일은 지정되며, 파일은 열린 상태로 유지된다.

## 4 다른 이름으로 저장

다른 파일 이름과 형식으로 지정하여 저장한다.

① 파일 ⇨ 다른 이름으로 저장 ⇨ 🖫 **다른 이름으로 저장**
다른 파일 이름의 파일을 기본 형식으로 저장합니다.

원본의 파일 내용은 변경하지 않고 파일을 닫는다. 새로운 파일은 다른 이름으로 저장하여 팝업창에서 지정한 파일로 저장되며, 열린 상태로 유지한다.

② 파일 ⇨ 다른 이름으로 저장 ⇨ 🖫 **활성 문서 컨텐츠를 다른 이름으로 사본 저장** 대화상자에서 지정한 파일로 저장합니다. 원래 파일은 열려 있습니다.

사본 파일은 다른 이름으로 팝업창에서 지정한 파일로 저장되며, 원래 파일은 열린 상태로 유지한다.

③ 파일 ⇨ 다른 이름으로 저장 ⇨ 🖫 **템플릿으로 사본 저장** 활성 파일을 템플릿 폴더에 템플릿으로 저장합니다.

열린 파일은 템플릿 폴더에 사본 템플릿으로 저장되며, 원본 파일은 열린 상태로 유지한다.

④ 파일 ⇨ 다른 이름으로 저장 ⇨ 📦 **Pack and Go** 현재 활성 파일 및 모든 참조 파일을 단일 위치에 패키징합니다.

현재 열린 파일과 해당 파일의 모든 참조로 단일 경로 위치로 묶는다.

## 5 내보내기

① 파일 ⇨ 내보내기 ⇨ 📄 **DWG로 내보내기** DWG 파일 형식으로 파일을 내보냅니다.

파일을 DWG 파일로 내보낸다.

② 파일 ⇨ 내보내기 ⇨ 🖼 **이미지** 파일을 BMP, JPEG, PNG 또는 TIFF와 같은 이미지 파일 형식으로 내보냅니다.

파일을 이미지 형식(BMP, JPEG, PNG, TIFF 파일 등)으로 내보낸다.

③ 파일 ⇨ 내보내기 ⇨ 📄 **PDF** 파일을 PDF 파일 형식으로 내보냅니다.

파일을 PDF 파일 형식으로 내보낸다.

④ 파일 ⇨ 내보내기 ⇨ 📄 **CAD 형식** 파일을 Parasolid, PRO-E 또는 STEP과 같은 CAD 파일 형식으로 내보냅니다.

파일을 다른 CAD 파일 형식(Parasolid, PRO-E, STEP 파일 등)으로 내보낸다

⑤ 파일 ⇨ 내보내기 ⇨ 🌐 **DWF 보내기** DWF 파일이 첨부된 기본 전자 메일 응용프로그램을 실행합니다.

파일을 기본 전자 메일 응용프로그램을 실행하여 DWF 파일 형식으로 내보낸다.

⑥ 파일 ⇨ 내보내기 ⇨ 🌐 **DWF로 내보내기** 파일을 DWF 파일 형식으로 내보냅니다.

파일을 DWF 파일 형식으로 내보낸다.

## 6 관리

프로젝트를 작성 · 편집하며, 스프레드시트 및 문자 파일의 데이터 파일을 유지, 이전 Inventor 버전의 수동 변환, 오래된 파일을 모두 갱신, 관리한다.

① 파일 ⇨ 관리 ⇨ 📄 **프로젝트** 프로젝트를 작성하거나 편집합니다.

프로젝트를 작성하거나 편집한다.

② 파일 ⇨ 관리 ⇨ **iFeature 카탈로그 보기**
Windows 탐색기에서 iFeature 폴더를 엽니다. iFeature 객체를 Inventor 문서로 끌어서 놓을 수 있습니다.

Windows 탐색기에서 iFeature 폴더를 연다.

③ 파일 ⇨ 관리 ⇨ **Design Assistant**
스프레드시트 및 텍스트 파일을 포함하여 현재 활성 파일 및 관련 데이터 파일을 찾고 추적하고 유지합니다.

스프레드시트 및 문자 파일을 포함하여 현재 활성 파일 및 관련 데이터 파일을 찾고 추적하고 유지한다.

④ 파일 ⇨ 관리 ⇨ **변환**
이전 Inventor 버전에서 작성한 파일을 현재 버전으로 수동 변환합니다.

이전 Inventor 버전에서 작성한 파일을 현재 버전으로 변환한다.

⑤ 파일 ⇨ 관리 ⇨ **갱신**
세션에서 오래된 파일을 모두 업데이트 합니다.

세션에서 오래된 파일을 모두 갱신한다.

## **7** 인쇄

### (1) 모형, 도면을 전부 또는 일부를 출력(플롯하거나 인쇄)한다.

① 파일 ⇨ 인쇄 ⇨ **인쇄**
인쇄하기 전에 프린터 및 기타 인쇄 옵션을 선택합니다.

인쇄하기 전에 프린터, 기타 인쇄 옵션을 설정한다.

② 파일 ⇨ 인쇄 ⇨ **인쇄 미리보기**
인쇄하기 전에 페이지를 미리 보고 변경합니다.

인쇄하기 전에 페이지를 미리보고 확인할 수 있다.

③ 파일 ⇨ 인쇄 ⇨ **인쇄 설정**
인쇄하지 않고 프린터 및 기타 인쇄 옵션을 선택합니다.

프린터, 기타 인쇄 옵션을 설정한다.

### (2) 인쇄 대화상자

① **프린터**

- 이름(N) : 연결된 프린터 또는 플로터를 지정한다.
- 속성(P)... : 용지 크기 및 방향을 설정하는 인쇄 설정 팝업창을 연다.

② **인쇄 범위**

◉ 모두(A) : 도면의 모든 시트를 인쇄한다.

◉ 페이지 지정(G) : 시작과 끝을 지정하여 지정된 범위만 인쇄한다.

　시작(F)~끝(T) : 인쇄 시작 페이지와 마지막 페이지를 입력한다.

◉ 선택 영역(S) : 선택한 모형의 일부 영역만 인쇄한다.

③ **인쇄 매수 : 인쇄할 인쇄 매수를 설정한다.**

매수(C) : 인쇄 매수를 입력한다.

☑ 한 부씩 인쇄(O) : ☑ 체크하면 한 부씩 인쇄한다.

## (3) 도면 인쇄 대화상자

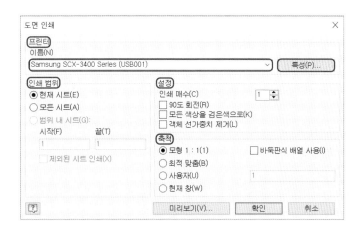

① **프린터**

- 이름(N) : 연결된 프린터 또는 플로터를 지정한다.
- 특성(P)... : 용지 크기 및 방향을 설정하는 인쇄 설정 팝업창을 연다.

② **인쇄 범위**

◉ 현재 시트(E) : 작업창에서 선택한 도면의 현재 시트만 인쇄한다.

◉ 모두(A) : 도면의 모든 시트를 인쇄한다.

◉ 범위 내 시트(G) : 시작과 끝 상자에 지정한 시트 범위만 인쇄한다.

　시작(F)~끝(T) : 인쇄 시작 페이지와 마지막 페이지를 입력한다.

☑ 제외된 시트 인쇄(X) : 대화상자에서 제외 옵션으로 제외한 시트를 인쇄한다.

③ **설정**

인쇄 매수 : 인쇄 매수를 입력한다.

☑ 90도 회전(R) : 도면을 90도 회전하여 출력한다.

☑ 모든 색상을 검은색으로(K) : 도면을 흑백으로 출력한다.

☑ 객체 선 가중치 제거(L) : 도면의 선 가중치 설정을 무시하고, 선 굵기를 일정하게 인쇄한다.

④ **축척**

⊙ 모형1 : 1(1) : 도면을 1 : 1 현척으로 출력한다.

⊙ 최적 맞춤(B) : 도면을 용지 크기에 맞추어 출력한다.

⊙ 사용자(U) : 사용자가 축척(모형 : 용지)을 설정한다.

⊙ 현재 창(W) : 현재 창 도면의 축척을 용지 크기에 맞게 설정한다.

☑ 바둑판식 배열 사용(I) : 여러 페이지를 바둑판식으로 배열한다.

⑤ **미리보기(V)...** : 인쇄할 도면을 미리보기 이미지로 표시한다.

## 8 취소 및 복귀

사용한 명령을 취소 및 복귀한다.

① **취소**

• 바로 전에 시행한 명령을 취소하며, 계속 선택하면 명령을 시행한 역순으로 명령이 취소된다.

• 신속 막대 : ⇦

• 단축키 : Ctrl + Z

② **명령 복구**

• 바로 전에 취소한 명령을 복구하며, 계속 선택하면 최근에 작업한 상태까지 복구한다.

• 신속 막대 : ⇨

• 단축키 : Ctrl + Y

③ **마지막 반복 명령**

• 바로 전에 사용한 명령을 반복하여 사용한다.

• Space Bar 또는 Enter↵ 키를 선택하거나 작업창에서 오른쪽 마우스를 선택하고, 목차 메뉴에서 반복을 선택한다.

## 3 단축키

많은 프로그램들은 작업을 빠르게 수행하도록 미리 단축키를 지정하여 사용한다.

### 1 단축키 조합에 사용한 정의

① Ctrl, Alt, Shift + 영문자, 숫자와 모든 조합이다.
② 숫자(0~9), 문장 부호 키 또는 Home, End, Page Up, Page Down 등과 키의 조합
③ 문장 부호 키([{[], }]], ;, ", <, >, ?/, -, +=, |\ 등)와 PgUp, PgDn, End, Home, ↑, ↓, ↑, ↑, F1 - F12
④ 기능키와 단축키가 지정되어 있으면 사용자 정의를 할 수 없다.

### 2 Windows 단축키

| 단축키 | 기능 | 탭 | 단축키 | 기능 | 탭 |
|--------|------|-----|--------|------|-----|
| Ctrl+A | 모두 선택 | 전체 | Ctrl+X | 잘라내기 | 관리 전역 |
| Ctrl+C | 선택한 항목 복사 | 전역 | Ctrl+V | 붙여넣기 | 전역 |
| Ctrl+N | 새로 만들기 | | Ctrl+S | 저장 | |
| Ctrl+O | 열기 | | Ctrl+Y | 명령 복구 | |
| Ctrl+P | 인쇄 | | Ctrl+Z | 명령 취소 | |

### 3 Inventor 단축키

#### (1) 전역

| 키 | 이름 | 기능 | 키 | 이름 | 기능 |
|-----|------|------|-----|------|------|
| F1 | 도움말 | 도움말을 표시 | F2 | 초점 이동 | 작업창 초점 이동 |
| F3 | 줌 | 작업창 줌 확대/축소 | F4 | 회전 | 객체 회전 |
| F5 | 이전 뷰 | 이전 뷰로 이동 | F6 | 등각투영 뷰 | 모형의 등각투영 뷰 표시 |
| ESC | 종료 | 명령 종료 | Delete | 삭제 | 객체 삭제 |
| Ctrl+C | 복사 | 항목 복사 | Ctrl+N | 파일 작성 | 새 파일 대화상자 열기 |
| Ctrl+O | 새 파일 열기 | 열기 대화상자 열기 | Ctrl+P | 인쇄 | 인쇄 대화상자 열기 |
| Ctrl+S | 문서 저장 | 문서 저장 | Ctrl+V | 붙이기 | 클립보드의 항목 붙여넣기 |
| Ctrl+Y | 명령 복구 | 마지막 명령 취소 | Ctrl+Z | 명령 취소 | 마지막으로 실행한 명령을 취소 |

Chapter
1
Inventor의 시작

| 키 | 이름 | 기능 | 키 | 이름 | 기능 |
|---|---|---|---|---|---|
| Shift + 오른쪽 마우스 | | 목차 메뉴에 선택 도구 나열 | Shift + 회전 | | 자동으로 모형 회전 |
| ] | 작업 평면 | 작업 평면 작성 | / | 작업축 | 작업축 작성 |
| . | 작업점 | 작업점 작성 | : | 고정 작업점 | 고정 작업점 작성 |
| Alt + F11 | Visuual Basic Editor | Visuual Basic 프로그램을 작성 및 편집 | Shift + F3 | 줌 창 | 줌 창 실행 |
| Shift + F5 | 다음 | | Shift + Tab | 승격 | |
| Alt + F8 | 매크로 | 매크로 작성 및 편집 | | | |

## (2) 스케치

| 키 | 이름 | 기능 | 키 | 이름 | 기능 |
|---|---|---|---|---|---|
| F7 | 그래픽 슬라이스 | 스케치 평면으로 모형을 자르기 | F8 | 구소족건 표시 | 구속조건을 모두 표시 |
| F9 | 구속조건 숨기기 | 전체 구속조건 숨기기 | Tab | 입력창 이동 | 입력창 이동 |
| C | 중심점 원 | 원 작성 | D | 일반 치수 | 치수 작성 |
| CP | 원형 패턴 | 원형 패턴 작성 | L | 선 | 선 작성 |
| ODS | 세로좌표 치수 세트 | 세로좌표 치수 세트 도구 | RP | 직사각형 패턴 | 직사각형 패턴 작성 |
| S | 2D 스케치 | 2D 스케치 도구 | T | 텍스트 | 문자 작성 |
| Space Bar | 자르기 | 자르기 | | | |

## (3) 부품

| 키 | 이름 | 기능 | 키 | 이름 | 기능 |
|---|---|---|---|---|---|
| CH | 모따기 | 모따기 작성 | D | 면 기울기 | 면 기울기 작성 |
| E | 돌출 | 돌출 작성 | F | 모깎기 | 모깎기 작성 |
| H | 구멍 | 구멍 작성 | LO | 로프트 | 로프트 작성 |
| MI | 대칭 | 대칭 작성 | R | 회전 | 회전 도구 |
| RP | 직사각형 패턴 | 직사각형 패턴 작성 | S | 2D 스케치 | 2D 스케치 도구 |
| S3 | 3D 스케치 | 3D 스케치 도구 | SW | 스윕 | 스윕 작성 |

## (4) 조립품

| 키 | 이름 | 기능 | 키 | 이름 | 기능 |
|---|---|---|---|---|---|
| Alt +마우스 끌기 | | 조립품에서 메이트 구속 조건 적용 | C | 구속조건 | 구속조건 도구 |
| CH | 모따기 | 모따기 작성 | F | 모깎기 | 모깎기 작성 |
| H | 구멍 | 구멍 작성 | M | 구성요소 이동 | 구성요소 이동 도구 |
| MI | 대칭 | 대칭 작성 | N | 구성요소 작성 | 구성요소 작성 도구 |
| P | 구성요소 배치 | 구성요소 배치 도구 | Q | iMate 작성 | iMate 작성 도구 |
| R | 회전 | 회전 도구 | RO | 구성요소 회전 | 구성요소 회전 도구 |
| S | 2D 스케치 | 2D 스케치 도구 | SW | 스윕 | 스윕 작성 |

**TIP>>**
일부 단축키 및 명령은 특정 환경에서만 활성화된다.

## 4 응용프로그램 환경 설정하기

모델링 작업을 시작하기 전에 부품 환경을 설정하여 적용한다.
도구 ⇨ 옵션 ⇨ 응용프로그램 옵션

## 1 응용프로그램 옵션 – 일반

## (1) 시작

시작할 때 도움말을 표시한다.

☑ 시작 작업 : 시작 대화상자의 문서 옵션은 선택하여 시작한다.

⊙ 파일 열기 대화상자 : 파일 열기 대화상자가 시작할 때 열린다.

⊙ 파일 새로 만들기 대화상자 : 파일 새로 만들기 대화상자가 시작할 때 열린다.

⊙ 템플릿으로 새로 만들기 : 템플릿과 프로젝트 파일로 지정한다.

프로젝트 파일 : 프로젝트 파일은 Default.ipj이며, 프로젝트 목록 파일을 선택한다.

## (2) 상호 작용 프롬프트

☑ 마우스 커서 근처에 명령 프롬프트 표시 : 명령 위에 커서를 놓으면 툴팁(주석)이 나타난다.

☑ 명령 별명 입력 대화상자 표시 : 명령 이름의 첫 문자를 입력하면 커서 옆에 명령 별명 입력 팝업창이 나타난다.

☑ 명령 별명 입력을 위한 자동 완료 표시 : 잘못된 명령이 입력되면 자동 완료 목록 팝업창이 나타난다.

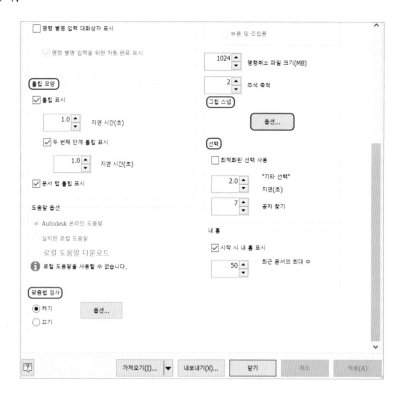

## (3) 툴팁 모양

☑ 툴팁 표시 : 툴팁 표시는 명령을 간단하게 설명하는 툴팁을 표시한다.

• 지연 시간(초) : 툴팁이 표시될 때까지 커서가 형상을 가리키는 시간을 초 단위로 설정한다.

☑ 두 번째 단계 툴팁 표시 : 툴팁에 설명문을 표시한다.

- 지연 시간(초) : 두 번째 툴팁이 표시될 때까지 커서가 형상을 가리키는 시간을 초 단위로 설정한다.
- ☑ 문서 탭 툴팁 표시 : 간단하게 설명하는 툴팁을 표시는 문서 탭

## (4) 맞춤법 검사

맞춤법 검사를 사용할 수 있는 경우 Inventor에서는 텍스트 형식 및 iProperties 대화상자에 입력할 때 자동으로 맞춤법을 검사한다.

## (5) 비디오 도구 클립 표시

- 사용자 이름 : 사용자 이름을 입력한다.
- 텍스트 모양 : 대화상자, 검색기, 제목 막대의 문자 글꼴을 설정한다.
- ☑ 기존 프로젝트 유형 작성 사용 : 프로젝트 유형을 작성한다.

## (6) 물리적 특성

- 음의 정수를 사용하여 관성 특성 계산 : 비대각 요소($I_{xy}$, $I_{yz}$, $I_{xz}$)가 음수로 좌표계와 질량 분포에 따라 계산된다.
- ☑ 저장할 때 물리적 특성 업데이트 : 저장할 때 물리적 특성이 갱신한다.
- ⊙ 부품만 : 부품의 물리적 특성을 수동으로 갱신한다.
- ⊙ 부품 및 조립품 : 부품 및 조립품의 물리적 특성을 갱신하는데 시간이 많이 걸린다.
- 명령취소 파일 크기(MB) : 명령취소를 추적하는 파일의 크기(MB)를 입력한다.
- 주석 축척 : 치수문자, 화살촉, 자유도 기호 등의 크기(0.2~5.0)를 입력한다.
- 옵션 : 그립 스냅 옵션 대화상자를 열어 옵션을 선택한다.

## (7) 선택

- ☑ 최적화된 선택 사용 : 활성화하면 화면에 가장 가까운 객체 순서별로 정렬한다.
- "기타 선택" 지연(초) : 작업창에서 선택 도구가 표시될 때까지 커서가 가리키는 시간을 초 단위로 입력한다.
- 공차 찾기 : 선택할 객체와 마우스 사이의 거리(1~10 사이의 픽셀 단위의 숫자)를 입력한다.

## (8) 그립 스냅

옵션을 통해 그립 스냅 명령 동작을 제어할 수 있다.
- ☑ 고정 구성요소/작업 형상 선택 : 이동, 회전할 조립품 고정 구성요소/조립품을 포함한다.
- ☑ 임시 구속조건 사용 : 같은 선택을 여러 번 조작하는 동안 임시로 구속조건을 사용한다.
- ☑ 원래 위치에 객체 표시 : 임시로 선분을 끌기, 스냅에서 변환, 회전과 참조형상 등의 작업하는 동안 선택 세트의 정적 참조 이미지를 유지한다.

☑ 선택한 구성요소의 자유도 표시 : 구성요소, 조립품의 선택과 관련된 변환 및 회전 자유도를
표시할 HUD 끝에 상자를 추가한다.

☑ 자유 끌기를 기본 모드로 사용 : 옵션을 표시하지 않고, 구성요소 또는 조립품을 직접 선택
하여 배치한다.

## ② 응용프로그램 옵션 – 저장

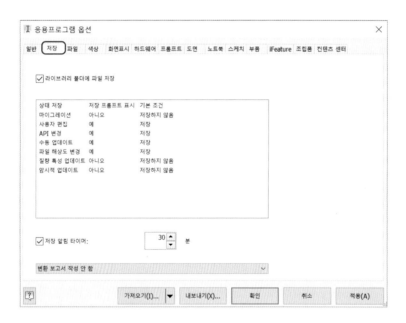

☑ 라이브러리 폴더에 파일 저장 : 저장할 때 프롬프트를 표시할 것인지 기본값으로 할 것인지
선택한다.

☑ 저장 알림 타이머 : 저장 알림 기능을 켠다. 1~9999분 사이의 시간 간격을 입력한다(기본
설정값은 30분).

## 3 응용프로그램 옵션 – 파일

① 명령취소 : 명령을 취소한 임시 파일의 경로 위치를 지정한다.

② 기본 템플릿 : 새 도면을 작성할 템플릿 파일의 경로 위치를 지정한다.

③ 설계 데이터(스타일 등) : 외부 파일의 위치, 형식을 지정한다.

④ 기본 컨텐츠 센터 파일 : 컨텐츠 센터 파일의 경로 위치를 지정한다.

⑤ 프로젝트 폴더 : 프로젝트 파일에 바로가기 폴더를 지정한다.

⑥ 기본 VBA 프로젝트 : 기본 VBA 프로젝트 파일명과 경로 위치를 지정한다.

⑦ 팀 웹 : 라이브러리 파일(idrop 부품)의 파일명과 경로 위치를 지정한다.

⑧ 옵션

　• 파일 열기

　• 파일 명명 기본값 : 파일 명명 기본값 옵션을 선택할 수 있다.

## 4 응용프로그램 옵션 – 하드웨어

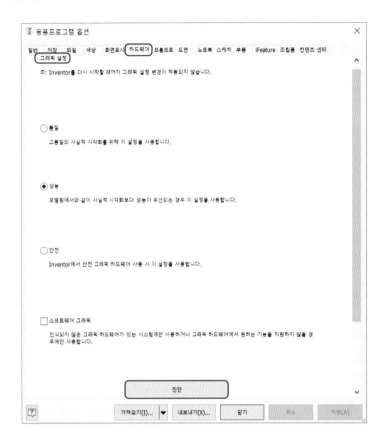

### (1) 그래픽 설정

- ⊙ 품질 : 시스템 성능보다 그래픽 표현을 우선하며, Windows는 앤티앨리어싱을 켜고, 그래픽 화면표시의 시각적 효과를 높일 수 있다
- ⊙ 성능 : 그래픽 표현보다 시스템 성능을 우선하며, Windows는 앤티앨리어싱이 꺼진다.
- ⊙ 안전 : 시스템 성능보다 안정성을 우선시 한다.
- ☑ 소프트웨어 그래픽 : 그래픽은 소프트웨어 기반으로 처리한다.

### (2) 진단

메시지로 진단 검사 결과를 표시한다.

## 5 응용프로그램 옵션 – 프롬프트

### (1) 프롬프트 텍스트

프롬프트 텍스트 대화상자의 문자를 표시한다.
- 응답 : 대화상자의 응답을 설정한다.
- 프롬프트 : 대화상자의 프롬프트 표시를 설정한다.

## (2) Design Doctor

☑ 기존 문제에는 메시지 표시 안 함 : ☑ 체크하면 문제점을 Design Doctor의 오류 메시지로 표시하지 않는다.

## 6 응용프로그램 옵션 – 화면표시

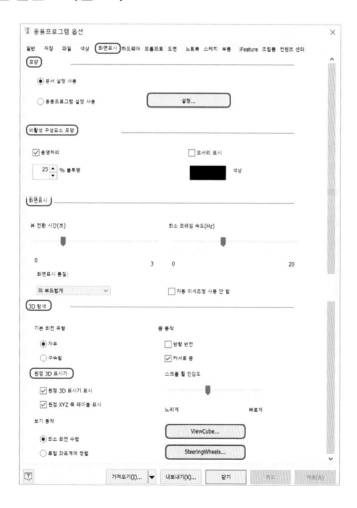

## (1) 모양

　⊙ 문서 설정 사용 : 문서를 열거나 문서에서 추가로 열 때 문서 화면표시를 설정한다.

　⊙ 응용프로그램 설정 사용 : 문서를 열거나 문서에서 추가로 열 때 응용프로그램 옵션을 설정한다.

설정: 화면표시 모양 대화상자를 연다.

## (2) 비활성 구성요소 모양

　☑ 음영처리(☑체크) : 비활성 구성요소는 면을 음영처리한다.

　☐ 음영처리(☐체크 해제) : 비활성 구성요소는 와이어프레임을 표시한다.

%불투명 : 음영처리의 불투명도를 백분율로 설정한다(기본값 설정은 25%).

　☑ 모서리 표시 : 비활성 구성요소의 모서리를 표시한다.

색상 : 색상을 활성화하여 모형 모서리를 표시할 색상을 지정한다.

## (3) 화면표시

• 뷰 전환 시간(초) : 등각투영 뷰, 줌 전체, 면 보기 등을 사용할 때 뷰 간에 부드럽게 변이하는 시간을 초 단위로 제어한다.

• 최소 프레임 속도(Hz) : 복잡한 뷰에서 대화식 보기 작업을 하는 동안에 화면표시 속도를 변경할 수 있다.

## (4) 3D 탐색

• 기본 회전 유형

　⊙ 자유 : 회전 동작은 화면에 비례한다.

　⊙ 구속됨 : 회전 동작은 모형에 비례한다.

• 줌 동작

　☑ 방향 반전 : 커서의 이동과 반대로 작동한다.

　☑ 커서로 줌 : 줌 동작이 커서의 위치에 따라 작동한다.

ViewCube... : ViewCube 탐색명령의 화면표시 및 동작특성을 정의하는 ViewCube 옵션 대화상자를 연다.

SteeringWheels... : SteeringWheel 탐색 명령의 화면표시 및 동작 특성을 정의하는 SteeringWheel 옵션 대화상자를 연다.

## (5) 3D 원점 표시기

　☑ 원점 3D 표시기 표시 : 3D 뷰에서 작업창 왼쪽 아래 구석에 XYZ축 표시기를 표시한다.

　☑ 원점 XYZ축 레이블 표시 : 3D축 표시기 방향의 화살표에 XYZ축 레이블을 화면에 표시한다.

## (6) 설정

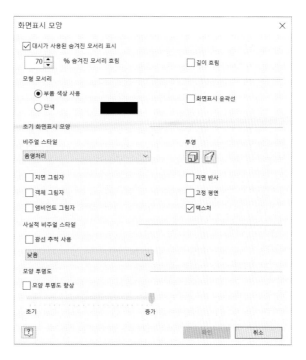

☑ 대시가 사용된 숨겨진 모서리 표시 : 대시선으로 숨겨진 모서리를 표시한다.

%숨겨진 모서리 흐림 : 숨겨진 모서리의 투명도 비율(10%~90%)을 입력한다.

☑ 깊이 흐림 : 투명도 효과를 설정하여 모형의 깊이를 표현한다.

• **모형 모서리**

◉ 부품 색상 사용 : 구성요소 색상을 모형 모서리에 사용한다.

◉ 단색 : 모형 모서리를 단색상으로 표시한다.

◉ 화면표시 윤곽선 : 화면에 윤곽선을 표시한다.

• **초기 화면표시 모양**

• 비주얼 스타일 : 구성요소의 화면표시에 사용할 기본 비주얼 스타일을 선택한다.

• 투영 : 뷰 모드를 직교 또는 원근 카메라 모드로 설정한다.

## (7) View Cube 옵션 대화상자

• 응용프로그램 옵션

☑ 창 작성 시 ViewCube 표시

◉ 모든 3D 뷰 : 모든 3D 뷰에서 ViewCube를 표시한다.

◉ 현재 뷰에서만 : 현재 뷰에서만 ViewCube를 표시한다.

• **화면표시**

화면 상의 위치 : 콤보 상자 컨트롤의 항목(오른쪽 위, 오른쪽 아래, 왼쪽 위, 왼쪽 아래)을 선택할 수 있다.

ViewCube 크기 : ViewCube 크기(매우 작음, 작음, 보통 또는 큼)를 설정할 수 있다.

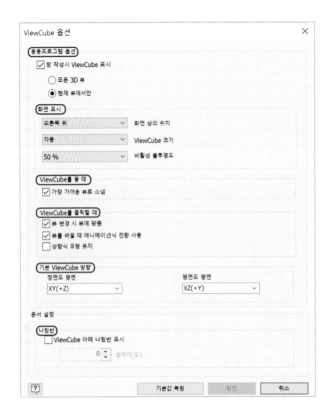

비활성 불투명도 : 커서가 ViewCube의 부근에 있을 때 큐브와 제어기를 불투명하게 표시
- **ViewCube를 끌 때**

  ☑ 가장 가까운 뷰로 스냅 : ViewCube를 끌면 전개도는 회전하면서 가까운 뷰로 이동한다.
- **ViewCube를 클릭할 때**

  ☑ 뷰 변경 시 뷰에 맞춤 : 전개도의 중심 부근에서 회전하고 관측점으로 맞춘다.

  ☑ 뷰 바꿀 때 애니메이션식 전환 사용 : 애니메이트된 변이가 표시되어 현재 관측점과 선택한 관측점 사이의 공간을 시각화한다.

  ☑ 상향식 모형 유지 : ViewCube의 면, 구석, 모서리를 선택하면 전개도의 방향을 바르게 유지
- **기본 ViewCube 방향**

  정면도 평면 : ViewCube의 정면도를 모형 공간 평면으로 설정

  평면도 평면 : ViewCube의 평면도를 모형 공간 평면으로 설정
- **나침반**

  ☑ ViewCube 아래 나침반 표시 : ViewCube 아래에 나침반을 표시

## (8) SteeringWheels 옵션 대화상자

☑ 도구 메시지 표시 : 휠 메시지를 화면에 표시

☑ 툴팁 표시 : 휠 툴팁을 화면에 표시

- **화면표시 :** 작은 휠, 큰 휠, 휠의 불투명도를 지정

작은 휠 크기 : 작은 휠의 크기를 설정

큰 휠 크기 : 큰 휠의 크기를 설정

휠 불투명도 : 휠의 불투명도를 설정

- **탐색 옵션**
  - ☑ 보기 도구−수직 축 반전 : 보기 도구의 수직 마우스 동작을 반전시킨다.
  - ☑ 줌 도구−증분 확대 사용 : 줌 영역을 한 번 선택하면 모형의 줌을 확대한다.
  - ☑ 회전 도구−선택 민감도 : 마우스를 회전도구 근처에 가면 객체가 회전한다.
  - ☑ 보행시선 도구−이동을 고정 평면에 구속 : 기본 고정 평면 대신 현재 카메라 시선 방향을 기준으로 보행시선 이동 방향을 조정한다.
  - • 보행시선 도구−속도 계수 : 보행시선 도구의 속도를 설정한다.

## 7 응용프로그램 옵션_노트북

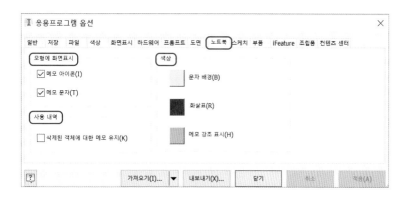

### (1) 모형에 화면표시

☑ 메모 아이콘(I) : 주 아이콘을 모형에 표시한다.

☑ 메모 문자(T) : 주 텍스트를 모형의 팝업창에 표시한다.

### (2) 사용 내역

☑ 삭제된 객체에 대한 메모 유지(K) : 삭제된 형상에 부착된 주를 유지한다.

### (3) 색상

문자 배경(B) : 주석 상자의 배경 색상을 설계 주에서 설정한다.

화살표(R) : 화살표의 색상을 설계 주에서 설정한다.

메모 강조 표시(H) : 강조된 구성요소의 색상을 주 뷰에서 설정한다.

## 8 응용프로그램 옵션 – 부품

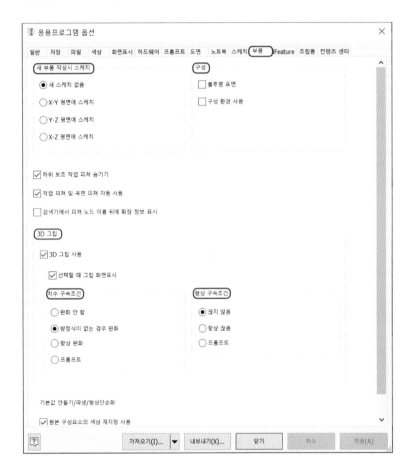

### (1) 새 부품 작성 시 스케치

⊙ 새 스케치 없음 : 새 부품을 작성할 때 자동으로 스케치 작성을 금지한다.

⊙ X–Y 평면에 스케치 : 새 부품을 작성할 때 X–Y 평면을 스케치 평면으로 설정한다.

⊙ Y–Z 평면에 스케치 : 새 부품을 작성할 때 Y–Z 평면을 스케치 평면으로 설정한다.

⊙ X–Z 평면에 스케치 : 새 부품을 작성할 때 X–Z 평면을 스케치 평면으로 설정한다.

## (2) 구성

☑ 불투명 표면 : 불투명하게 표면을 표시한다.

☑ 구성 환경 사용 : 구성 환경 요소를 표시한다.

## (3) 피쳐 표시

☑ 하위 보조 작업 피쳐 숨기기 : 피쳐를 다른 피쳐에서 사용하면 하위 피쳐를 자동으로 숨긴다.

☑ 작업 피쳐 및 곡면 피쳐 자동 사용 : 곡면 피쳐와 작업 피쳐가 자동으로 사용된다.

☑ 검색기에서 피쳐 노드 이름 뒤에 확장 정보 표시

## (4) 3D 그립

☑ 3D 그립 사용 : 3D 그립을 사용한다.

☑ 선택할 때 그립 화면표시 : 부품(.ipt), 조립품(.iam) 파일에서 부품의 면, 모서리를 선택하면 그립을 표시한다.

## (5) 치수 구속조건

◉ 완화 안 함 : 피쳐는 선형, 각도치수가 있는 방향으로 그립 편집되는 것을 방지한다.

◉ 방정식이 없는 경우 완화 : 피쳐는 방정식 정의된 선형, 각도치수 방향으로 그립 편집하는 것을 방지하며, 방정식이 없는 치수는 영향을 주지 않는다.

◉ 항상 완화 : 선형, 각도 또는 방정식 치수에 관계없이 피쳐는 항상 그립 편집한다.

◉ 프롬프트 : 그립 편집이 방정식 치수에 영향을 주면 경고를 표시한다.

## (6) 형상 구속조건

◉ 끊지 않음 : 구속조건이 있으면 그립 편집되는 것을 방지한다.

◉ 항상 끊음 : 구속조건이 있어도 그립 편집되도록 구속조건을 끊는다.

◉ 프롬프트 : 그립 편집에서 구속조건을 끊으면 경고를 표시한다.

## 9 응용프로그램 옵션 – iFeature

• iFeature 뷰어 : 파일명을 입력한다.

• iFeature 뷰어 인수 문자열 : 뷰어 명령행 인수를 설정한다.

– iFeature 루트 : 카탈로그 보기 대화상자에서 파일의 경로 위치를 지정한다.

– iFeatures 사용자 루트 : iFeature 작성 대화상자와 삽입 대화상자에서 사용할 파일의 경로 위치를 지정한다.

– 판금 펀치 루트 : 판금 펀치 도구 대화상자에서 파일의 경로 위치를 지정한다.

☑ 키 1을 검색기 이름 열로 사용 : 삽입된 iFeature에 iFeature 이름의 현재 값을 표시한다.

## 🔟 응용프로그램 옵션 – 컨텐츠 센터

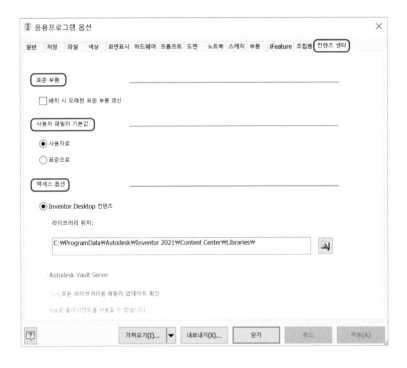

### (1) 표준 부품

☑ 배치 시 오래된 표준 부품 갱신 : 기존 표준 부품 파일의 라이브러리를 최신 부품 버전으로
자동으로 갱신한다.

### (2) 사용자 패밀리 기본값

⊙ 사용자로 : 사용자 매개변수를 사용하여 컨텐츠 센터 부품의 배치 방법을 지정한다.

⊙ 표준으로 : 부품을 컨텐츠 센터 파일 폴더에 저장하고, 크기 변경 및 표준 구성요소를 갱신 명령으로 편집한다.

### (3) 액세스 옵션

⊙ Inventor Desktop 컨텐츠 : 라이브러리 경로 위치를 선택한다.

⊙ Autodesk Vault Server : 컨텐츠 센터 라이브러리 경로 위치를 선택한다.

## 11 응용프로그램 옵션 – 스케치

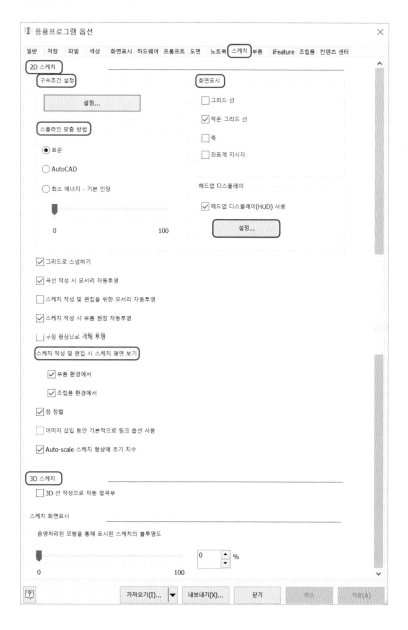

## (1) 2D 스케치

### ① 구속조건 설정

스케치 구속조건 및 치수의 화면표시, 작성, 추정, 완화 끌기 및 과도한 구속에 대한 설정을 제어한다.

완화 모드 설정에서 완화 끌기 중에 제거할 구속조건을 선택하고, 구속조건 추정 옵션을 해제하여 구속조건을 자동으로 작성하지 않도록 선택할 수 있다.

### ② 스플라인 맞춤 방법

- ⊙ 표준 : 점 사이에서 부드럽게 연속성을 가진 스플라인을 작성한다.
- ⊙ AutoCAD : AutoCAD 맞춤 방법을 사용하여 스플라인을 작성한다.
- ⊙ 최소 에너지 – 기본 인장 : 부드럽게 연속성을 가진 곡률 분포의 스플라인을 작성한다.

### ③ 화면표시

- ☑ 그리드 선 : 스케치 평면에 모눈 선을 표시
- ☑ 작은 그리드 선 : 스케치 평면에 작은 모눈 선을 표시
- ☑ 축 : 스케치 평면에 축을 표시
- ☑ 좌표계 지시자 : 스케치 평면에 좌표계를 표시

### ④ 헤드업 디스플레이

- ☑ 헤드업 디스플레이(HUD) 사용 : 스케치 형상을 작성할 때 숫자와 각도를 다이나믹 입력창에 입력한다.

  설정 : 헤드업 디스플레이 설정 팝업창이 열린다.

- ☑ 그리드로 스냅하기 : 스케치 작업에 스냅으로 동작한다.
- ☑ 곡선 작성 시 모서리 자동투영 : 형상을 참조형상으로 스케치면에 투영한다.
- ☑ 스케치 작성 및 편집을 위한 모서리 자동투영 : 스케치 평면에 면의 모서리를 참조형상으로 자동 투영한다.
- ☑ 스케치 작성 시 부품 원점 자동투영 : 새 스케치에 부품 원점을 자동으로 투영한다.
- ☑ 구성 형상으로 객체 투영 : 선택하는 경우 형상을 투영할 때마다 형상이 구성 형상으로 투영된다.
  - **• 스케치 작성 및 편집 시 스케치 평면 보기**
    - ☑ 부품 환경에서 : 부품에서 구성요소를 스케치 작성하거나 편집할 때 동작을 제어한다.
    - ☑ 조립품 환경에서 : 조립품 스케치를 작성하거나 편집할 때 동작을 제어한다.
- ☑ 점 정렬 : 새로 작성한 형상의 끝점과 기존 형상 점 간의 정렬을 추정하며, 점선으로 표시된다.
- ☑ 이미지 삽입 동안 기본적으로 링크 옵션 사용 : 이미지 삽입 대화상자에서 링크 확인란을 사용 또는 사용하지 않도록 기본값을 설정한다.

## (2) 3D 스케치

3D 선 작성으로 자동 절곡부 : 구석에 접하는 절곡부는 스케치하면서 자동으로 배치한다.

## (3) 헤드업 디스플레이(HUD) 설정

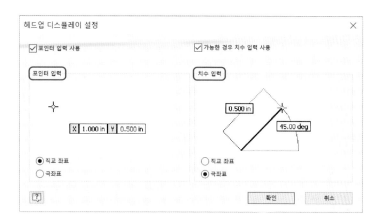

☑ 포인터 입력 사용 : 스케치 요소의 시작점은 커서 근처의 값 입력상자에 직교 좌표(X, Y 값)로 표시한다.

**· 포인터 입력**

◉ 직교 좌표 : 스케치 요소의 시작점은 스케치 원점(X0, Y0)을 기준으로 X, Y 좌푯값으로 표시한다.

◉ 극좌표 : 스케치 요소의 시작점은 스케치 원점(X0, Y0)을 기준으로 길이(L)와 각도(A)로 표시한다.

☑ 가능한 경우 치수 입력 사용 : 작성하는 스케치 요소 유형에 따라 일반 직교 좌표와 극좌표를 함께 사용하여 값을 입력한다(☑체크).

☐ 가능한 경우 치수 입력 사용 : 극좌표를 사용할 수 없다(체크 해제).

**· 치수 입력**

◉ 직교 좌표 : 마지막 선택 점을 기준으로 직교좌표(X, Y 값)로 표시한다(상대좌표).

◉ 극좌표 : 작성되는 스케치 요소의 유형에 따라 마지막 선택 점을 기준으로 직교 좌표와 극좌표로 표시한다(상대 극좌표).

**· 영구 치수**

치수값을 입력할 때 치수 작성 : 치수값 입력 상자에 입력한 값으로 스케치 형상에 자동으로 영구치수가 작성된다.

## 5  문서 설정

도구 ⇨ 옵션 ⇨ 문서 설정

### 1  문서 설정 대화상자 – 스케치

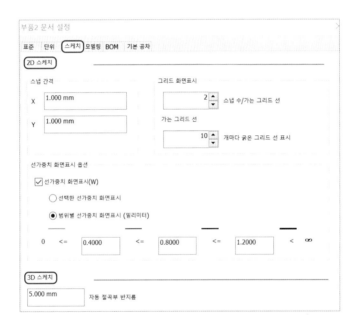

### (1) 2D 스케치

① **스냅 간격** : 스케치할 때 스냅 점으로 이동하도록 설정한다.
  • X–Y : X–Y축의 스냅 거리를 입력한다.

② **그리드 화면표시**
  • 스냅 수/가는 그리드 선 : 지정된 스냅 거리에 작은 모눈 선의 거리 간격을 입력한다.
  • 10개마다 굵은 그리드 선 표시 : 가는 모눈 선 10개마다 굵은 모눈 선 1개를 입력한다.

③ **선가중치 화면표시**
  ☑ 선가중치 화면표시(W) : 모형 스케치에 선가중치를 화면에 표시한다.
  ⊙ 선택한 선가중치 화면표시 : 선가중치를 화면에 표시한다.
  ⊙ 범위별 선가중치 화면표시(밀리미터) : 범위별로 입력한 값을 선가중치로 화면에 표시한다.

### (2) 3D 스케치

자동 절곡부 반지름 : 3D 스케치에서 구석 절곡부의 반지름을 입력하면 자동으로 배치된다.

## 2 문서 설정 대화상자 – 모델링

```
부품1 문서 설정                                                    ×

표준  단위  스케치 [모델링] BOM  기본 공차

☐ 조립품에 가변적으로 사용됨(D)

☐ 모형 사용내역 압축(C)

☑ 고급 피쳐 확인(V)
    (변경 사항을 적용하려면 관리>전체 재생성 사용)

☑ 향상된 그래픽 상세 정보 유지

☑ 조립품 및 도면 단면에 포함(P)

탭 구멍 지름(T)                   사용자 좌표계

[단축              ▼]              [  설정...  ]


3D 스냅 간격                     초기 뷰 범위
스냅 거리(I)                      폭
[0.250 mm        ]               [100.000 mm     ]
스냅 각도(N)                     높이
[5 deg           ]               [50.000 mm      ]


머리말 지정                      구성요소 만들기 대화상자
솔리드 본체
[솔리드          ]               [  옵션...  ]
곡면 본체
[Srf            ]

복구 환경
☑ 수동으로 복구한 후 자동으로 오류 찾기
```

① ☑ **조립품에 가변적으로 사용됨(D)** : 활성부품을 가변으로 조립품에 사용
② ☑ **모형 사용내역 압축(C)** : 파일을 저장할 때 사용내역을 삭제하고, 압축하여 저장
③ ☑ **고급 피쳐 확인(V)** : 부품 피쳐를 계산할 때 알고리즘을 사용하여 정확한 피쳐를 생성
④ ☑ **향상된 그래픽 상세 정보 유지** : 그래픽 상세 정보를 유지하면서 파일로 저장
⑤ ☑ **조립품 및 도면 단면에 포함(P)** : 도면의 구성요소는 조립품 모형 단면에 포함한다.
  • **탭 구멍 지름(T)** : 지정된 탭 드릴 지름에 따라 탭 구멍의 모형 크기를 제어한다.
  • **3D 스냅 간격** : 스냅 거리와 각도를 입력한다.
  • **초기 뷰 범위** : 템플릿에서 모형을 작성할 때 처음 표시되는 영역(폭과 높이)을 입력한다.
  • **머리말 지정** : 솔리드 본체 또는 곡면 본체의 기본 머리말을 지정한다.
⑥ **사용자 좌표계**
  • **설정...** : UCS 설정 대화상자가 열린다.

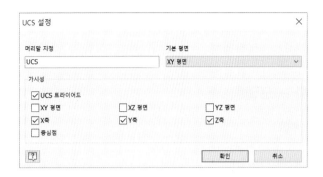

## UCS 설정 대화상자

- 머리말 지정 : 머리말을 설정한다.
- 기본 평면 : 기본 2D 스케치 평면을 선택한다.
- 가시성 : 객체의 가시성을 선택한다.

## ⑦ 구성요소 만들기 옵션 대화상자

구성요소 만들기 옵션 대화상자를 연다.

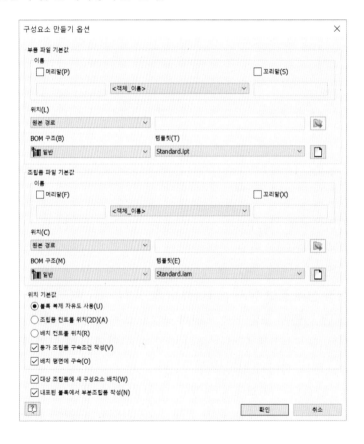

- **부품 파일 기본값** : 부품 파일의 머리말, 꼬리말, 위치, 구조, 템플릿을 입력한 값을 기본값 으로 설정한다.
- **조립품 파일 기본값** : 조립품 파일의 머리말, 꼬리말, 위치, 구조, 템플릿을 입력한 값을 기본 값으로 설정한다.

이름

☑ 머리말(F) : 부품에 머리말을 지정한다.

☑ 꼬리말(X) : 부품에 꼬리말을 지정한다.

위치(C) : 기본 파일 경로 위치를 선택한다.

BOM 구조(M) : 기본 BOM 구조를 선택한다.

템플릿(E) : 새 부품 파일 작성에 사용할 템플릿을 선택한다.

- **위치 기본값**

◉ 블록 복제 자유도 사용(U) : 블록의 복제 자유도를 사용하여 구성요소 위치 옵션에 의해 설 정된다.

◉ 조립품 컨트롤 위치(2D)(A) : 조립 구성요소 복제 위치는 조립 자유도에 의해 설정된다.

◉ 배치 컨트롤 위치(R) : 구성요소 복제 위치는 조립에서 정적이며, 배치에 의해 설정된다.

☑ 등가 조립품 구속조건 작성(V) : 블록 복제는 스케치 구속조건을 상위 조립 구성요소 복제와 같게 조립 구속조건을 변환한다.

☑ 배치 평면에 구속(O) : 조립품에서 구성요소 복제를 배치 평면에 구속한다.

☑ 대상 조립품에 새 구성요소 배치(W) : 구성요소 만들기의 기본 옵션을 조립품에 새 구성요소 에 배치한다.

☑ 내포된 블록에서 부분조립품 작성(N) : 구성요소 만들기의 기본 구성요소 유형을 내포한 블 록의 조립품으로 설정한다.

## 6 목차 메뉴 옵션

모형 ⇨ 돌출 선택 마우스 오른쪽 클릭 ⇨ 목차 메뉴 옵션

- 3D 그립 : 3D 그립 도구를 이용하여 피쳐를 마우스로 끌어서 이동한다.
- 피쳐 이동 : 피쳐를 새 위치로 이동한다.
- 복사(Ctrl+C) : 검색기, 작업창에서 선택한 항목을 복사하여 파일, 다른 응용프로그램에 붙여 넣는다.
- 삭제(D) : 검색기와 작업창에서 선택한 항목을 삭제한다.
- 치수 표시(M) : 선택된 피쳐의 스케치 치수를 표시한다.
- 스케치 편집 : 스케치를 열고, 도형을 수정, 편집한다.
- 피쳐 편집 : 피쳐 대화상자를 열고, 편집한다.
- 측정(M) : 선, 점, 곡선 평면 사이의 각도를 측정한다.
- 주 작성(C) :  객체 메모 작성
- 피쳐 억제 : 작업창에서 피쳐를 억제한다.
- 가변(A) : 스케치, 피쳐 또는 부품을 가변으로 설정하고, 구속하

면 크기와 쉐이프가 변경한다.
- 전체 하위 항목 확장(N) : 선택한 하위 피쳐를 나열한다.
- 전체 하위 항목 축소(S) : 나열한 하위 피쳐를 축소한다.
- 창에서 찾기(W) End : 작업창에서 선택한 항목을 찾는다.
- 특성(P) : 특성 대화상자에서 항목의 특성을 설정한다.
- 방법(H)... : 현재 작업의 도움말 항목을 연다.

Chapter

# 2

## 스케치 작성하기

INVENTOR 3D PRINTING

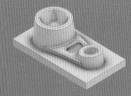

## 1  스케치 환경

- 부품, 작업 평면의 평면을 새 스케치 면으로 선택하여 작성하며, 스케치 패널 막대의 도구를 사용하여 프로파일 또는 경로의 곡선을 작성한다.
- 모델링을 이해하고, 스케치를 작성하여 피쳐로 생성하며, 돌출, 회전, 구멍, 모깎기, 모따기, 면 기울기 등에 피쳐를 추가하여 마무리한다.

3D 모형 ⇨ 스케치 ⇨ 2D 스케치 시작(🗒)

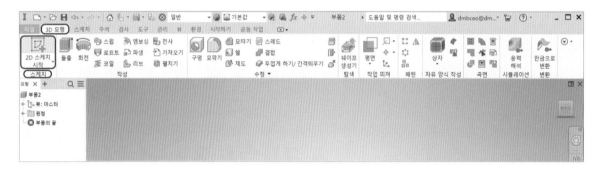

[2D 스케치 시작]을 클릭하면 데이텀 평면과 데이텀 축, 점이 나타나는데 F6은 XZ 평면이 평면도인 등각보기로 전환된다.
- XY, XZ, YZ와 점을 활용하여 스케치한다.
- 스케치하려는 피쳐 평면 또는 작업 평면을 선택한다.
- 스케치 탭에서 명령도구를 선택하여 스케치를 작성한다.

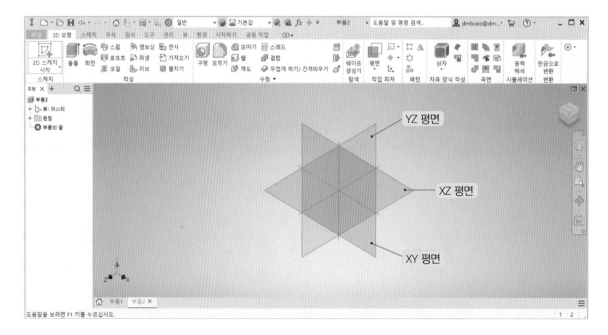

## 2 ┃ 도형 그리기

### 1 선 그리기

#### (1) 직선 그리기

두 개 이상의 점을 잇는 프로파일 선으로 Esc 또는 더블 클릭하면 선 기능이 종료된다. Enter ↵ 하면 선 그리기는 종료되고 이어서 다시 선을 연속 그리기 할 수 있다.

메뉴 ⇨ 스케치 ⇨ 작성 ⇨ 선( ╱ )
P₁점 클릭 ⇨ P₂점 클릭 ⇨ P₃점 클릭

#### (2) 직선과 원호 그리기

메뉴 ⇨ 스케치 ⇨ 작성 ⇨ 선( ╱ )
P₁점 클릭 ⇨ P₂점을 클릭한 상태로 마우스를 움직이면 원호가 그려진다.

#### (3) 스플라인 그리기

다수의 점을 통과하는 곡선을 만든다.

① 제어 꼭짓점 스플라인 : 지정된 제어 꼭짓점을 기준으로 스플라인 곡선을 작성한다.
메뉴 ⇨ 스케치 ⇨ 작성 ⇨ 스플라인( ∿ )
P₁ 클릭 ⇨ P₂ 클릭 ⇨ P₃ 클릭 ⇨ P₄ 클릭

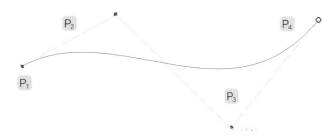

② 보간(점 통과) 스플라인 : 선택한 점을 통해 스플라인 곡선을 작성한다.

　메뉴 ⇨ 스케치 ⇨ 작성 ⇨ 스플라인(∿)

　$P_1$ 클릭 ⇨ $P_2$ 클릭 ⇨ $P_3$ 클릭 ⇨ $P_4$ 클릭

# 2 원 그리기

## (1) 중심점 원

중심점과 반지름이 있는 원을 작성한다.

메뉴 ⇨ 스케치 ⇨ 작성 ⇨ 원(⊘)

중심점 $P_1$점 클릭 ⇨ 반지름 $P_2$점 클릭 또는 지름 치수 50을 입력한다.

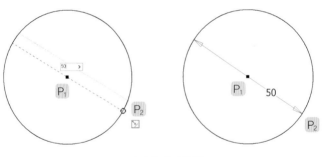

중심점과 반지름 원

## (2) 3접점 원

3접점에 접한 원을 작성한다.

메뉴 ⇨ 스케치 ⇨ 작성 ⇨ 원(◎)

$L_1$ 클릭 ⇨ $L_2$ 클릭 ⇨ $L_3$ 클릭

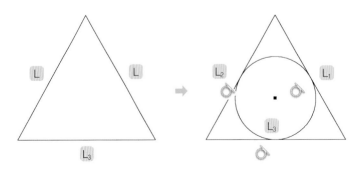

3접점 원

## (3) 타원

중심점 및 축과 보조축을 사용하여 타원을 작성한다.

메뉴 ⇨ 스케치 ⇨ 작성 ⇨ 타원(⊙)

중심점 클릭 ⇨ $P_1$ 클릭 ⇨ $P_2$ 클릭

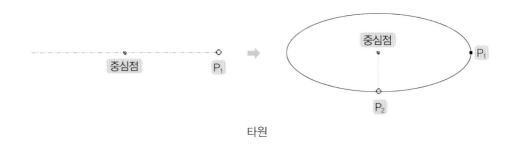

타원

## 3 점, 중심점

중심점 스위치의 설정에 따라 스케치점이나 중심점을 작성한다.

메뉴 ⇨ 스케치 ⇨ 작성 ⇨ 점(┼)

점이나 중심점을 클릭하고 입력한다.

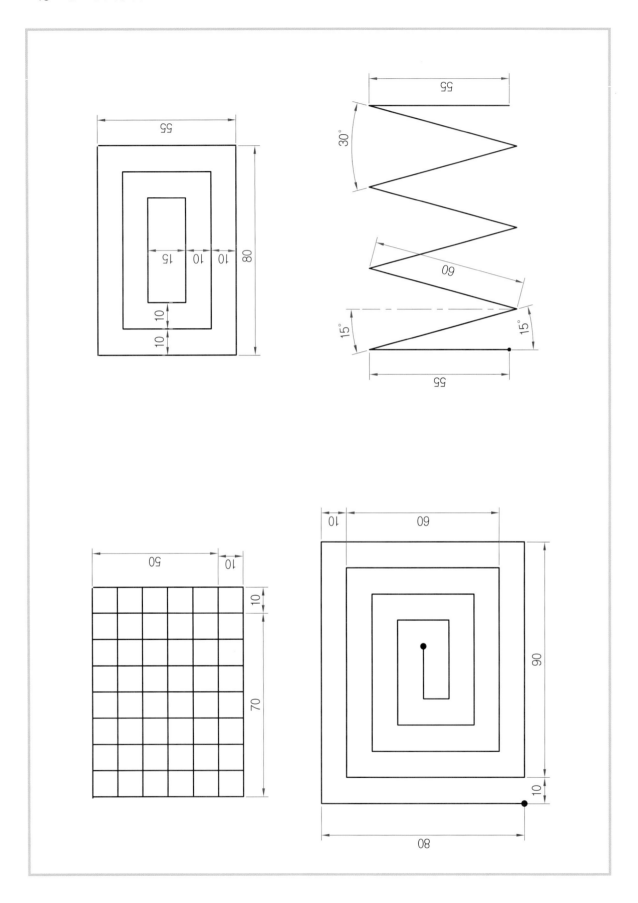

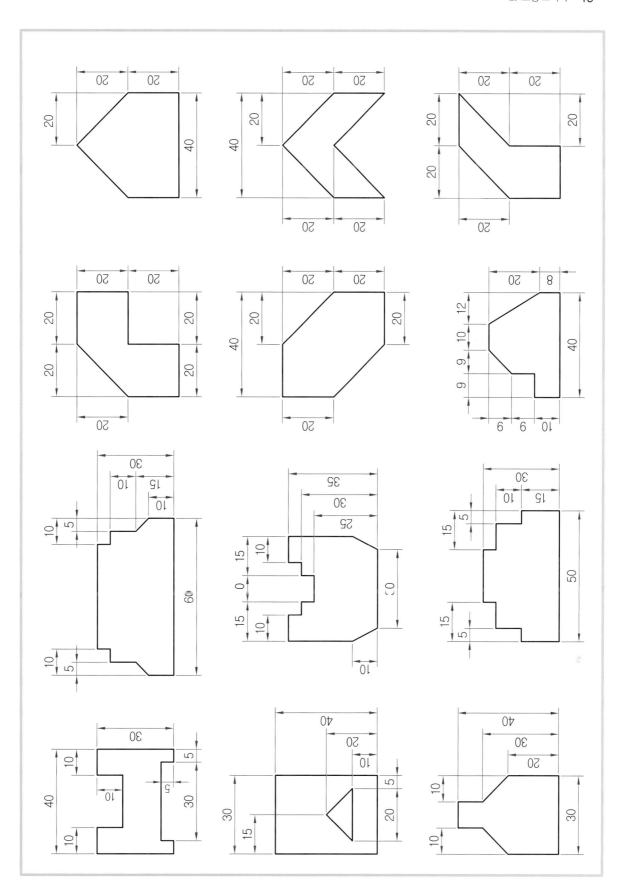

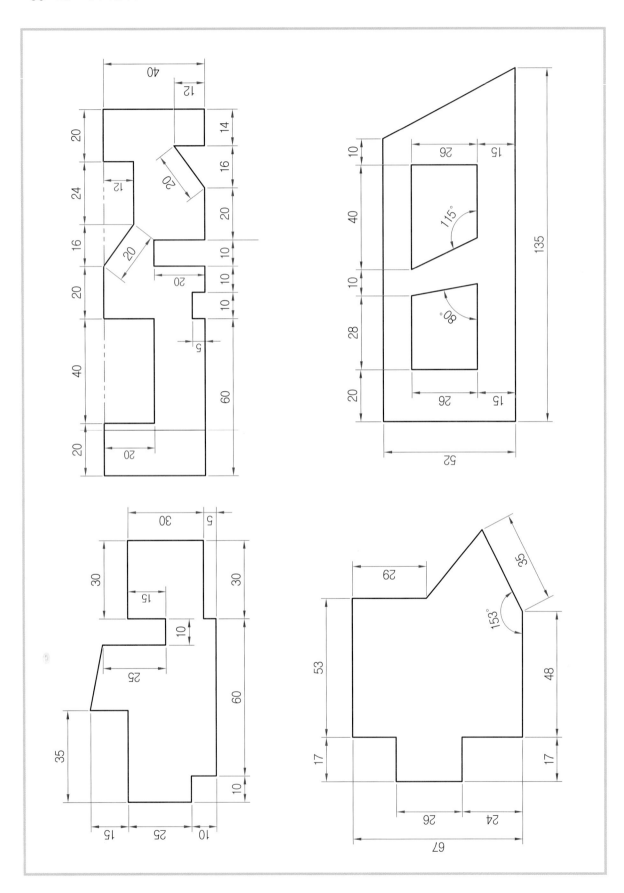

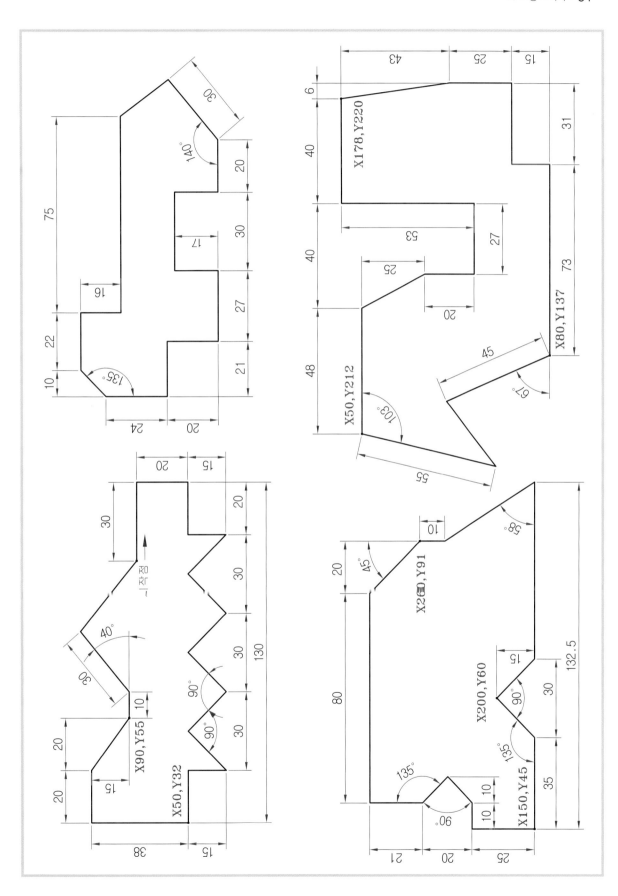

# 4 호 그리기

## (1) 세 점 호

시작점과 끝점 등 세 점의 호를 작성한다.

메뉴 ➪ 스케치 ➪ 작성 ➪ 호(⌒)

시작점($P_1$) 클릭 ➪ 끝점($P_2$) 클릭 ➪ 중간점($P_3$) 클릭 또는 반지름 치수 15를 입력하고 Enter↵ 한다.

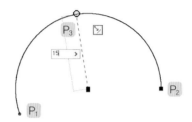

## (2) 중심점 호

중심점과 시작점, 끝점의 원호를 작성한다.

메뉴 ➪ 스케치 ➪ 작성 ➪ 호(◱)

중심점 클릭 ➪ 시작점($P_1$) 클릭 ➪ 끝점($P_2$) 클릭 또는 각도 160°를 입력하고 Enter↵한다.

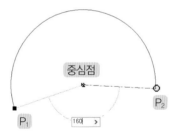

## (3) 접하는 원호

직선 또는 원호인 다른 도면 요소에 접하는 원호를 작성한다.

메뉴 ➪ 스케치 ➪ 작성 ➪ 호(◠)

시작점($P_1$) 클릭 ➪ 끝점($P_2$) 클릭

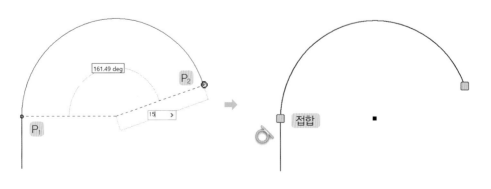

## 5 직사각형

### (1) 두 점 직사각형 그리기

시작점과 끝점의 두 점 대각선으로 직사각형을 작도한다.

메뉴 ⇨ 스케치 ⇨ 작성 ⇨ 직사각형(□)

시작점($P_1$) 클릭 ⇨ 끝점($P_2$) 클릭

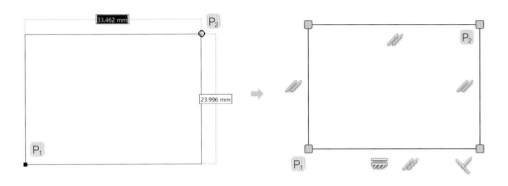

**TIP>>**
직사각형은 첫 번째 점을 클릭한 다음, 커서를 대각선으로 이동하여 끝점을 클릭한다.

### (2) 두 점 중심 직사각형 그리기

중심점과 끝점의 두 점을 대각선으로 직사각형을 작도한다.

메뉴 ⇨ 스케치 ⇨ 작성 ⇨ 직사각형(▫)

중심점($P_1$) 클릭 ⇨ 끝점($P_2$) 클릭

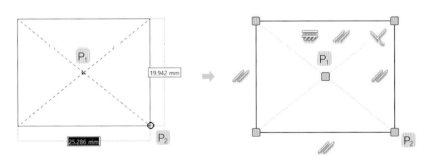

### (3) 슬롯 그리기

#### ① 중심대 중심 슬롯

슬롯 호의 중심 배치와 두 중심 간의 거리 및 슬롯 폭으로 정의되는 선형 슬롯을 작도한다.

메뉴 ⇨ 스케치 ⇨ 작성 ⇨ 슬롯(◠)

슬롯 호의 중심점($P_1$) 클릭 ⇨ 슬롯 호의 중심점($P_2$) 클릭 ⇨ $P_3$ 클릭

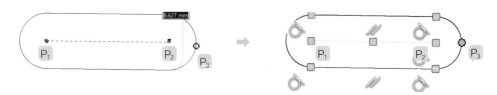

## ② 3점 호 슬롯

세 점 중심호 및 슬롯 폭으로 정의되는 호 슬롯을 작도한다.

메뉴 ⇨ 스케치 ⇨ 작성 ⇨ 슬롯(◠)

중심점($P_1$) 클릭 ⇨ 슬롯 호의 중심점($P_2$) 클릭 ⇨ 슬롯 호의 중심점($P_3$) 클릭 ⇨ $P_4$ 클릭

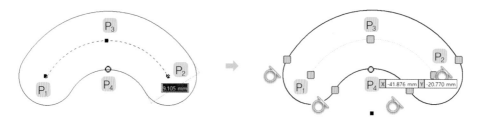

## ③ 중심점 호 슬롯

중심점, 두 점 중심호 및 슬롯 폭으로 정의되는 슬롯을 작도한다.

메뉴 ⇨ 스케치 ⇨ 작성 ⇨ 슬롯(◠)

중심점 클릭 ⇨ 슬롯 호의 중심점($P_1$) 클릭 ⇨ 슬롯 호의 중심점($P_2$) 클릭 ⇨ $P_3$ 클릭

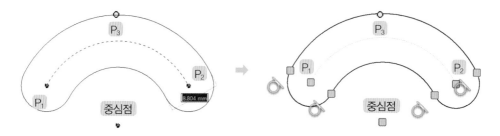

## (4) 두 점 중심 다각형 그리기

3각형에서 최대 120각형을 작도한다.

메뉴 ⇨ 스케치 ⇨ 작성 ⇨ 폴리곤(⬠)

내접 ⇨ 6 ⇨ 중심점($P_1$) 클릭 ⇨ $P_2$ 클릭　　　외접 ⇨ 6 ⇨ 중심점($P_1$) 클릭 ⇨ $P_2$ 클릭

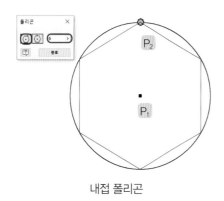
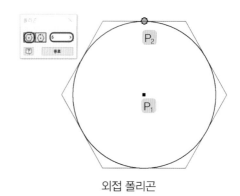

내접 폴리곤　　　　　　　　　　　　　　　　외접 폴리곤

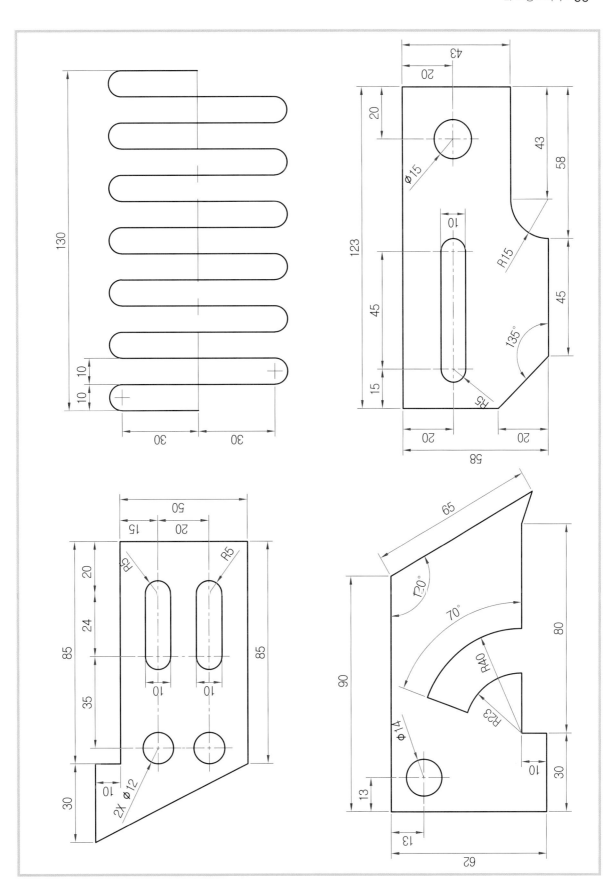

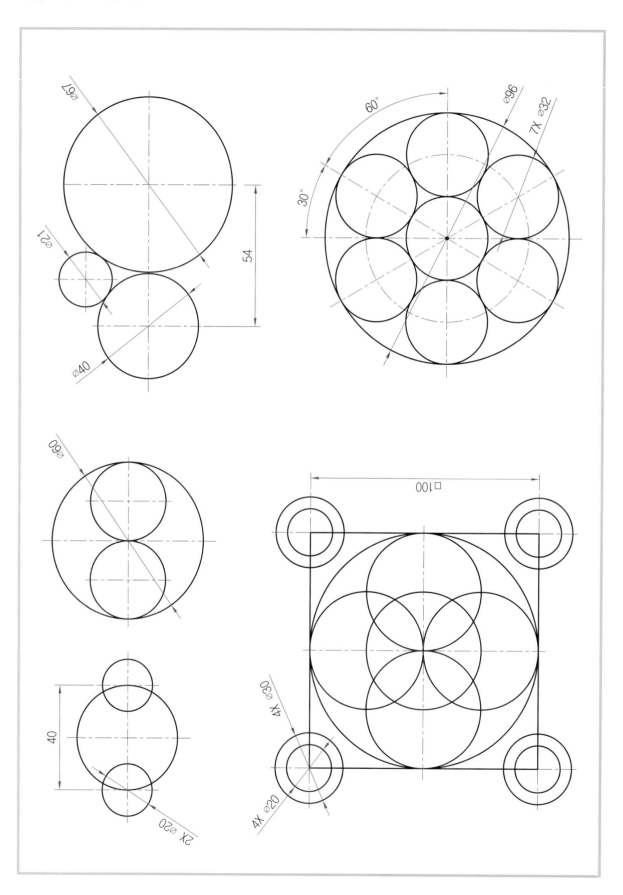

## 6 기타 스케치 명령

### (1) 모깎기, 모따기, 투영

| 아이콘 | 명령 | 설명 |
|---|---|---|
|  | 모깎기 | Round 생성 |
|  | 모따기 | Chamfer 생성 |
|  | 형상 투영 | 스케치 평면에 기존 작성된 모형 모서리, 루프, 꼭짓점, 작업축, 작업점 또는 스케치 형상을 현재 작업 평면에 투영한다. |
|  | 절단 모서리 투영 | 현재의 작업 평면에서 스케치 평면을 교차하는 모서리, 스케치에 의해 절단된 구성요소(모서리 등)를 투영한다. |

### (2) 수정

| 아이콘 | 명령 | 설명 |
|---|---|---|
|  | 이동 | 이동할 객체를 선택하여 포인트에서 포인트로 이동 |
|  | 복사 | 복사할 객체를 선택하여 포인트에서 포인트로 복사 |
|  | 회전 | 회전할 객체를 선택하여 포인트를 중심으로 회전 |
|  | 자르기 | 자르기할 객체가 다른 객체와 교차되는 곳에서 잘린다. Shift 를 누른 상태에서 객체를 선택하면 연장된다. |
|  | 연장 | 연장할 객체가 다른 객체까지 연장된다. Shift 를 누른 상태에서 객체를 선택하면 교차되는 곳에서 잘린다. |
|  | 분할 | 직선 및 곡선이 분할한다. |
|  | 축척 | 선택한 객체를 기준점으로부터 확대 축소한다. |
|  | 늘이기 | 선택한 객체를 기준점으로부터 길이를 변경한다. |
|  | 간격 띄우기 | 선택한 객체를 외측이나 내측으로 지정한 값만큼 옵셋한다. |

### (3) 삽입

| 아이콘 | 명령 | 설명 |
|---|---|---|
|  | 이미지 삽입 | 문서 및 이미지 파일을 삽입한다. |
|  | 점 가져오기 | 엑셀에서 작성한 X, Y, Z-Axis점을 삽입한다. |
|  | CAD 파일 삽입 | AutoCAD .dwg 파일을 삽입한다. |

## (4) 형식

| 아이콘 | 명령 | 설명 |
|---|---|---|
| | 구성 | 선택한 객체 형상을 구성 스타일로 변경한다. |
| | 형식 표시 | 스케치 선분 특성의 성질을 전환한다. |
| | 중심점 | 점과 중심점 표시 형식을 변경한다. |
| | 중심선 | 선택한 스케치선을 중심선으로 변경한다. |
| | 연계치수 | 스케치 치수들이 형상과 연동하여 변경한다. |

## (5) 스케치 종료

| 아이콘 | 명령 | 설명 |
|---|---|---|
| | 스케치 종료 | 스케치 보드를 종료한다. |

## 7 텍스트

텍스트는 Window에서 지원하는 문자를 사용하여 문자를 작성한다.

### (1) 텍스트

스케치 ⇨ 작성 ⇨ 텍스트(**A**)

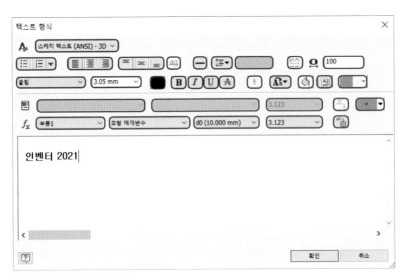

스타일 : 문자에 적용할 문자 유형을 지정한다.

글 머리표, 번호 매기기

① **자리 맞추기**

- 왼쪽, 중심, 오른쪽 자리 맞추기 : 문자 상자 가장자리를 기준으로 문자를 배치한다.
- 맨 위, 중간 또는 맨 아래 자리 맞추기 : 문자 상자 맨 위와 맨 아래를 기준으로 문자를 배치한다.
- 기준선 자리 맞추기 : 스케치 문자를 단일 행으로 기준선에 맞춘다.
- 단일 행 텍스트 : 스케치 문자를 단일 행으로 문자를 작성한다.
- 행 간격 : 행의 간격을 설정한다.
- 간격 값 : 간격의 값을 입력한다.
- 맞춤 텍스트 : 문자 상자에 지정한 공간에 맞게 문자 크기를 조정한다.
- 신축 : 문자 폭을 입력한다.

② **글꼴 속성**

- 글꼴 : 문자의 글꼴을 지정한다.
- 글꼴 크기 : 문자의 높이를 결정하여 입력한다.
- 문자 색상 : 문자의 색상을 지정한다.
- 굵게 : 문자를 굵게 설정한다.
- 기울임꼴 : 문자를 기울임 글꼴로 설정한다.
- 밑줄 : 문자에 밑줄을 그어준다.
- 취소선 : 문자에 취소선을 그어준다.
- 스택 : 도면 문자의 문자열을 대각선 분수, 가로 분수 및 공차로 표시한다.
- 텍스트 대/소문자 : 텍스트의 대/소문자를 지정한다.
- 배경 지우기 ; 배경 색상을 지정한다.
- 텍스트 상자 : 문자에 치수기입 및 구속한다.
- 회전 : 삽입점을 중심으로 문자의 각도로 회전한다.
- 유형 : 사용자 특성 원본 파일, 원본 모형 및 도면에서 특성 유형으로 편집한다.
- 특성 : 유형과 관련된 특성을 지정하여 편집한다.
- 정밀도 : 문자에 표시된 수치 특성의 정밀도를 지정한다.
- 텍스트 매개변수 추가 : 텍스트 매개변수를 추가한다.
- 기호 삽입 : 기호를 삽입한다.
- 구성요소 : 매개변수를 포함한 모형 파일을 지정한다.
- 원본 : 매개변수 유형을 선택하여 매개변수 목록에 표시한다.
- 매개변수 : 명명된 매개변수의 해당 값을 삽입점에 문자를 삽입한다.
- 정밀도 : 문자에 표시된 수치 특성의 정밀도를 지정한다.
- (매개변수 추가) : 매개변수를 구성요소의 문자로 추가한다.

## (2) 형상 텍스트

스케치 ⇨ 작성 ⇨ 형상 텍스트(A)

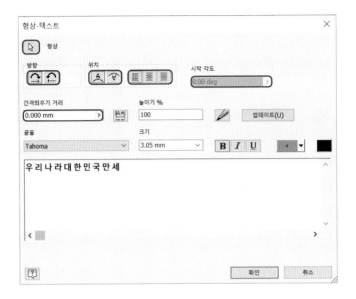

① 형상 : 작업창에서 문자가 정렬할 선, 호 및 원을 선택한다.

② 방향 : 문자가 회전할 방향을 시계, 반시계 방향으로 선택한다.

③ 위치 : 문자의 배치 위치를 외부, 내부에 선택한다.

④ 자리 맞추기 : 참조점을 기준으로 문자의 자리 맞춤을 선택한다.

⑤ 시작 각도 : 원과 호의 시작 각도를 지정하며, 수평선, 수직선을 사용할 수 없다.

⑥ 간격띄우기 거리 : 문자가 도형에서 떨어질 거리를 입력한다(음수 값은 반대 방향).

# 3 스케치 치수 및 구속조건

## 1 스케치 치수기입

스케치 도형에 치수를 추가한다.

스케치 ⇨ 구속조건 ⇨ 일반 치수(⊢⊣)

- 작업창에서 치수를 입력할 형상을 선택한다.
- 치수를 기입할 위치를 지정한다.
- 치수편집 상자를 열어 편집한다.
- 새 값을 입력하거나 화살표를 선택하고 치수 표시, 공차 또는 나열된 값을 선택한다.
- 치수의 표시 유형을 변경한다.

## ② 부품 치수 특성

치수 특성 대화상자는 개별 치수의 공차를 재설정하거나 부품 문서의 치수 공차 기본값 및 정밀도 표시를 변경한다.

치수를 오른쪽 마우스로 선택하고, 목차 메뉴에서 치수 특성을 선택한다.

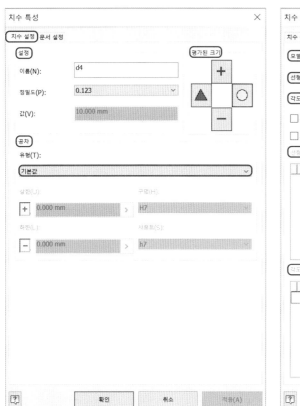
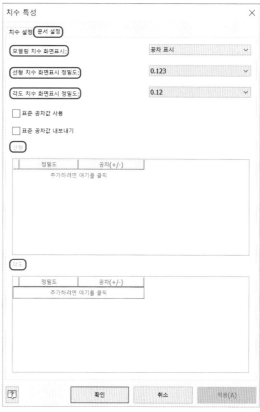

## (1) 치수 특성 지수 설성

### ① 설정

- 이름(N) : 문서 설정의 단위 탭에 설정된 형식으로 표시한다.
- 정밀도(P) : 각도와 선형 정밀도 수준을 선택한다.
- 값(V) : 치수 값은 참조용으로 표시되며, 작업창에서 치수를 두 번 선택하여 값을 입력한다.

### ② 평가된 크기 : 치수를 평가할 크기의 상한, 호칭, 중앙 또는 하한를 선택한다.

### ③ 공차

유형(T) : 치수에 공차 유형을 표시한다.

- 기본값 : 기본값 공차 유형을 지정하지 않은 경우에 사용한다.
- 대칭 : 상한 및 하한 공차(0.1) 범위에 ±를 지정한다.
- 편차 : 상한(0.1) 및 하한(0.5) 공차 범위에서 값을 지정한다.

## (2) 치수 특성 문서 설정

① **모델링 치수 화면표시** : 모형 치수를 표시할 유형을 변경한다.
- 값 : 호칭 치수를 표시한다.
- 이름 표시 : 치수를 매개변수 이름으로 표시한다.
- 표현식 표시 : 치수를 표현식으로 표시한다.
- 공차 표시 : 치수의 공차를 표시한다.
- 정확한 값 표시 : 정밀도 설정을 무시하고 치수 값을 표시한다.

② **선형 치수 화면표시 정밀도** : 선형 치수에서 소수 자릿수를 제어한다.

③ **각도 치수 화면표시 정밀도** : 각도 치수에서 소수 자릿수를 제어한다.

☑ 표준 공차값 사용 : 치수를 작성할 때 탭의 정밀도와 공차값을 설정한다.

☑ 표준 공차값 내보내기 : 설정한 정밀도와 공차값을 사용하여 도면에 치수로 내보낸다.

④ **선형** : 특정 정밀도 치수에 선형 공차 설정값을 적용한다.

⑤ **각도** : 특정 정밀도 치수에 각도 공차 설정값을 적용한다.

## 3 자동 치수기입

① **곡선** : 작업창에서 치수를 기입할 형상을 선택한다.

☑ 치수 : 형상에 자동으로 치수를 기입한다.

☑ 구속조건 : 형상에 자동으로 구속조건을 적용한다.

② **치수가 요구됨** : 스케치를 완전히 구속하는 데 필요한 구속조건과 치수의 개수를 표시한다. 0이 표시되면 완전 구속된다.

## 4 스케치 구속조건

Inventor는 기하학적 구속조건을 제공한다. 기하학적 구속과 치수 구속을 적용하는 각 곡선에 대한 자유도는 제한되며, 스케치가 완전히 구속되면 스케치 내에서 객체는 구속된다. 이는 곧 각 요소의 스케치 자유도가 제거되는 것을 의미하며, 구속조건을 어떻게 사용하느냐에 따라 설계 변경이 편리해질 수도 난해해질 수도 있다. 스케치의 각 객체가 구속이 되면 객체의 색상은 변하게 된다.

### (1) 일치 구속조건

일치 구속조건을 사용하여 객체의 서로 다른 점과 점 또는 점과 곡선을 구속한다.

스케치 ⇨ 구속조건 ⇨ 일치 구속조건(└) 점과 점–일치 구속, 곡선과 점–곡선 상의 점 구속

| 끝점과 끝점의 일치 | 점과 점의 일치 | 곡선과 끝점의 곡선 상의 점 |
|---|---|---|
| | | |
| 중간점과 끝점의 일치 | 곡선과 점의 곡선 상의 점 | 원의 중심점과 끝점의 일치 |
| | | |

## (2) 접선

곡선이 서로 접하게 하는 구속조건은 모든 곡선이 다른 곡선에 접하도록 한다. 물리적으로 점을 공유하지 않더라도 곡선은 다른 곡선에 접할 수 있다.

메뉴 ⇨ 스케치 ⇨ 구속조건 ⇨ 접선( ○ )

| 직선과 원의 접선 | 원과 원의 접선 |
|---|---|
| | |
| 원호와 직선의 접선 | 원호와 원호의 접선 |
| | |

## (3) 직각 구속조건

직각 구속조건은 선과 선 또는 선과 타원 축을 서로 90도가 되도록 배치한다.

메뉴 ⇨ 스케치 ⇨ 구속조건 ⇨ 직각 구속조건( × )

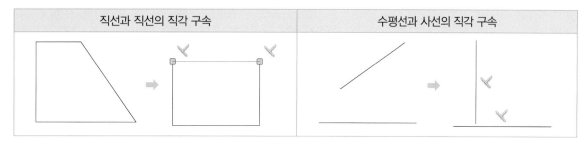

| 직선과 직선의 직각 구속 | 수평선과 사선의 직각 구속 |
|---|---|

### (4) 동심 구속조건

동심 구속조건은 두 개의 호, 원 또는 타원이 동일한 중심점을 갖게 한다.

메뉴 ⇨ 스케치 ⇨ 구속조건 ⇨ 동심 구속조건(◎) C1과 C2 클릭

| 원과 원의 동심 | 타원과 원의 동심 |
|---|---|

| 원호와 원호의 동심 | 원과 원호의 동심 |
|---|---|

### (5) 수직 구속조건

수직 구속조건은 선, 타원 축 또는 점(점과 점)을 좌표계의 Y축에 평행하게 배치한다.

메뉴 ⇨ 스케치 ⇨ 구속조건 ⇨ 수직 구속조건( ⫴ )

| 직선의 수직 구속 | 타원의 단 방향 수직 구속 | 타원의 장 방향 수직 구속 |
|---|---|---|

### (6) 수평 구속조건

수평 구속조건은 선, 타원 축 또는 점(점과 점)을 좌표계의 X축에 평행하게 배치한다.

메뉴 ⇨ 스케치 ⇨ 구속조건 ⇨ 수평 구속조건(〓)

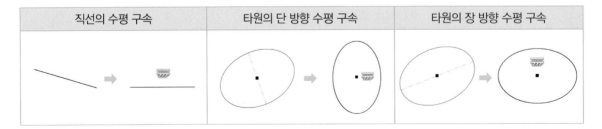

| 직선의 수평 구속 | 타원의 단 방향 수평 구속 | 타원의 장 방향 수평 구속 |
|---|---|---|

### (7) 평행 구속조건

평행 구속조건은 선과 선 또는 선과 타원 축을 서로 평행하게 배치되도록 한다. 3D 스케치에서는 평행 구속조건이 형상에 수동으로 구속하지 않는 한 x, y, z 부품 축에 평행한다.

메뉴 ⇨ 스케치 ⇨ 구속조건 ⇨ 평행 구속조건( ∥ )

| 수평선과 사선의 평행 | 사선과 사선의 평행 | 수직선과 사선의 평행 |
|---|---|---|
| | | |
| 타원과 타원의 평행 | 직선과 타원의 장 방향 평행 | 직선과 타원의 단 방향 평행 |
| | | |

## (8) 동일선상 구속조건

동일선상 구속조건은 선택된 선과 선 또는 선과 타원 축이 동일선상에 놓이도록 한다.

메뉴 ⇨ 스케치 ⇨ 구속조건 ⇨ 동일선상 구속조건( ✓ )

| 직선과 직선의 동일 직선상 구속 | | |
|---|---|---|
| | | |

## (9) 고정

고정은 스케치 좌표계의 상대적인 위치에 점과 곡선을 고정한다. 스케치 좌표계를 회전 또는 이동하면 고정된 점과 곡선도 함께 회전 또는 이동한다.

메뉴 ⇨ 스케치 ⇨ 구속조건 ⇨ 고정( 🔒 )원, 직선을 각각 클릭

| 직선의 중간점 고정 | 원과 직선의 고정 |
|---|---|
| | |

## (10) 동일

동일 구속조건은 원과 호의 반지름이 같거나 선과 선의 길이가 같도록 한다.

메뉴 ⇨ 스케치 ⇨ 구속조건 ⇨ 동일( = )

| 직선과 직선의 같은 길이 | 원과 원의 같은 원호 |
|---|---|
| | |

## (11) 전체 구속조건 표시

어떤 구속조건을 적용했는지 아는 것은 스케치의 구속조건을 적용하는 데 매우 중요하다.

전체 구속조건 표시 ON(F8), OFF(F9)

메뉴 ⇨ 스케치 ⇨ 구속조건 ⇨ 전체 구속조건 표시([⊠])

| 전체 구속조건 표시 OFF(F9) | 전체 구속조건 표시 ON(F8) | |
|---|---|---|
| 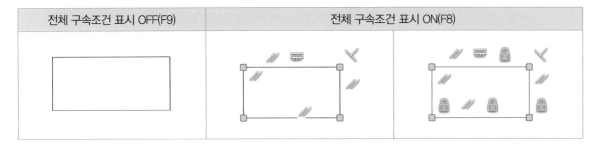 | | |

## (12) 구속조건 삭제

표시된 구속조건 아이콘을 마우스 오른쪽 버튼으로 클릭하여 해당 구속조건을 삭제할 수 있다.

직각 구속조건 아이콘을 마우스 오른쪽 버튼으로 클릭하면 구속조건 아이콘을 삭제, 전체 구속조건 숨기기(F9), 숨기기, 명령취소를 할 수 있다.

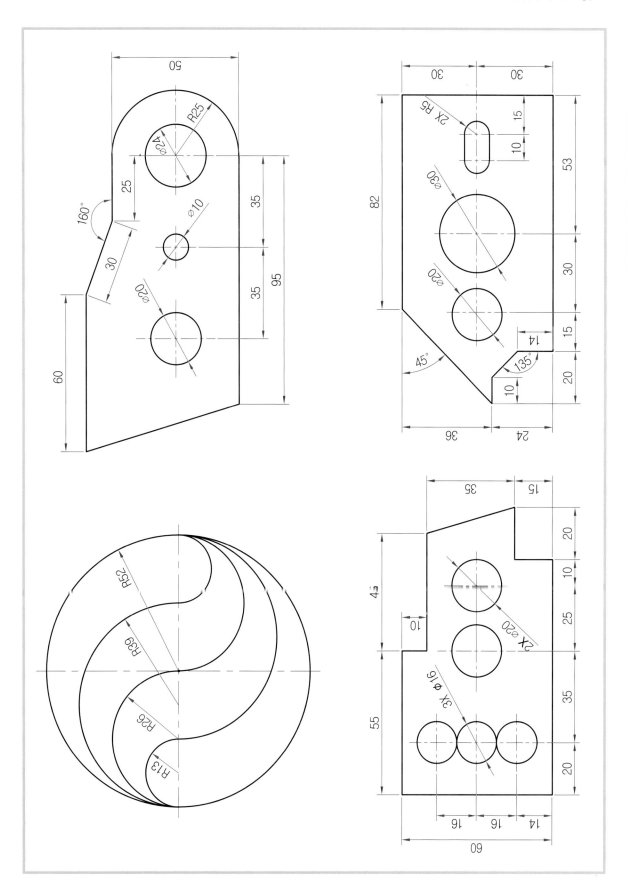

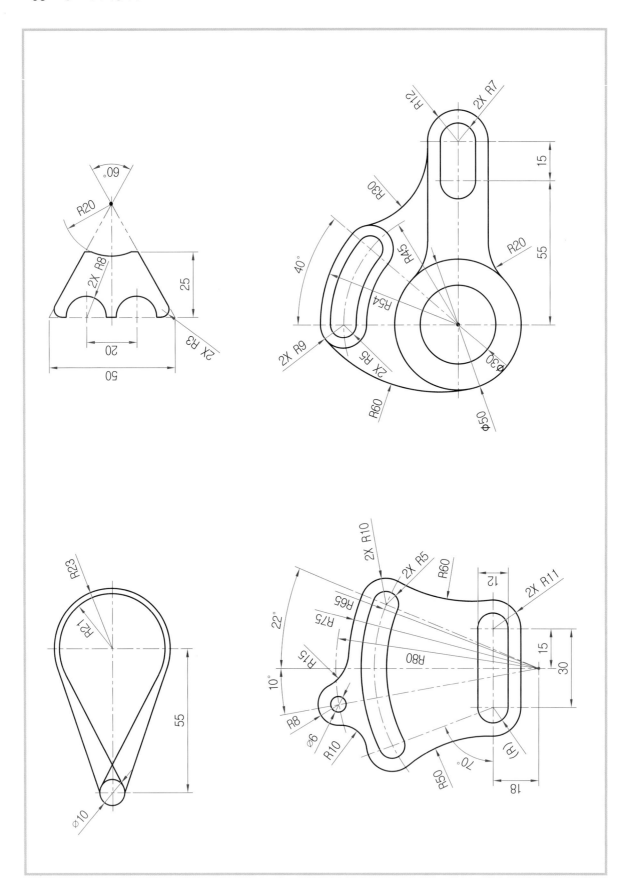

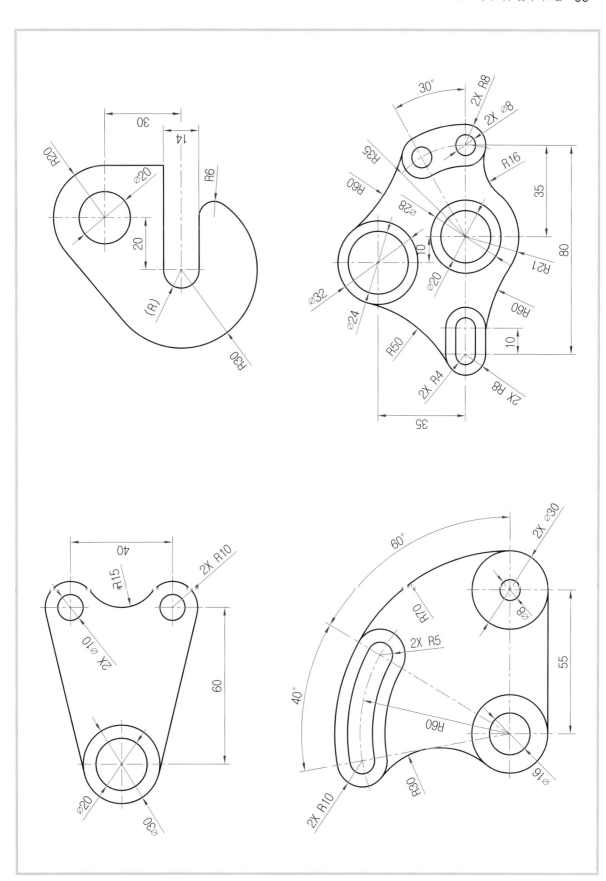

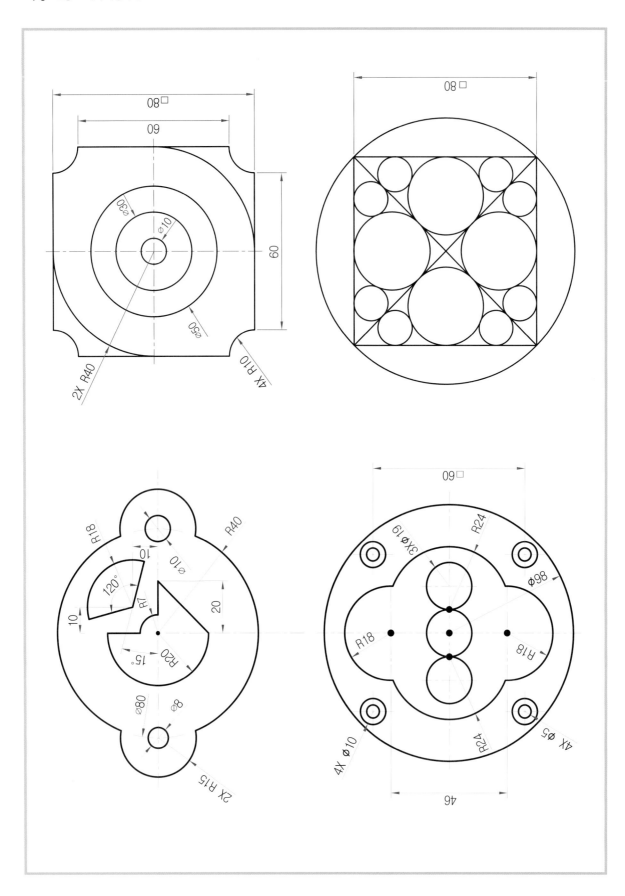

# 4 스케치 패턴

## 1 직사각형 패턴

스케치 ⇨ 패턴 ⇨ 직사각형 패턴 ⇨ 형상 ⇨ 방향 1 ⇨ 개수 3 ⇨ 거리 20 ⇨ 방향 2 ⇨ 개수 8 ⇨ 거리 20 ⇨ 확인

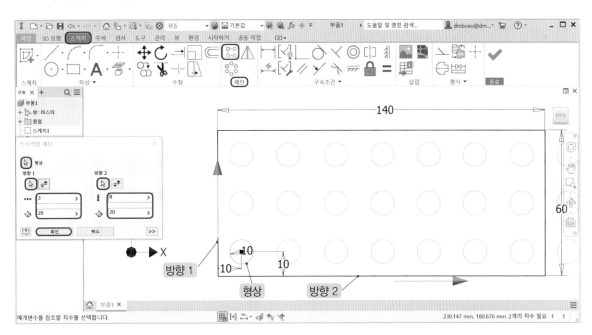

## 2 원형 패턴

스케치 ⇨ 패턴 ⇨ 원형 패턴 ⇨ 형상 ⇨ 축 ⇨ 개수 8 ⇨ 각도 360 ⇨ 확인

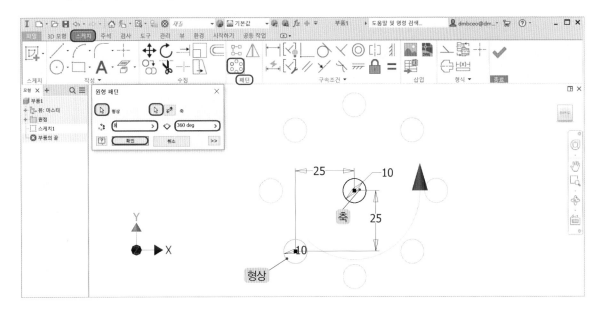

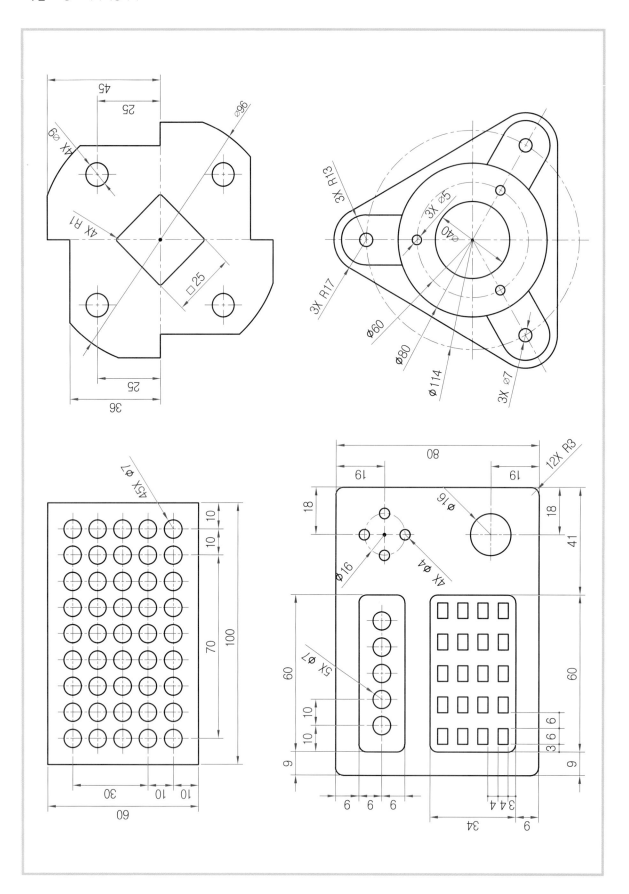

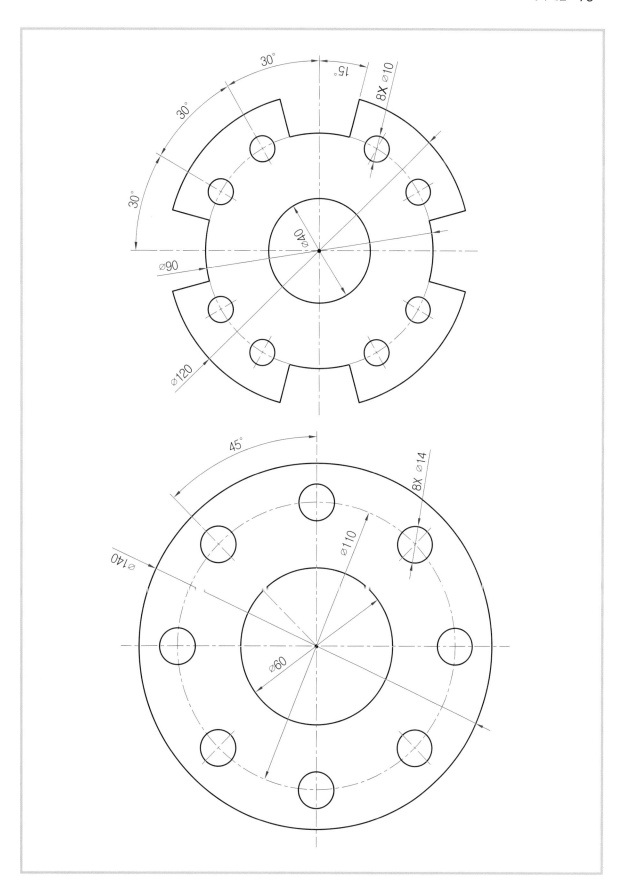

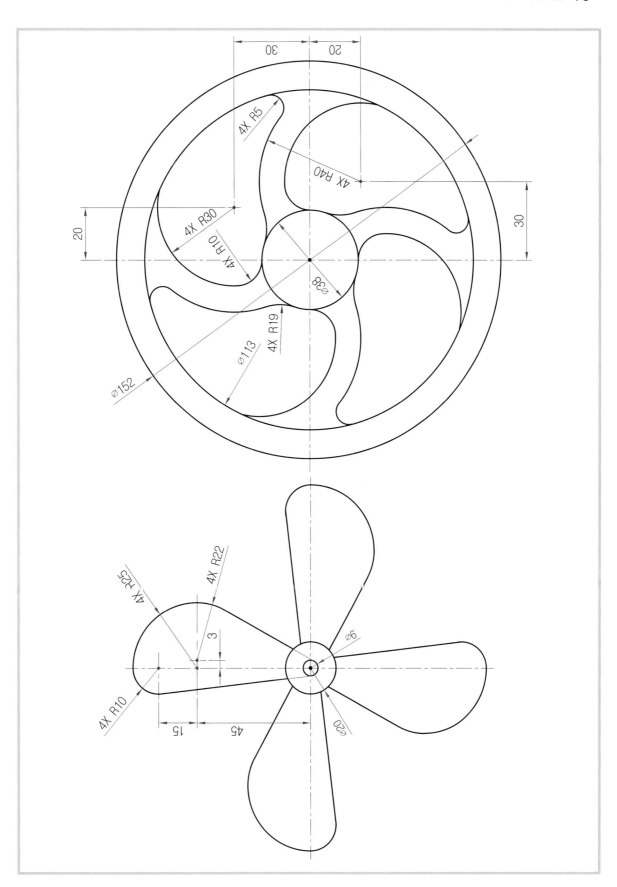

## 3 대칭 패턴

스케치 ⇨ 패턴 ⇨ 대칭 패턴 ⇨ 선택 ⇨ 미러 선

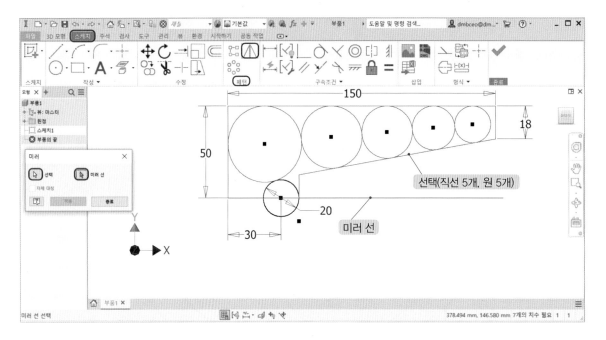

적용

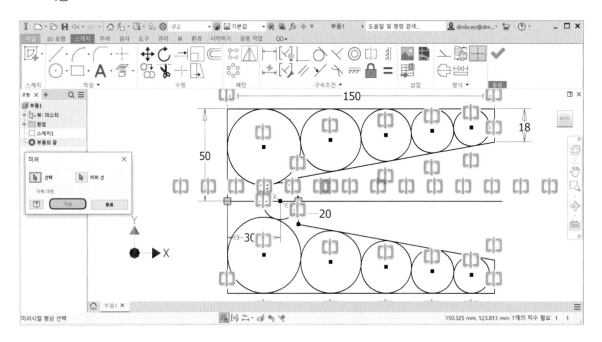

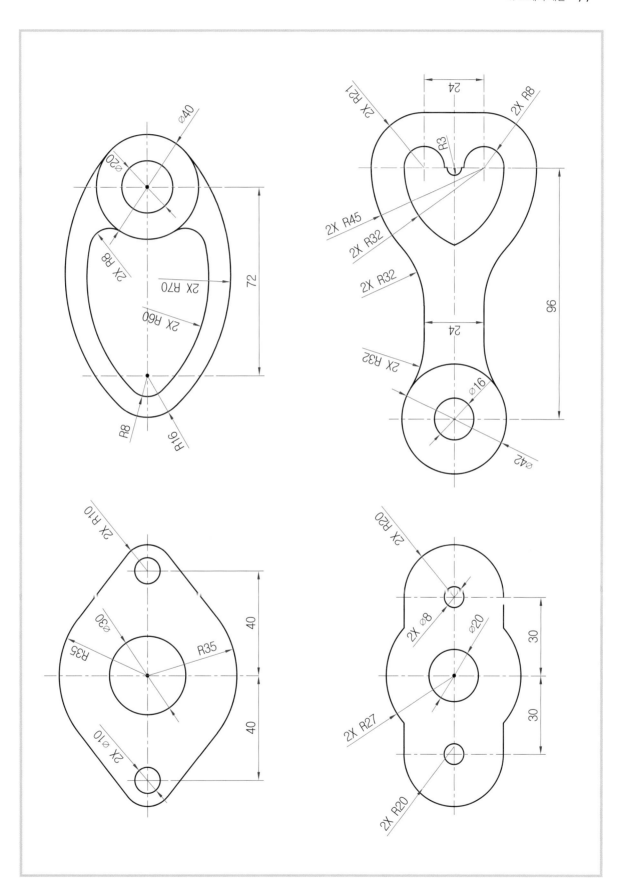

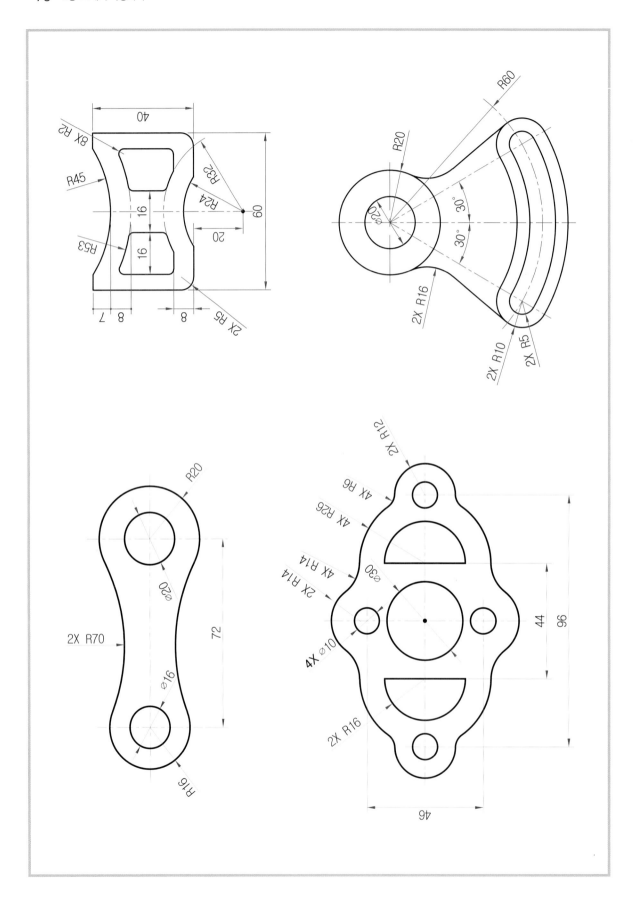

# 3D프린터
# 모델링 기법

INVENTOR 3D PRINTING

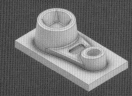

# 공개도면 ①

| 자격종목 | 3D프린터운용기능사 | [시험 1] 과제명 | 3D모델링 작업 | 척도 | NS |
|---|---|---|---|---|---|

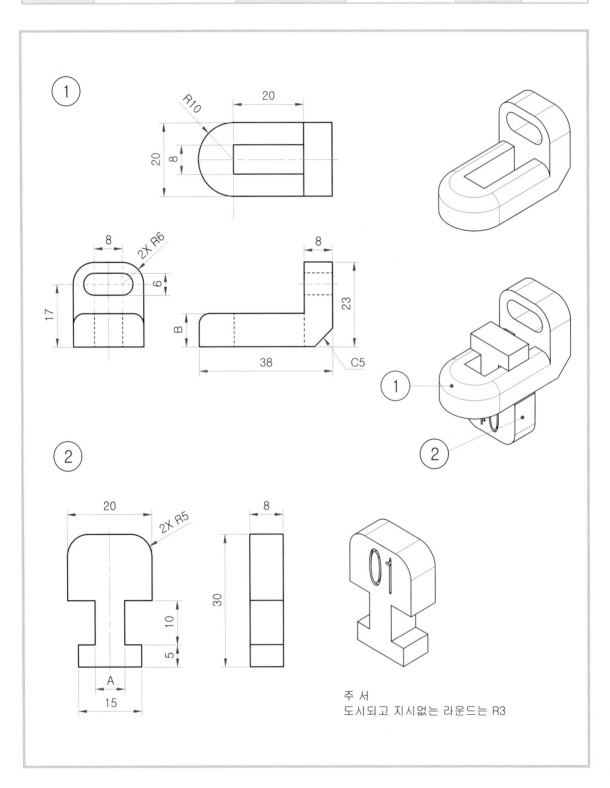

주 서
도시되고 지시없는 라운드는 R3

## 1 3D프린터 모델링하기 1

### 1 1번 부품 모델링하기

#### (1) 스케치하기 1

XZ 평면에 그림과 같이 스케치하고 치수를 입력한다. 구속조건은 아래쪽 수평선을 원점에 일치 구속한다.

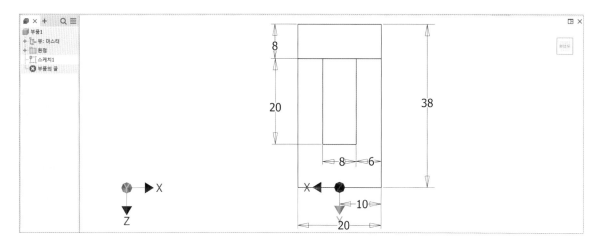

#### (2) 돌출하기

3D 모형 ⇨ 작성 ⇨ 돌출 ⇨ 입력 형상 ⇨ 프로파일 ⇨ 동작 ⇨ 방향 : 반전 ⇨ 거리 9 ⇨ 확인

**TIP>>**
거리 9는 상호 움직임이 발생하는 부위의 치수 B이다.

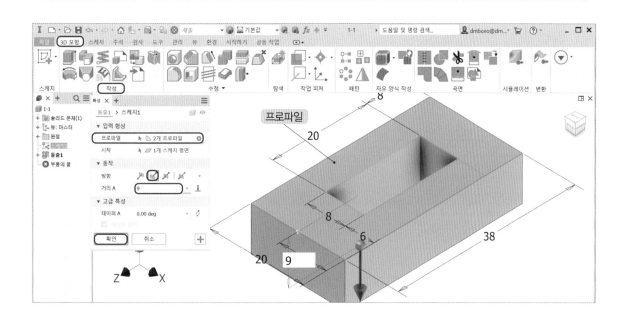

3D 모형 ➡ 작성 ➡ 돌출 ➡ 입력 형상 ➡ 프로파일 ➡ 동작 ➡ 방향 : 기본값 ➡ 거리 15 ➡ 출력 ➡ 부울 : 접합 ➡ 확인

**TIP>>**
모형 탐색기 돌출 아래 스케치를 오른쪽 클릭하여 팝업창에서 가시성을 체크하여 돌출을 같은 방법으로 한다.

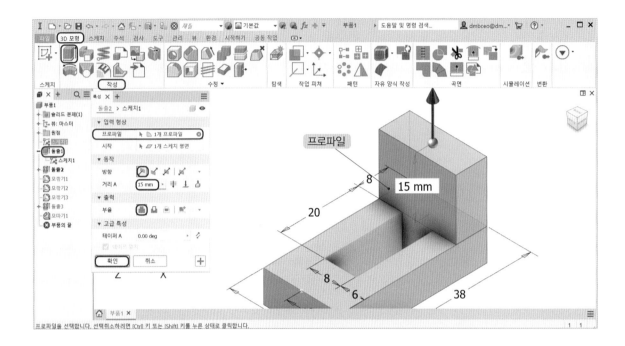

## (3) 모깎기

3D 모형 ➡ 수정 ➡ 모서리 모깎기 ➡ 상수 ➡ 모서리 ➡ 반지름 6 ➡ 확인

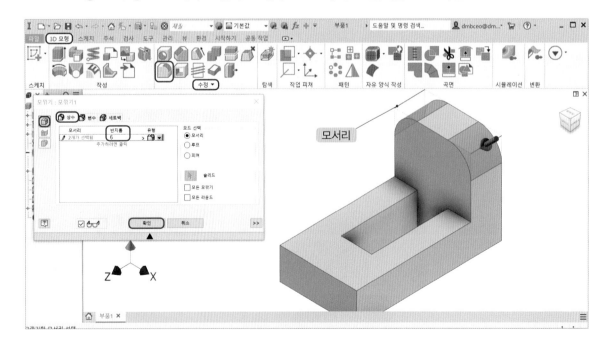

3D 모형 ⇨ 수정 ⇨ 모서리 모깎기 ⇨ 상수 ⇨ 모서리 ⇨ 반지름 10 ⇨ 확인

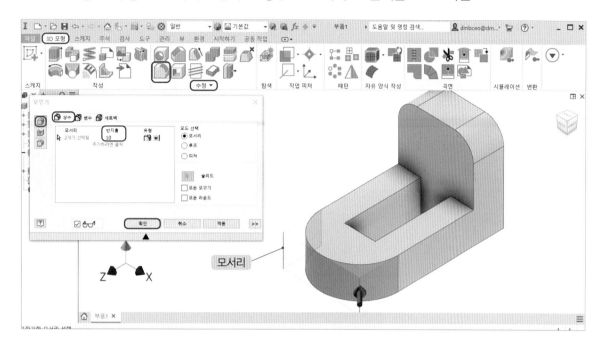

3D 모형 ⇨ 수정 ⇨ 모서리 모깎기 ⇨ 상수 ⇨ 모서리 ⇨ 반지름 3 ⇨ 확인

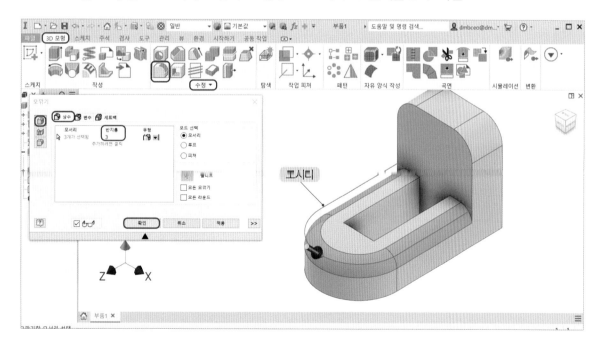

### (4) 슬롯 스케치하기

앞쪽 평면에 슬롯을 스케치하고 치수를 입력한다.

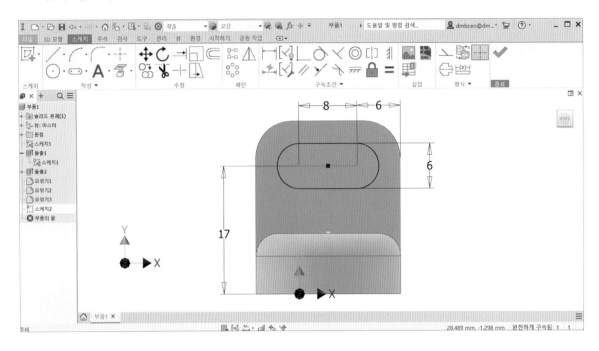

### (5) 슬롯 돌출하기

3D 모형 ⇨ 작성 ⇨ 돌출 ⇨ 입력 형상 ⇨ 프로파일 ⇨ 동작 ⇨ 방향 : 반전 ⇨ 거리 8 ⇨ 출력 ⇨
부울 : 잘라내기 ⇨ 확인

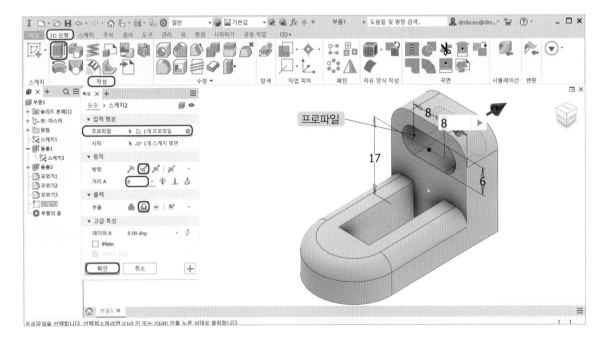

## (6) 모따기하기

3D 모형 ⇨ 수정 ⇨ 모따기 ⇨ 대칭 ⇨ 모서리 ⇨ 거리 5 ⇨ 확인

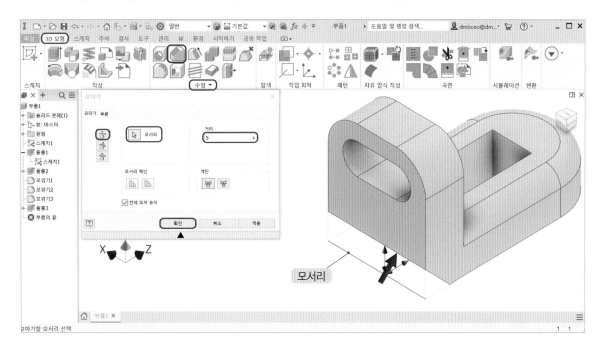

## (7) 파일 저장하기

파일 ⇨ 다른 이름으로 저장 ⇨ 3D프린터 모델링 ⇨ 파일 이름(N) : 01_01 ⇨ 파일 형식(T) : Autodesk inventor 부품(*.ipt) ⇨ 저장

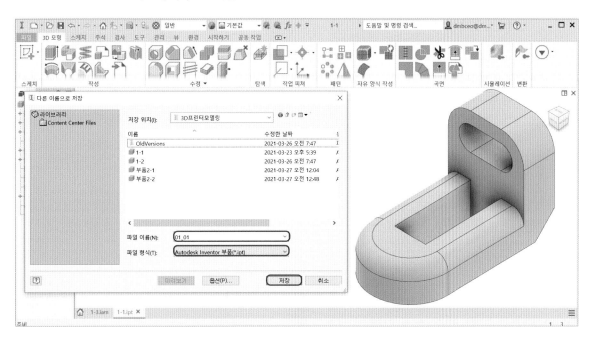

### (8) STP 파일 저장하기

파일 ⇨ 내보내기 ⇨ CAD 형식 ⇨ 3D프린터 모델링 ⇨ 파일 이름(N) : 01_01 ⇨ 파일 형식(T) : STEP 파일( *.stp; *.ste; *.step; *.stpz) ⇨ 저장

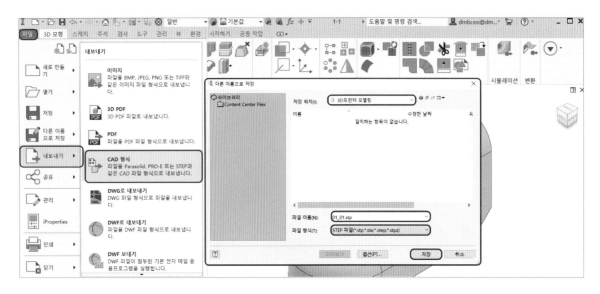

## 2 2번 부품 모델링하기

### (1) 스케치하기 1

XY 평면에 그림과 같이 스케치하고 치수를 입력한다. 구속조건은 아래쪽 수평선을 원점에 일치 구속한다.

> **TIP>>**
> 치수 (7)은 상호 움직임이 발생하는 부위의 치수 A이다.

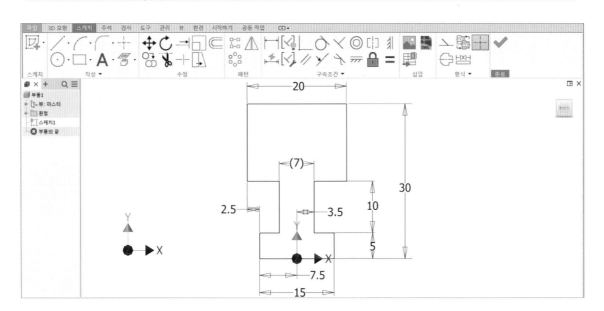

## (2) 돌출하기

3D 모형 ⇨ 작성 ⇨ 돌출 ⇨ 입력 형상 ⇨ 프로파일 ⇨ 동작 ⇨ 방향 : 반전 ⇨ 거리 8 ⇨ 확인

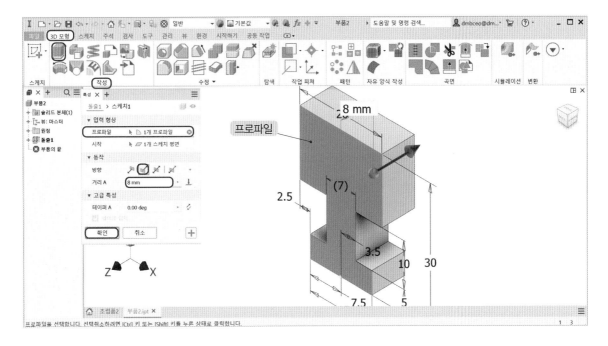

## (3) 모깎기

3D 모형 ⇨ 수정 ⇨ 모서리 모깎기 ⇨ 상수 ⇨ 모서리 ⇨ 반지름 5 ⇨ 확인

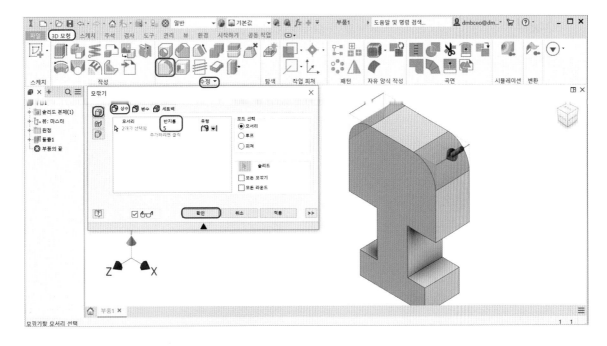

### (4) 텍스트

앞면에 스케치를 생성한다.

스케치 ⇨ 작성 ⇨ 텍스트 ⇨ 굴림체 10mm ⇨ 01 ⇨ 확인 ⇨ 스케치 종료

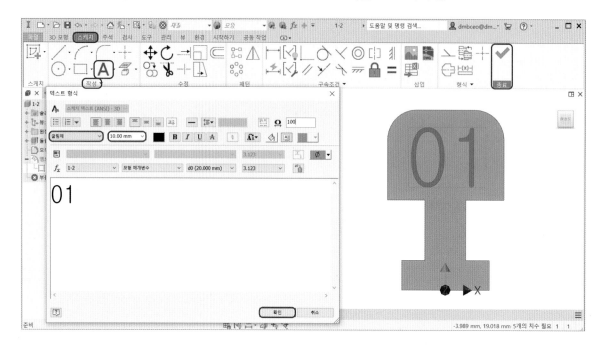

### (5) 엠보싱하기

3D 모형 ⇨ 작성 ⇨ 엠보싱 ⇨ 프로파일 ⇨ 깊이 : 0.5 ⇨ 면으로부터 오목 ⇨ 벡터 방향 2 ⇨ 확인

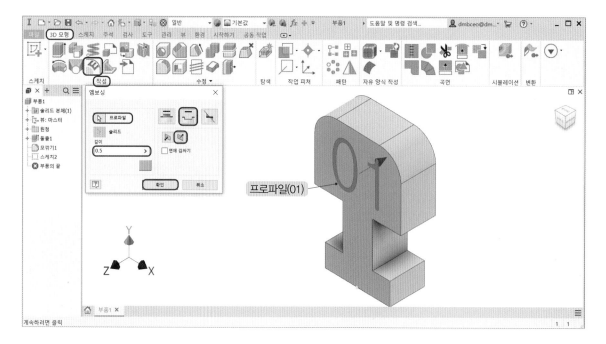

### (6) 파일 저장하기

파일 ⇨ 다른 이름으로 저장 ⇨ 3D프린터 모델링 ⇨ 파일 이름(N) : 01_02 ⇨ 파일 형식(T) : Autodesk inventor 부품( * .ipt) ⇨ 저장

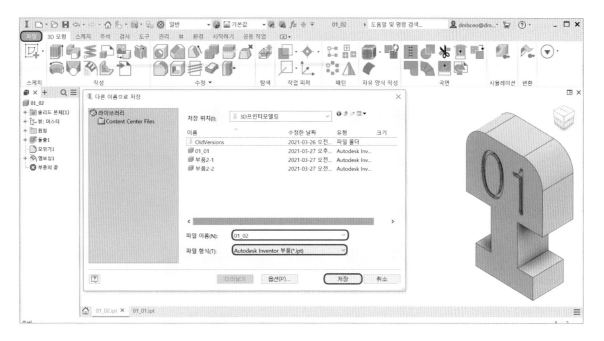

### (7) STP 파일 저장하기

파일 ⇨ 내보내기 ⇨ CAD 형식 ⇨ 3D프린터 모델링 ⇨ 파일 이름(N) : 01_02 ⇨ 파일 형식(T) : STEP 파일( * .stp; * .ste; * .step; * .stpz) ⇨ 저장

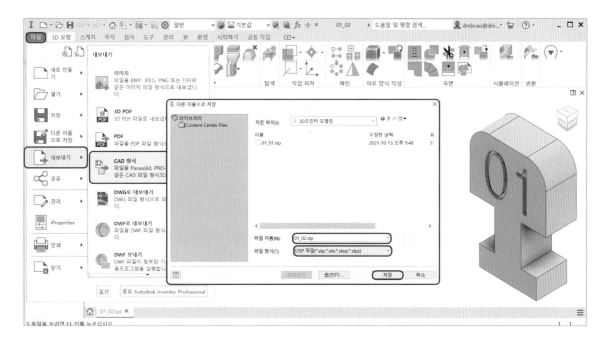

## ③ 조립하기

### (1) 조립 시작하기

시작하기 ⇨ 시작 ⇨ 새로 만들기 ⇨ 조립품-2D 및 3D 구성요소 조립 : Standard.iam ⇨ 작성

### (2) 1번 부품 불러 배치하기

조립 ⇨ 구성요소 ⇨ 배치 ⇨ 찾는 위치 : 3D프린터 모델링 ⇨ 이름 : 01_01 ⇨ 열기

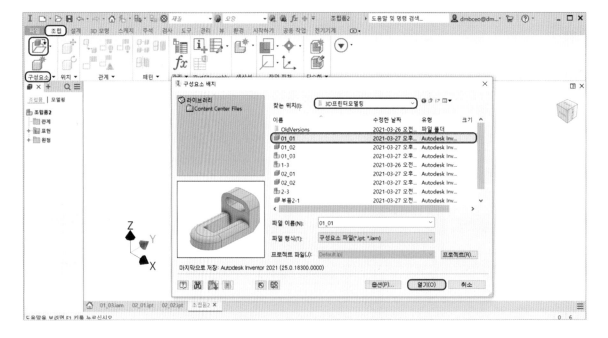

마우스 오른쪽 클릭 ⇨ X를 90° 회전 ⇨ 1번 부품 배치 위치에서 클릭

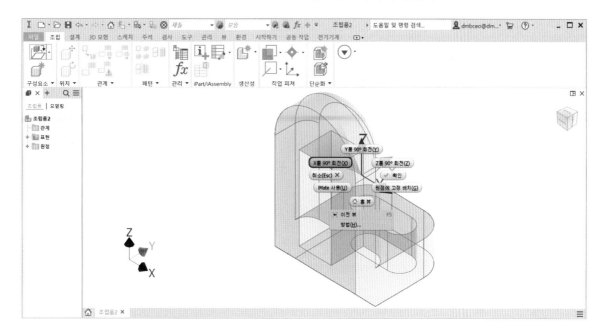

### (3) 2번 부품 불러 배치하기

조립 ⇨ 구성요소 ⇨ 배치 ⇨ 찾는 위치 : 3D프린터 모델링 ⇨ 이름 : 01_02 ⇨ 열기

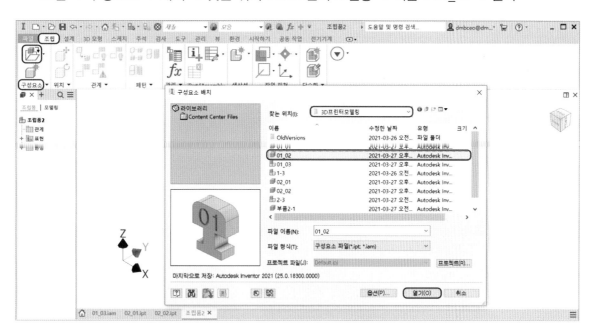

**TIP>>**

파일 이름(N) : 파일 이름을 입력하거나 목록에서 파일을 선택한다.

파일 형식(T) : 특정 형식의 파일만 포함하도록 파일 목록을 나열한다.

프로젝트 파일(J) : 활성 프로젝트를 표시한다.

마우스 오른쪽 클릭 ⇨ X를 90° 회전, Y를 90° 회전 ⇨ 2번 부품 배치 위치에서 클릭

**TIP>>**
그림과 같이 X를 90° 회전, Y를 90° 회전을 각각 선택하여 회전한다.

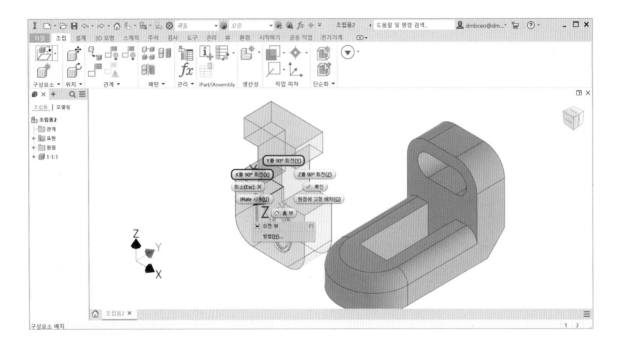

## (4) 구속하기

조립 ⇨ 관계 ⇨ 구속 ⇨ 유형 : 메이트 ⇨ 솔루션 : 메이트 ⇨ 선택 1(2번 부품의 면) ⇨ 간격띄우기 : 0.5

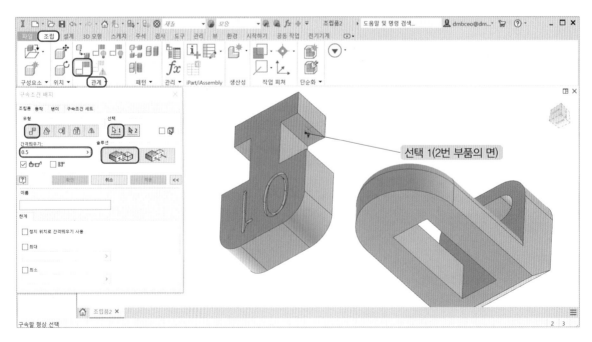

솔루션 : 메이트 ⇨ 선택 2(1번 부품의 면) ⇨ 간격띄우기 : 0.5 ⇨ 확인

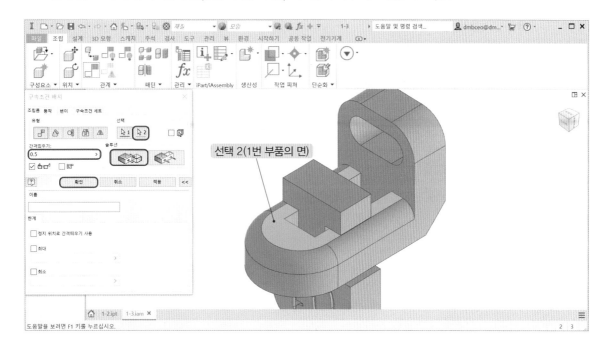

조립 ⇨ 관계 ⇨ 구속 ⇨ 유형 : 메이트 ⇨ 솔루션 : 메이트 ⇨ 선택 1(2번 부품의 면) ⇨ 간격띄우기 : 0.5

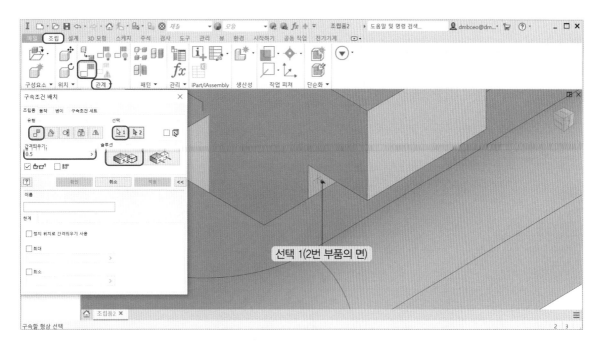

솔루션 : 메이트 ⇨ 선택 2(1번 부품의 면) ⇨ 간격띄우기 : 0.5 ⇨ 확인

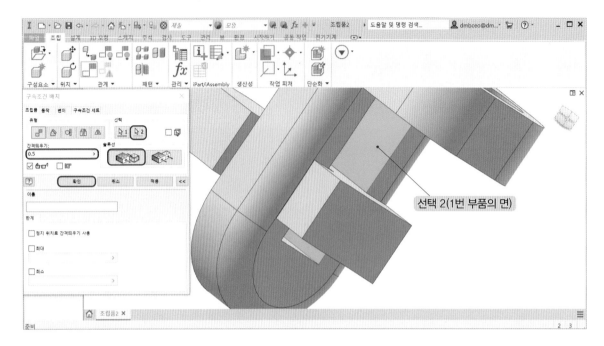

조립 ⇨ 관계 ⇨ 구속 ⇨ 유형 : 메이트 ⇨ 솔루션 : 메이트 ⇨ 선택 1(2번 부품의 면) ⇨ 간격띄
우기 : 10

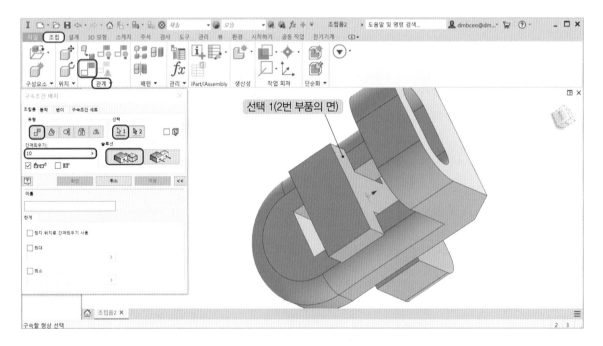

솔루션 : 메이트 ⇨ 선택 2(1번 부품의 면) ⇨ 간격띄우기 : 10 ⇨ 확인

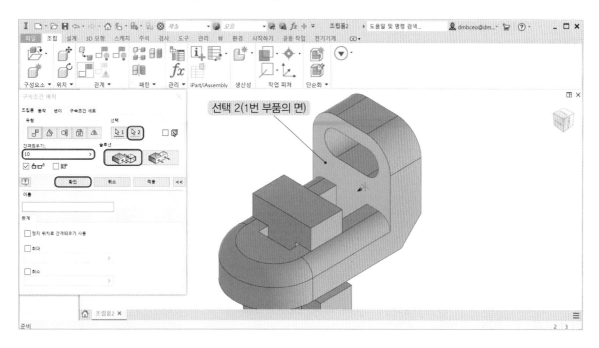

## (5) 파일 저장하기

파일 ⇨ 다른 이름으로 저장 ⇨ 3D프린터 모델링 ⇨ 파일 이름(N) : 01_03 ⇨ 파일 형식(T) : Autodesk inventor 조립품( * .iam) ⇨ 저장

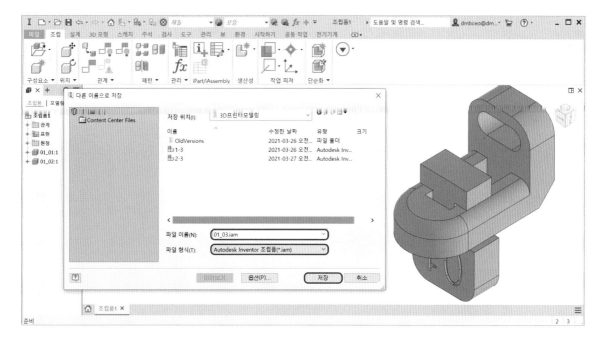

## (6) STP 파일 저장하기

파일 ⇨ 내보내기 ⇨ CAD 형식 ⇨ 3D프린터 모델링 ⇨ 파일 이름(N) : 01_03 ⇨ 파일 형식(T) : STEP 파일( * .stp; * .ste; * .step; * .stpz) ⇨ 저장

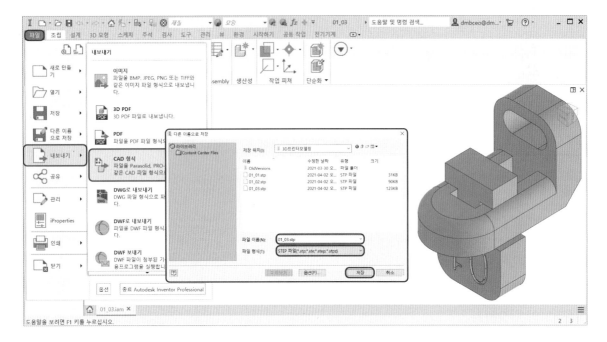

## (7) STL 파일 저장하기

파일 ⇨ 내보내기 ⇨ CAD 형식 ⇨ 3D프린터 모델링 ⇨ 파일 이름(N) : 01_04 ⇨ 파일 형식(T) : STL 파일( * .stl) ⇨ 저장

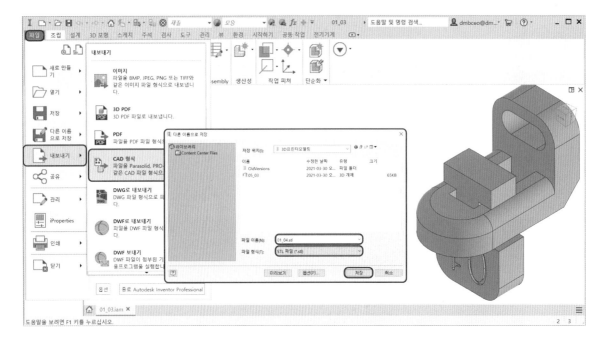

# 공개도면 ②

| 자격종목 | 3D프린터운용기능사 | [시험 1] 과제명 | 3D모델링 작업 | 척도 | NS |
|---|---|---|---|---|---|

주 서
도시되고 지시없는 모떼기는 C5, 라운드는 R3

## 2 3D프린터 모델링하기 2

### 1 1번 부품 모델링하기

#### (1) 스케치하기 1

ZY 평면에 그림과 같이 스케치하고 치수를 입력한다. 구속조건은 원의 중심을 원점에 일치 구속한다.

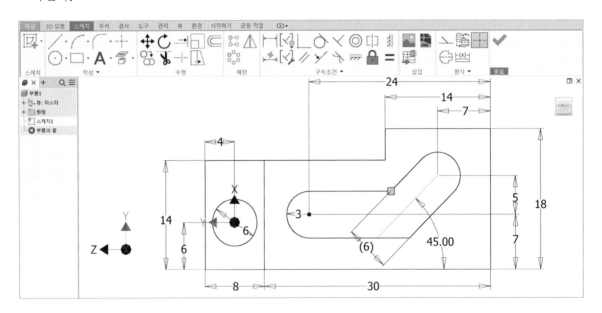

#### (2) 돌출하기

3D 모형 ⇨ 작성 ⇨ 돌출 ⇨ 입력 형상 ⇨ 프로파일 ⇨ 동작 ⇨ 방향 : 대칭 ⇨ 거리 6 ⇨ 확인

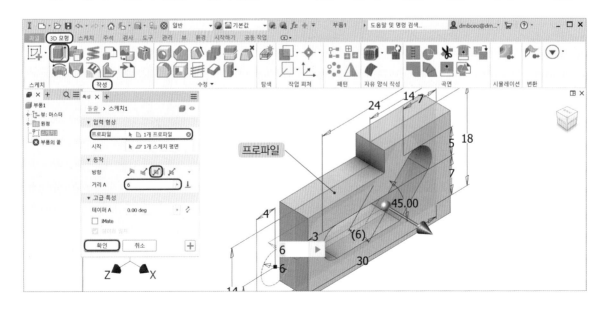

3D 모형 ⇨ 작성 ⇨ 돌출 ⇨ 입력 형상 ⇨ 프로파일 ⇨ 동작 ⇨ 방향 : 대칭 ⇨ 거리 16 ⇨ 출력 ⇨ 부울 : 접합 ⇨ 확인

**TIP>>**
모형 탐색기 돌출 아래 스케치를 오른쪽 클릭하여 팝업창에서 가시성을 체크하여 돌출을 같은 방법으로 한다.

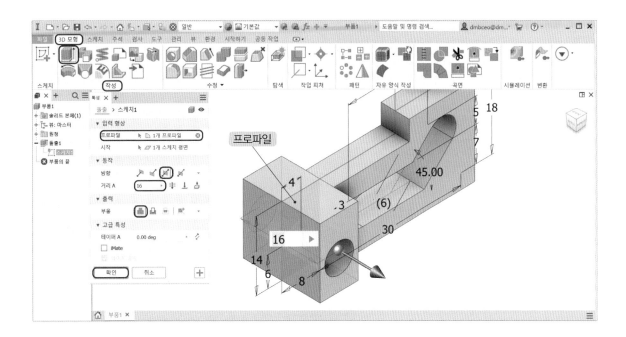

## (3) 모따기하기

3D 모형 ⇨ 수정 ⇨ 모따기 ⇨ 대칭 ⇨ 모서리 ⇨ 거리 5 ⇨ 확인

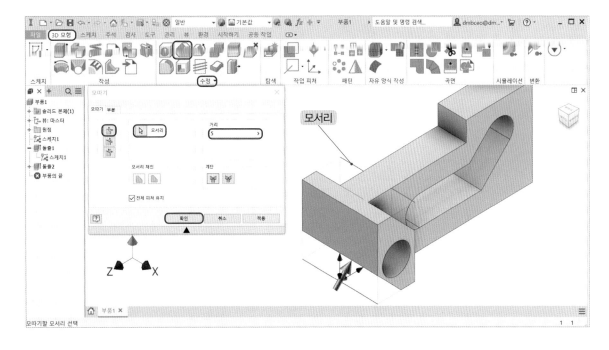

## (4) 모깎기

3D 모형 ⇨ 수정 ⇨ 모서리 모깎기 ⇨ 상수 ⇨ 모서리 ⇨ 반지름 4 ⇨ 확인

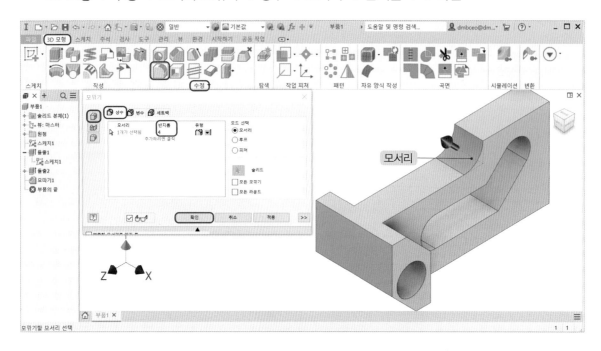

3D 모형 ⇨ 수정 ⇨ 모서리 모깎기 ⇨ 상수 ⇨ 모서리 ⇨ 반지름 3 ⇨ 확인

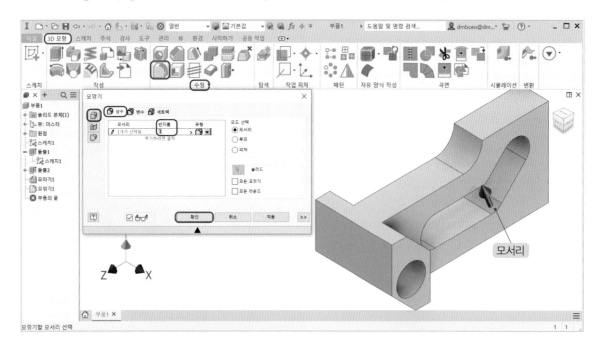

3D 모형 ⇨ 수정 ⇨ 모서리 모깎기 ⇨ 상수 ⇨ 모서리 ⇨ 반지름 14 ⇨ 확인

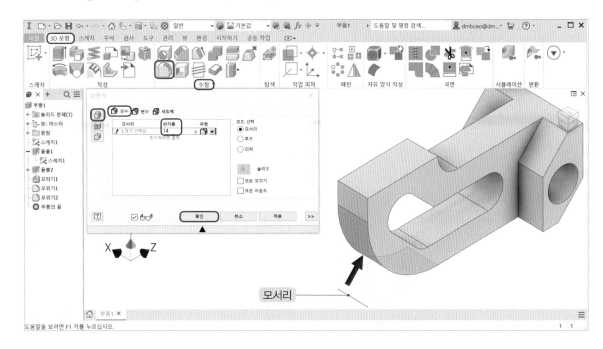

## (5) 텍스트

앞면에 스케치를 생성한다.

스케치 ⇨ 작성 ⇨ 텍스트 ⇨ 굴림체 6mm ⇨ 02 ⇨ 확인 ⇨ 스케치 종료

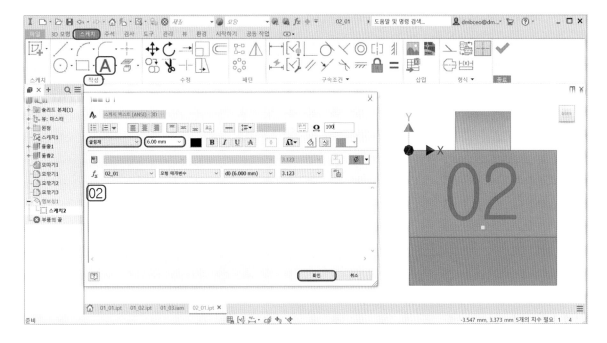

## (6) 엠보싱하기

3D 모형 ⇨ 작성 ⇨ 엠보싱 ⇨ 프로파일 ⇨ 깊이 : 0.5 ⇨ 면으로부터 오목 ⇨ 벡터 방향 2 ⇨ 확인

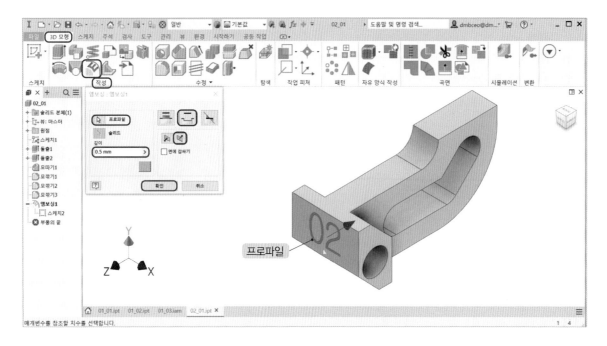

## (7) 파일 저장하기

파일 ⇨ 다른 이름으로 저장 ⇨ 3D프린터 모델링 ⇨ 파일 이름(N) : 02_01 ⇨ 파일 형식(T) : Autodesk inventor 부품( * .ipt) ⇨ 저장

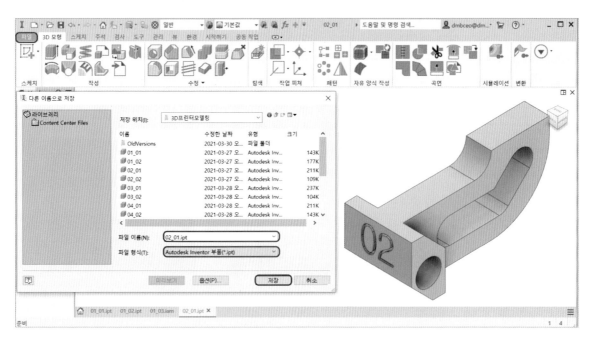

### (8) STP 파일 저장하기

파일 ⇨ 내보내기 ⇨ CAD 형식 ⇨ 3D프린터 모델링 ⇨ 파일 이름(N) : 02_01 ⇨ 파일 형식(T) : STEP 파일( * .stp; * .ste; * .step; * .stpz) ⇨ 저장

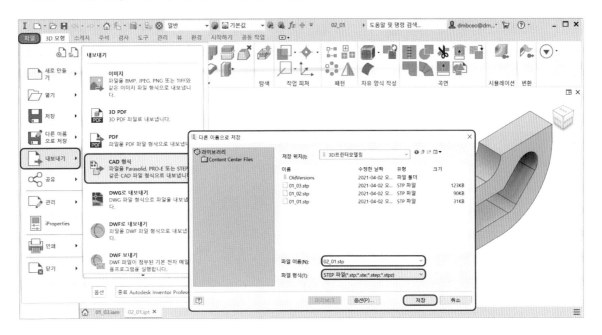

## 2 2번 부품 모델링하기

### (1) 스케치하기 1

ZY 평면에 그림과 같이 스케치하고 치수를 입력한다. 구속조건은 아래쪽 수평선을 원점에 일치 구속한다.

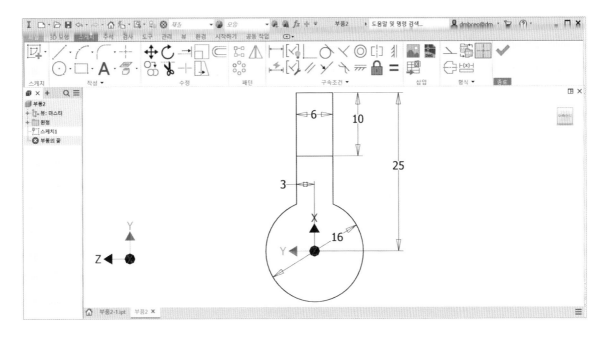

## (2) 대칭 돌출하기

3D 모형 ⇨ 작성 ⇨ 돌출 ⇨ 입력 형상 ⇨ 프로파일 ⇨ 동작 ⇨ 방향 : 대칭 ⇨ 거리 16 ⇨ 확인

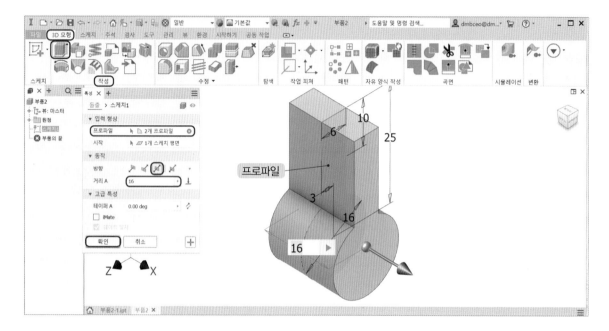

3D 모형 ⇨ 작성 ⇨ 돌출 ⇨ 입력 형상 ⇨ 프로파일 ⇨ 동작 ⇨ 방향 : 대칭 ⇨ 거리 7 ⇨ 출력 ⇨ 부울 : 잘라내기 ⇨ 확인

**TIP>>**
1. 모형 탐색기 돌출 아래 스케치를 오른쪽 클릭하여 팝업창에서 가시성을 체크하여 돌출한다.
2. 돌출 거리 7은 상호 움직임이 발생하는 부위의 치수 B이다.

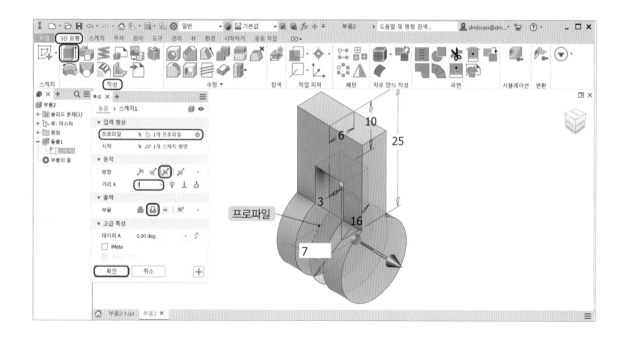

### (3) 스케치하기 2

ZY 평면에 그림과 같이 원을 스케치하고 치수를 입력한다.

**TIP>>**
5 치수는 상호 움직임이 발생하는 부위의 치수 A이다.

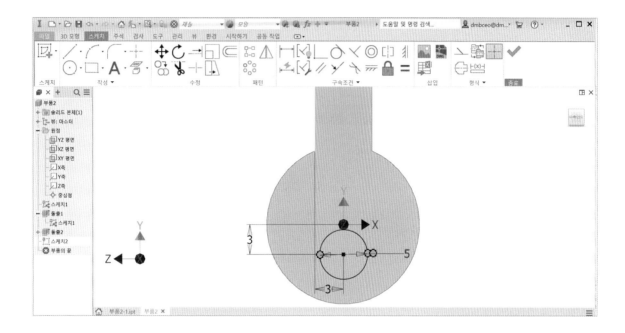

### (4) 돌출하기

3D 모형 ⇨ 작성 ⇨ 돌출 ⇨ 입력 형상 ⇨ 프로파일 ⇨ 동작 ⇨ 방향 : 반전 ⇨ 거리 16 ⇨ 출력 ⇨ 부울 : 접합 ⇨ 확인

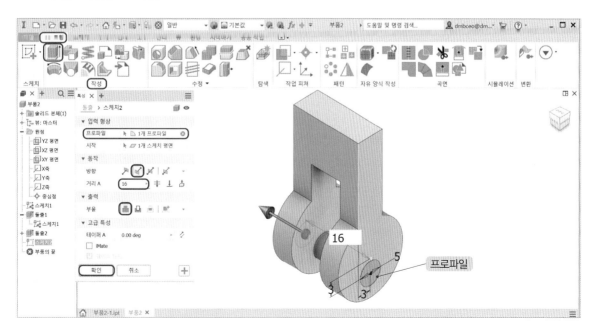

### (5) 모따기하기

3D 모형 ⇨ 수정 ⇨ 모따기 ⇨ 대칭 ⇨ 모서리 ⇨ 거리 5 ⇨ 확인

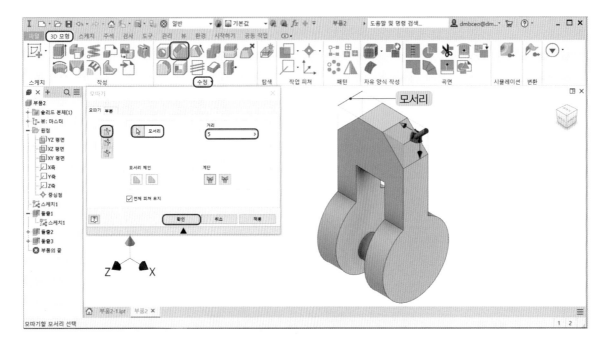

### (6) 파일 저장하기

파일 ⇨ 다른 이름으로 저장 ⇨ 3D프린터 모델링 ⇨ 파일 이름(N) : 02_02 ⇨ 파일 형식(T) : Autodesk inventor 부품( * .ipt) ⇨ 저장

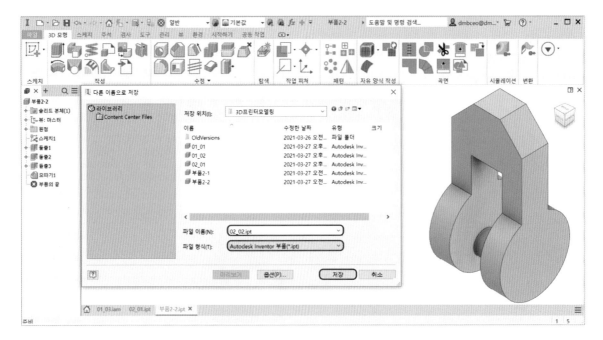

### (7) STP 파일 저장하기

파일 ⇨ 내보내기 ⇨ CAD 형식 ⇨ 3D프린터 모델링 ⇨ 파일 이름(N) : 02_02 ⇨ 파일 형식(T) : STEP 파일( * .stp; * .ste; * .step; * .stpz) ⇨ 저장

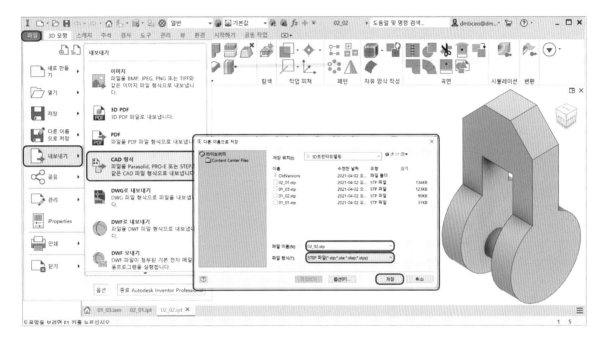

## ③ 조립하기

### (1) 조립 시작하기

시작하기 ⇨ 시작 ⇨ 새로 만들기 ⇨ 조립품-2D 및 3D 구성요소 조립 : Standard.iam ⇨ 작성

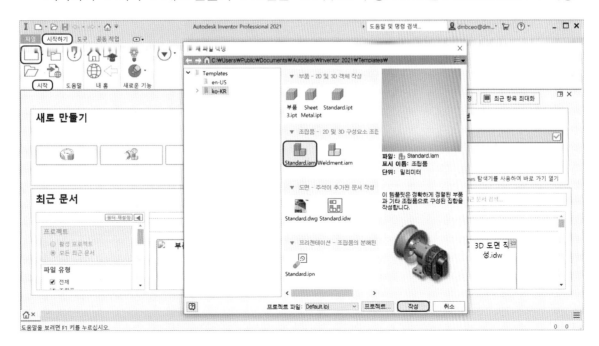

## (2) 1번 부품 불러 배치하기

조립 ⇨ 구성요소 ⇨ 배치 ⇨ 찾는 위치 : 3D프린터 모델링 ⇨ 이름 : 02_01 ⇨ 열기

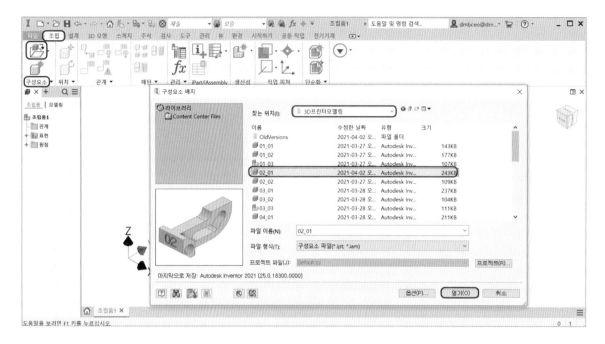

마우스 오른쪽 클릭 ⇨ X를 90˚ 회전 ⇨ 1번 부품 배치 위치에서 클릭

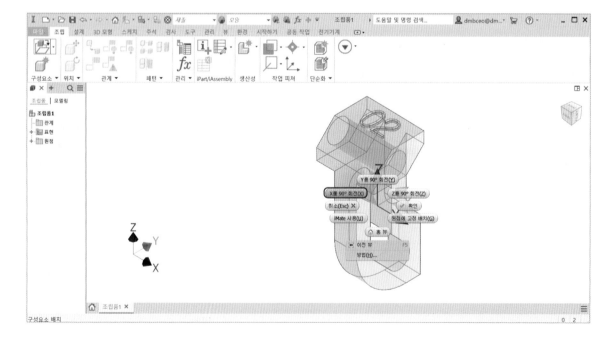

## (3) 2번 부품 불러 배치하기

조립 ⇨ 구성요소 ⇨ 배치 ⇨ 찾는 위치 : 3D프린터 모델링 ⇨ 이름 : 02_02 ⇨ 열기

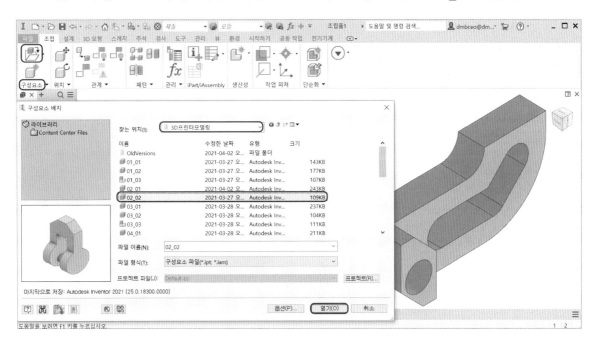

마우스 오른쪽 클릭 ⇨ X를 90° 회전 ⇨ 2번 부품 배치 위치에서 클릭

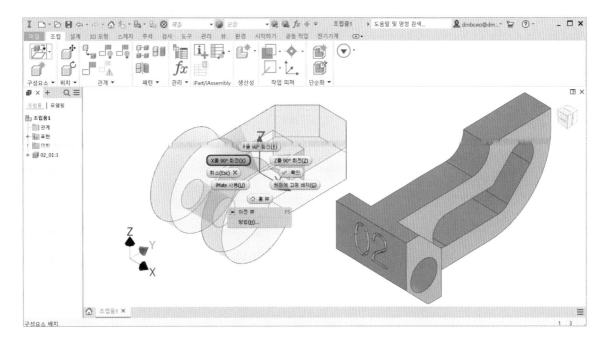

### (4) 구속하기

조립 ⇨ 관계 ⇨ 구속 ⇨ 유형 : 메이트 ⇨ 솔루션 : 메이트 ⇨ 선택 1(2번 부품의 축선) ⇨ 선택 2(1번 부품의 축선) ⇨ 확인

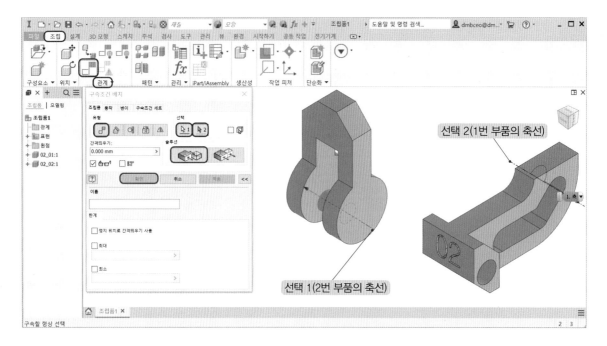

조립 ⇨ 관계 ⇨ 구속 ⇨ 유형 : 메이트 ⇨ 솔루션 : 메이트 ⇨ 선택 1(2번 부품의 면) ⇨ 간격띄우기 : 0.5

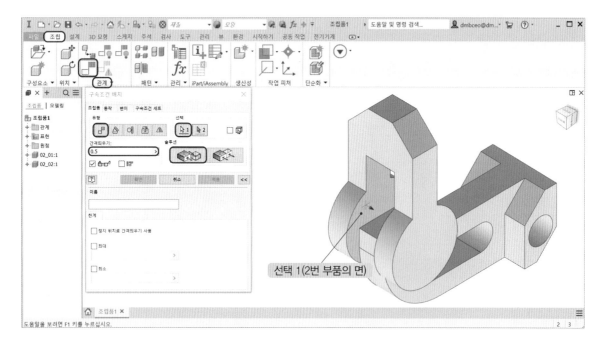

솔루션 : 메이트 ⇨ 선택 2(1번 부품의 면) ⇨ 간격띄우기 : 0.5 ⇨ 확인

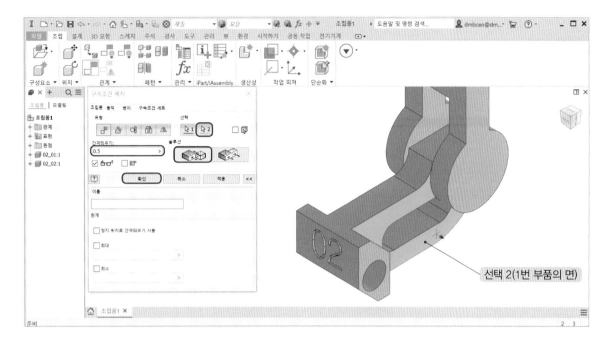

### (5) 파일 저장하기

파일 ⇨ 다른 이름으로 저장 ⇨ 3D프린터 모델링 ⇨ 파일 이름(N) : 02_03 ⇨ 파일 형식(T) : Autodesk inventor 조립품( *.iam) ⇨ 저장

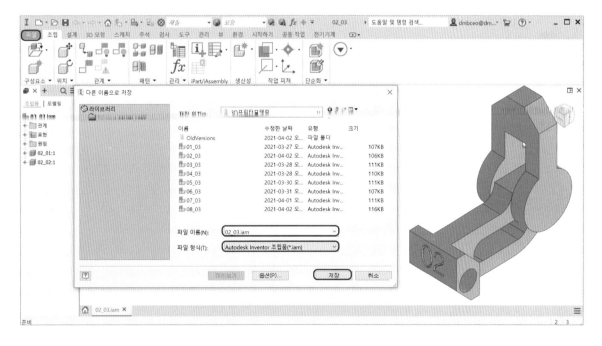

## (6) STP 파일 저장하기

파일 ⇨ 내보내기 ⇨ CAD 형식 ⇨ 3D프린터 모델링 ⇨ 파일 이름(N) : 02_03 ⇨ 파일 형식(T) : STEP 파일( * .stp; * .ste; * .step; * .stpz) ⇨ 저장

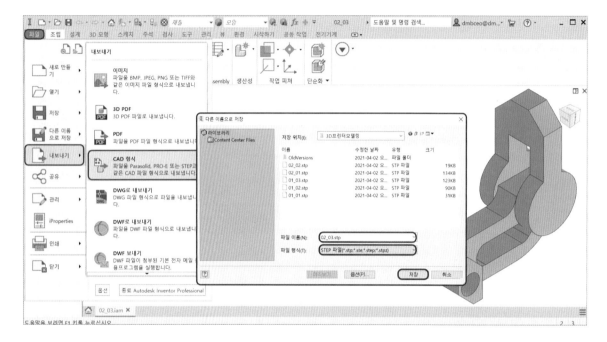

## (7) STL 파일 저장하기

파일 ⇨ 내보내기 ⇨ CAD 형식 ⇨ 3D프린터 모델링 ⇨ 파일 이름(N) : 02_04 ⇨ 파일 형식(T) : STL 파일( * .stl) ⇨ 저장

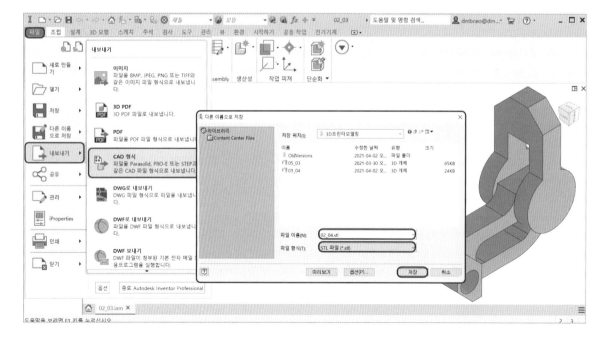

# 공개도면 ③

| 자격종목 | 3D프린터운용기능사 | [시험 1] 과제명 | 3D모델링 작업 | 척도 | NS |
|---|---|---|---|---|---|

## **1** 1번 부품 모델링하기

### (1) 스케치하기 1

XY 평면에 그림과 같이 스케치하고 치수를 입력한다. 구속조건은 원의 중심점을 원점에 일치 구속한다.

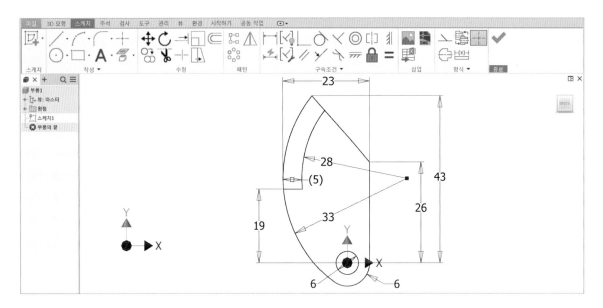

### (2) 돌출하기

3D 모형 ⇨ 작성 ⇨ 돌출 ⇨ 입력 형상 ⇨ 프로파일 ⇨ 동작 ⇨ 방향 : 대칭 ⇨ 거리 16 ⇨ 확인

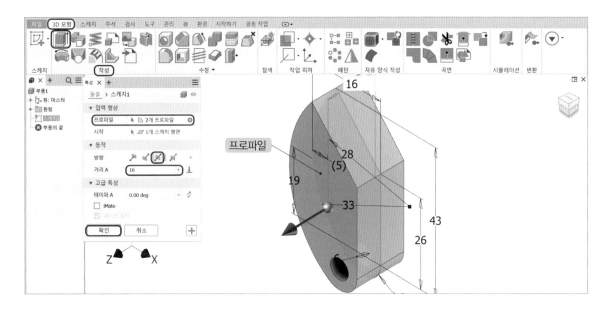

3D 모형 ⇨ 작성 ⇨ 돌출 ⇨ 입력 형상 ⇨ 프로파일 ⇨ 동작 ⇨ 방향 : 대칭 ⇨ 거리 8 ⇨ 출력 ⇨ 부울 : 잘라내기 ⇨ 확인

**TIP>>**
모형 탐색기 돌출 아래 스케치를 오른쪽 클릭하여 팝업창에서 가시성을 체크하여 돌출을 같은 방법으로 한다.

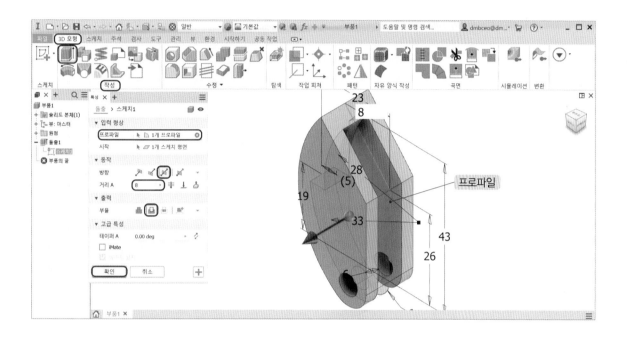

## (3) 텍스트

앞면에 스케치를 생성한다.

스케치 ⇨ 작성 ⇨ 텍스트 ⇨ 굴림체 10mm ⇨ 03 ⇨ 확인 ⇨ 스케치 종료

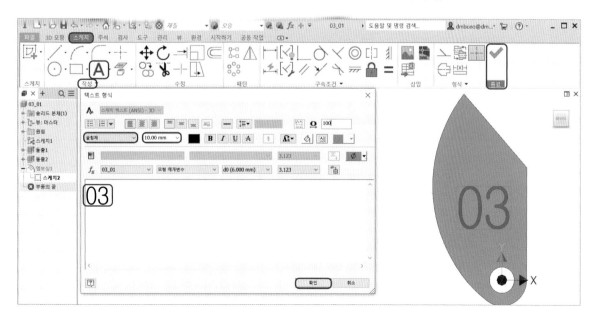

## (4) 엠보싱하기

3D 모형 ⇨ 작성 ⇨ 엠보싱 ⇨ 프로파일 ⇨ 깊이 : 0.5 ⇨ 면으로부터 오목 ⇨ 벡터 방향 2 ⇨ 확인

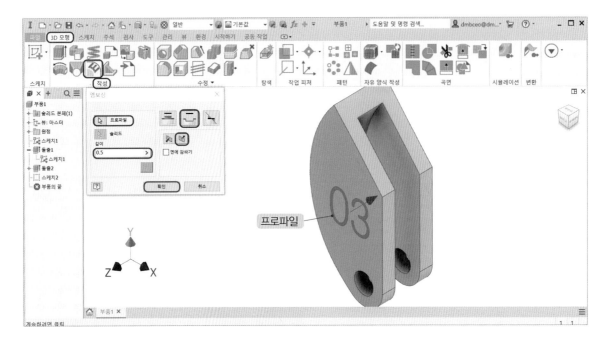

## (5) 파일 저장하기

파일 ⇨ 다른 이름으로 저장 ⇨ 3D프린터 모델링 ⇨ 파일 이름(N) : 03_01 ⇨ 파일 형식(T) : Autodesk inventor 부품( * .ipt) ⇨ 저장

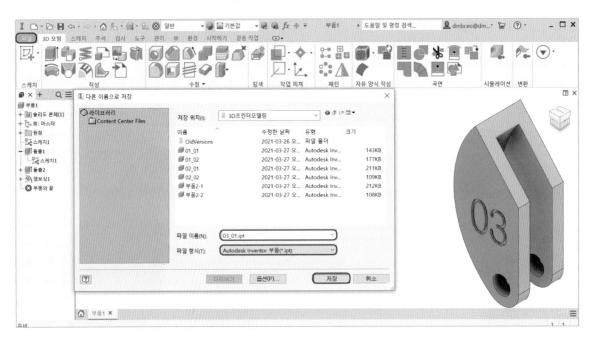

### (6) STP 파일 저장하기

파일 ⇨ 내보내기 ⇨ CAD 형식 ⇨ 3D프린터 모델링 ⇨ 파일 이름(N) : 03_01 ⇨ 파일 형식(T) : STEP 파일( * .stp; * .ste; * .step; * .stpz) ⇨ 저장

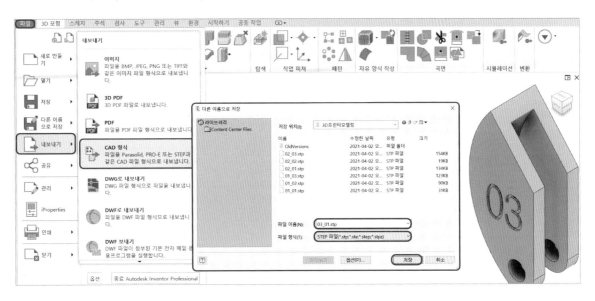

## 2 2번 부품 모델링하기

### (1) 스케치하기 1

XY 평면에 그림과 같이 스케치하고 치수를 입력한다. 구속조건은 아래쪽 수평선을 원점에 일치 구속한다.

**TIP>>**
치수 5는 상호 움직임이 발생하는 부위의 치수 A이다.

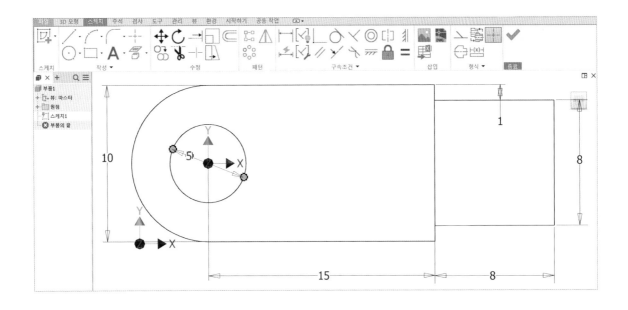

## (2) 돌출하기

3D 모형 ⇨ 작성 ⇨ 돌출 ⇨ 입력 형상 ⇨ 프로파일 ⇨ 동작 ⇨ 방향 : 대칭 ⇨ 거리 7 ⇨ 확인

**TIP>>**
돌출 거리 7은 상호 움직임이 발생하는 부위의 치수 B이다.

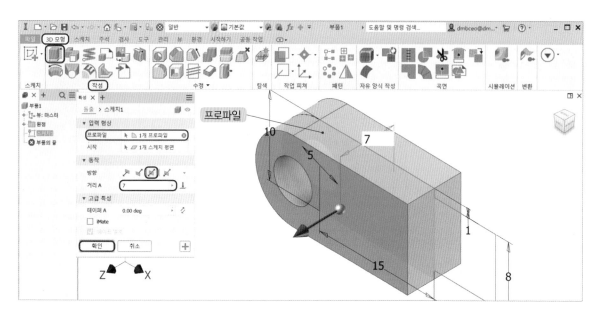

3D 모형 ⇨ 작성 ⇨ 돌출 ⇨ 입력 형상 ⇨ 프로파일 ⇨ 동작 ⇨ 방향 : 대칭 ⇨ 거리 16 ⇨ 출력 ⇨ 부울 : 접합 ⇨ 확인

**TIP>>**
모형 탐색기 돌출 아래 스케치를 오른쪽 클릭하여 팝업창에서 가시성을 체크하여 돌출한다.

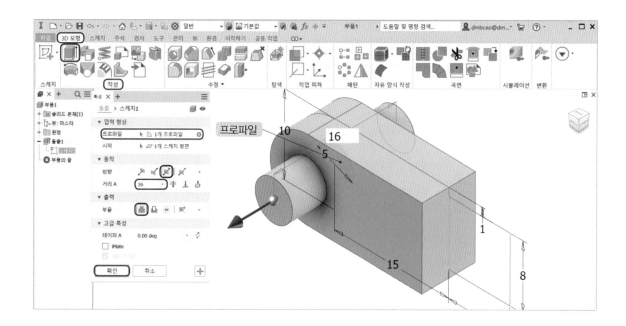

3D 모형 ⇨ 작성 ⇨ 돌출 ⇨ 입력 형상 ⇨ 프로파일 ⇨ 동작 ⇨ 방향 : 대칭 ⇨ 거리 6 ⇨ 출력 ⇨ 부울 : 접합 ⇨ 확인

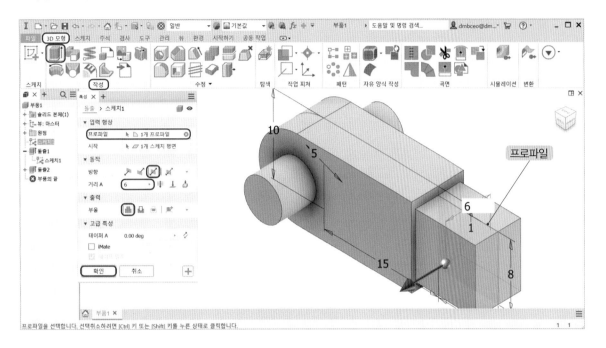

### (3) 모깎기

3D 모형 ⇨ 수정 ⇨ 모서리 모깎기 ⇨ 상수 ⇨ 모서리 ⇨ 반지름 4 ⇨ 확인

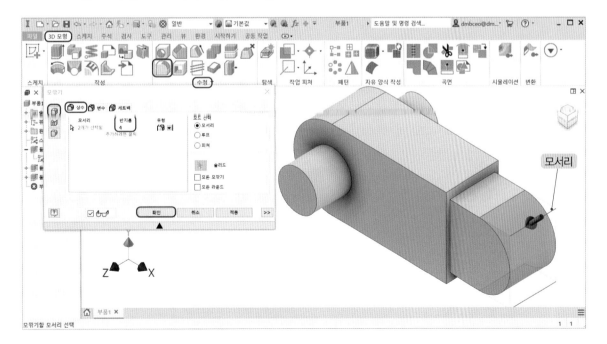

### (4) 파일 저장하기

파일 ⇨ 다른 이름으로 저장 ⇨ 3D프린터 모델링 ⇨ 파일 이름(N) : 03_02 ⇨ 파일 형식(T) : Autodesk inventor 부품( * .ipt) ⇨ 저장

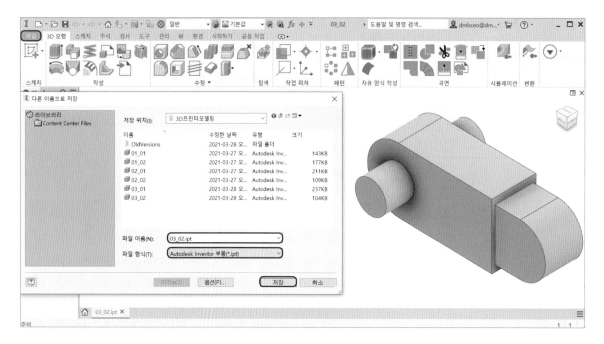

### (5) STP 파일 저장하기

파일 ⇨ 내보내기 ⇨ CAD 형식 ⇨ 3D프린터 모델링 ⇨ 파일 이름(N) : 03_02 ⇨ 파일 형식(T) : STEP 파일( * .stp; * .ste; * .step; * .stpz) ⇨ 저장

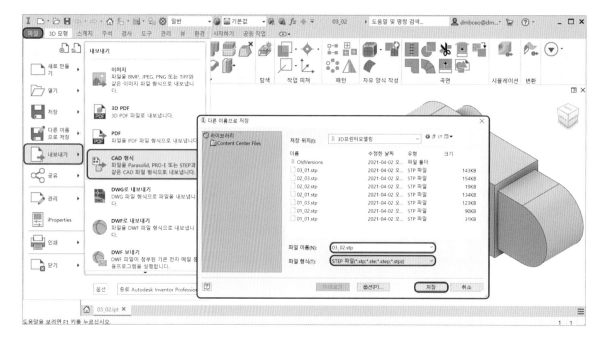

## 3 조립하기

### (1) 조립 시작하기

시작하기 ⇨ 시작 ⇨ 새로 만들기 ⇨ 조립품−2D 및 3D 구성요소 조립 : Standard.iam ⇨ 작성

### (2) 1번 부품 불러 배치하기

조립 ⇨ 구성요소 ⇨ 배치 ⇨ 찾는 위치 : 3D프린터 모델링 ⇨ 이름 : 03_01 ⇨ 열기

마우스 오른쪽 클릭 ⇨ X를 90° 회전 ⇨ 1번 부품 배치 위치에서 클릭

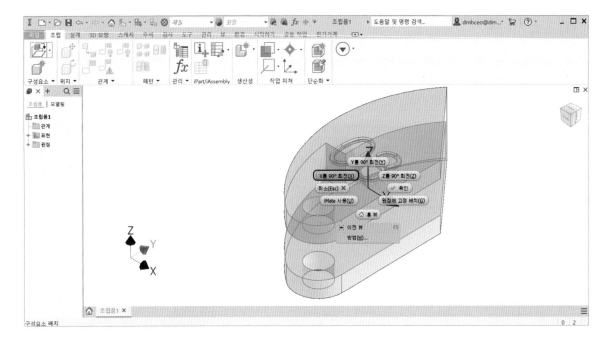

## (3) 2번 부품 불러 배치하기

조립 ⇨ 구성요소 ⇨ 배치 ⇨ 찾는 위치 : 3D프린터 모델링 ⇨ 이름 : 03_02 ⇨ 열기

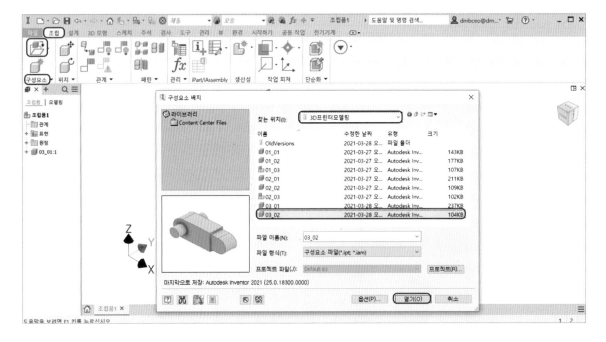

마우스 오른쪽 클릭 ⇨ X를 90° 회전 ⇨ 2번 부품 배치 위치에서 클릭

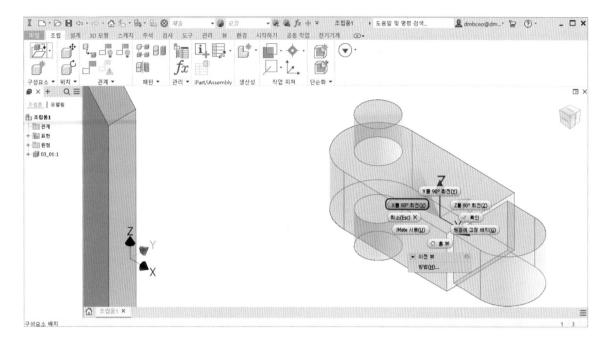

## (4) 구속하기

조립 ⇨ 관계 ⇨ 구속 ⇨ 유형 : 메이트 ⇨ 솔루션 : 메이트 ⇨ 선택 1(2번 부품의 축선) ⇨ 선택 2(1번 부품의 축선) ⇨ 확인

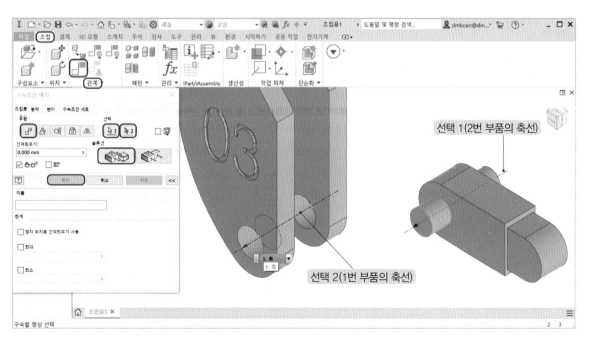

조립 ⇨ 관계 ⇨ 구속 ⇨ 유형 : 메이트 ⇨ 솔루션 : 메이트 ⇨ 선택 1(2번 부품의 면) ⇨ 간격띄우기 : 0.5

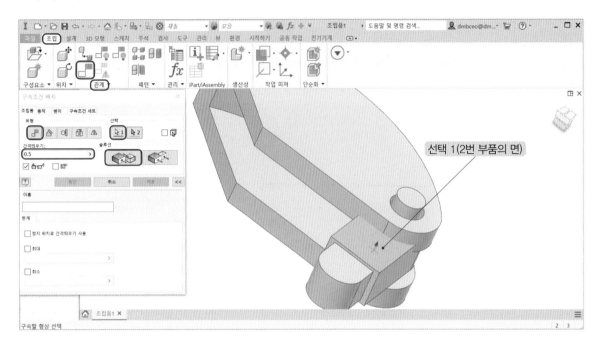

솔루션 : 메이트 ⇨ 선택 2(1번 부품의 면) ⇨ 간격띄우기 : 0.5 ⇨ 확인

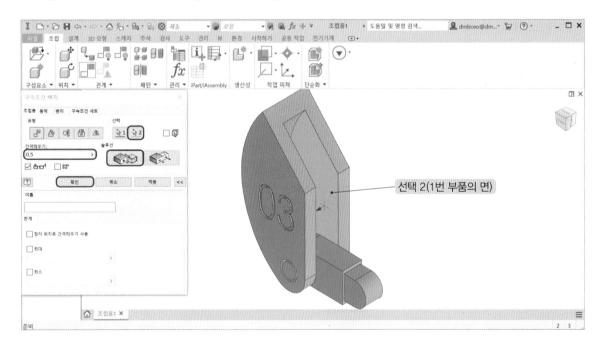

## (5) 파일 저장하기

파일 ⇨ 다른 이름으로 저장 ⇨ 3D프린터 모델링 ⇨ 파일 이름(N) : 03_03 ⇨ 파일 형식(T) : Autodesk inventor 조립품( * .iam) ⇨ 저장

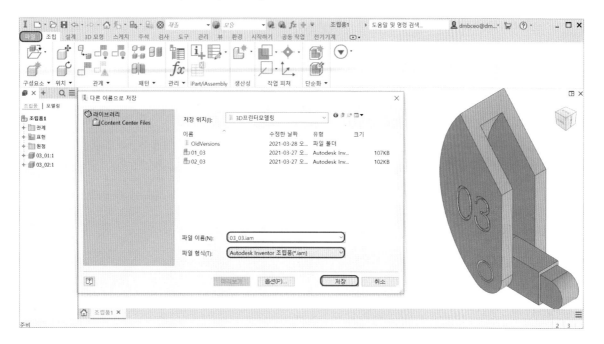

## (6) STP 파일 저장하기

파일 ⇨ 내보내기 ⇨ CAD 형식 ⇨ 3D프린터 모델링 ⇨ 파일 이름(N) : 03_03 ⇨ 파일 형식(T) : STEP 파일( * .stp; * .ste; * .step; * .stpz) ⇨ 저장

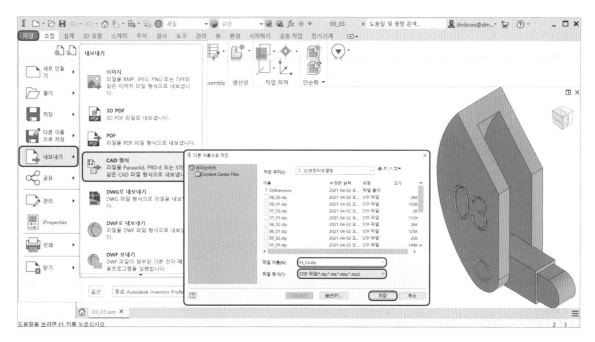

## (7) STL 파일 저장하기

파일 ⇨ 내보내기 ⇨ CAD 형식 ⇨ 3D프린터 모델링 ⇨ 파일 이름(N) : 03_04 ⇨ 파일 형식(T) : STL 파일( * .stl) ⇨ 저장

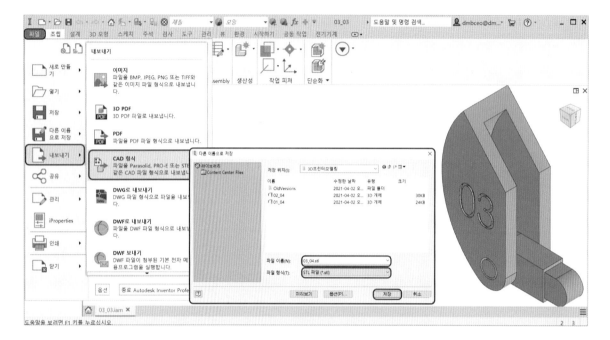

# 공개도면 ④

| 자격종목 | 3D프린터운용기능사 | [시험 1] 과제명 | 3D모델링 작업 | 척도 | NS |
|---|---|---|---|---|---|

주 서
도시되고 지시없는 모떼기는 C2, 라운드 R3

## 4 | 3D프린터 모델링하기 4

### 1 1번 부품 모델링하기

#### (1) 스케치하기 1

ZY 평면에 그림과 같이 스케치하고 치수를 입력한다. 구속조건은 원의 중심을 원점에 일치 구속한다.

**TIP>>**
(5) 치수는 상호 움직임이 발생하는 부위의 치수 B이다.

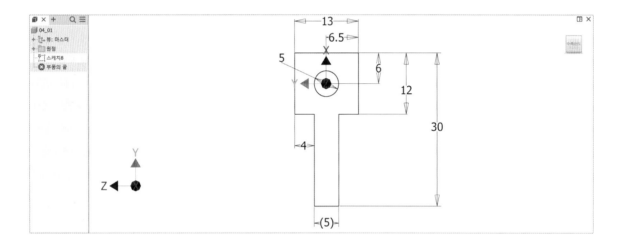

#### (2) 돌출하기

3D 모형 ⇨ 작성 ⇨ 돌출 ⇨ 입력 형상 ⇨ 프로파일 ⇨ 동작 ⇨ 방향 : 대칭 ⇨ 거리 16 ⇨ 확인

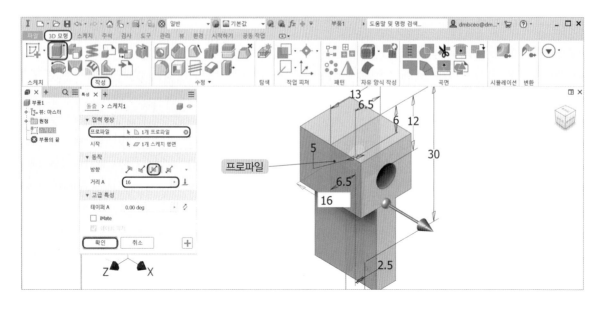

3D 모형 ⇨ 작성 ⇨ 돌출 ⇨ 입력 형상 ⇨ 프로파일 ⇨ 동작 ⇨ 방향 : 대칭 ⇨ 거리 25 ⇨ 출력 ⇨ 부울 : 접합 ⇨ 확인

**TIP>>**
모형 탐색기 돌출 아래 스케치를 오른쪽 클릭하여 팝업창에서 가시성을 체크하여 돌출을 같은 방법으로 한다.

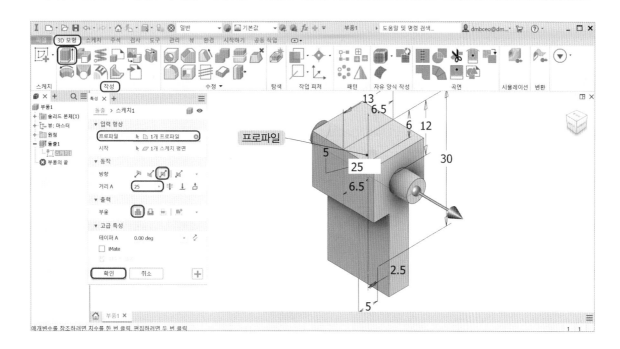

## (3) 모깎기

3D 모형 ⇨ 수정 ⇨ 모서리 모깎기 ⇨ 상수 ⇨ 모서리 ⇨ 반지름 8 ⇨ 확인

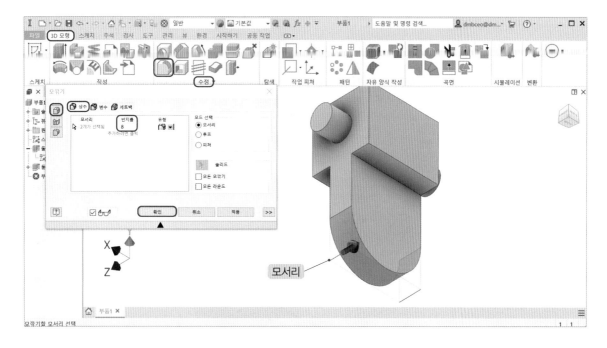

## (4) 스케치하기 1

원점에서 XY 평면에 그림과 같이 원을 스케치하고 치수를 입력한다. 구속조건은 원을 모서리에 동심 구속한다 ([F7]키를 선택하면 그림과 같이 된다).

**TIP>>**
치수 7은 상호 움직임이 발생하는 부위의 치수 A이다.

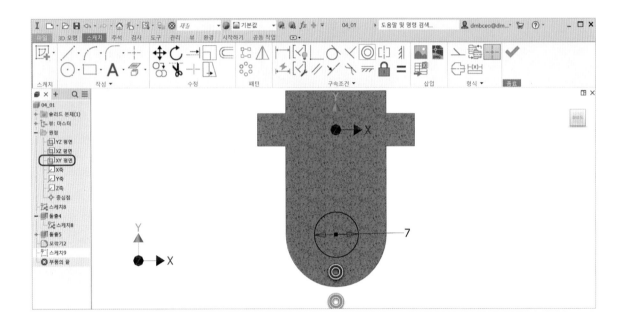

## (5) 돌출하기

3D 모형 ⇨ 작성 ⇨ 돌출 ⇨ 입력 형상 ⇨ 프로파일 ⇨ 동작 ⇨ 방향 : 대칭 ⇨ 거리 13 ⇨ 출력 ⇨ 부울 : 접합 ⇨ 확인

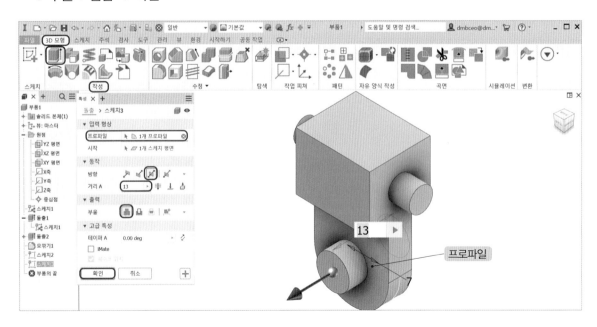

## (6) 모따기하기

3D 모형 ⇨ 수정 ⇨ 모따기 ⇨ 대칭 ⇨ 모서리 ⇨ 거리 2 ⇨ 확인

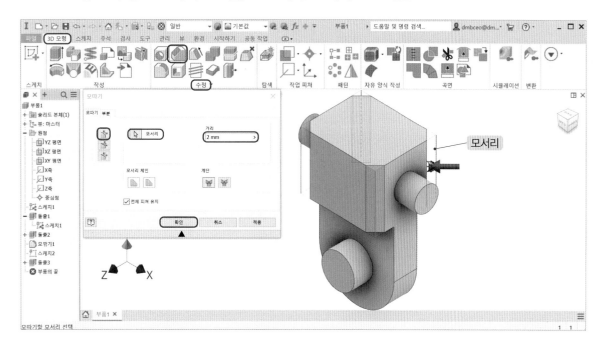

## (7) 텍스트

앞면에 스케치를 생성한다.

스케치 ⇨ 작성 ⇨ 텍스트 ⇨ 굴림체 8mm ⇨ 04 ⇨ 확인 ⇨ 스케치 종료

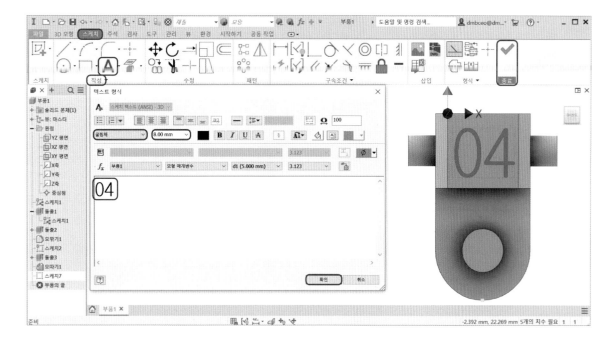

## (8) 엠보싱하기

3D 모형 ⇨ 작성 ⇨ 엠보싱 ⇨ 프로파일 ⇨ 깊이 : 0.5 ⇨ 면으로부터 오목 ⇨ 벡터 방향 2 ⇨ 확인

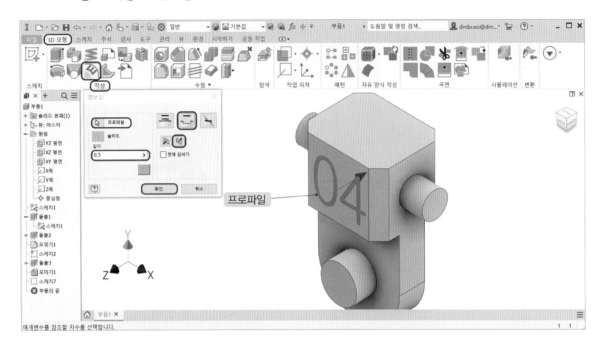

## (9) 파일 저장하기

파일 ⇨ 다른 이름으로 저장 ⇨ 3D프린터 모델링 ⇨ 파일 이름(N) : 04_01 ⇨ 파일 형식(T) : Autodesk inventor 부품( * .ipt) ⇨ 저장

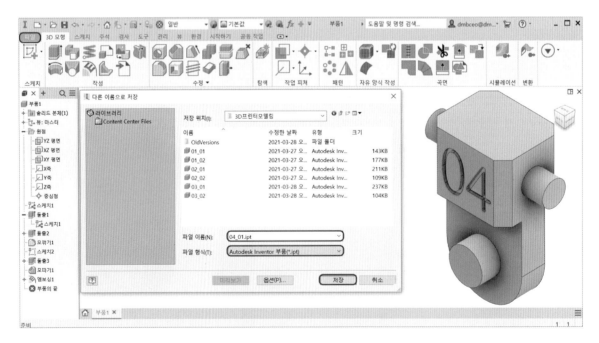

## (10) STP 파일 저장하기

파일 ⇨ 내보내기 ⇨ CAD 형식 ⇨ 3D프린터 모델링 ⇨ 파일 이름(N) : 04_01 ⇨ 파일 형식(T) : STEP 파일( * .stp; * .ste; * .step; * .stpz) ⇨ 저장

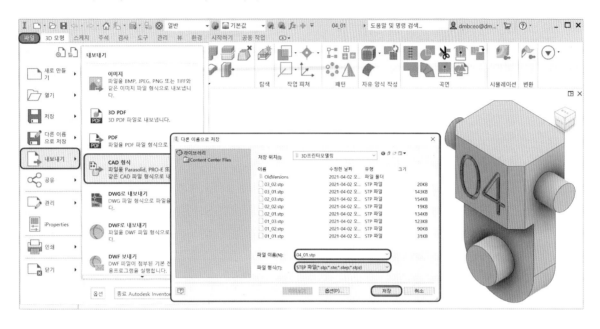

## 2 2번 부품 모델링하기

### (1) 스케치하기 1

XY 평면에 그림과 같이 스케치하고 치수를 입력한다. 구속조건은 원의 중심은 원점에 일치 구속한다.

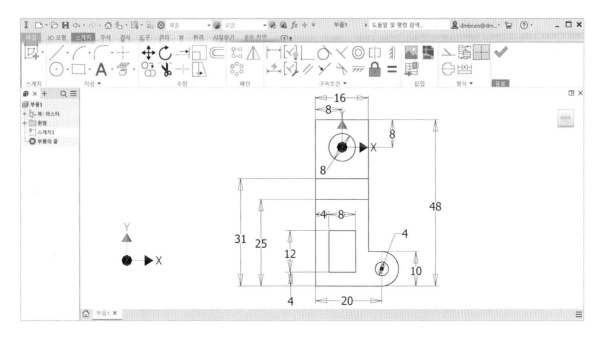

## (2) 돌출하기

3D 모형 ⇨ 작성 ⇨ 돌출 ⇨ 입력 형상 ⇨ 프로파일 ⇨ 동작 ⇨ 방향 : 반전 ⇨ 거리 6.5 ⇨ 확인

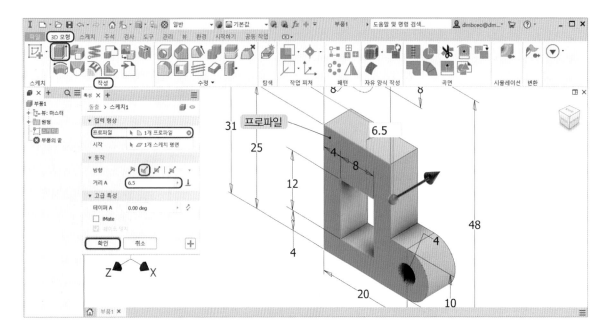

## (3) 대칭 돌출하기

3D 모형 ⇨ 작성 ⇨ 돌출 ⇨ 입력 형상 ⇨ 프로파일 ⇨ 동작 ⇨ 방향 : 대칭 ⇨ 거리 13 ⇨ 출력 ⇨ 부울 : 접합 ⇨ 확인

**TIP>>**
모형 탐색기 돌출 아래 스케치를 오른쪽 클릭하여 팝업창에서 가시성을 체크하여 돌출한다.

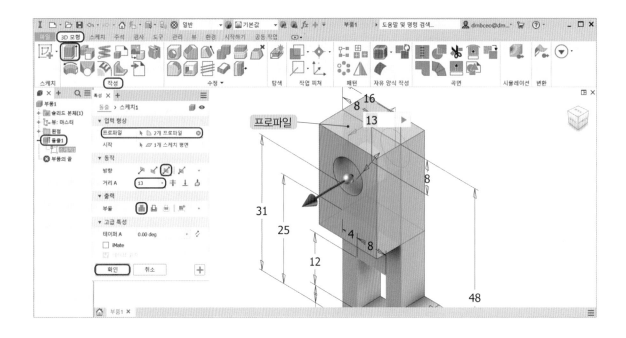

3D 모형 ⇨ 작성 ⇨ 돌출 ⇨ 입력 형상 ⇨ 프로파일 ⇨ 동작 ⇨ 방향 : 대칭 ⇨ 거리 6 ⇨ 출력 ⇨
부울 : 잘라내기 ⇨ 확인

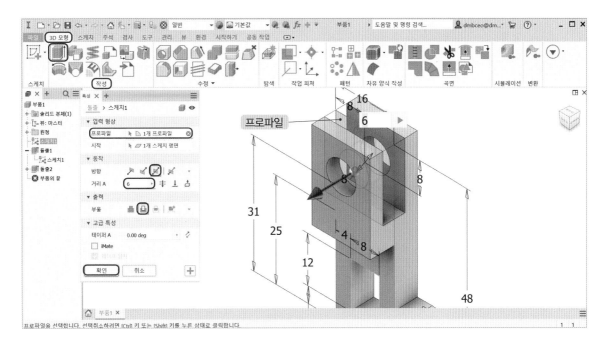

## (4) 모깎기

3D 모형 ⇨ 수정 ⇨ 모서리 모깎기 ⇨ 상수 ⇨ 모서리 ⇨ 반지름 8 ⇨ 확인

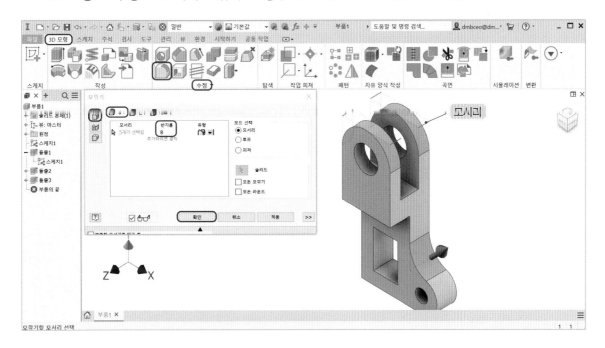

3D 모형 ⇨ 수정 ⇨ 모서리 모깎기 ⇨ 상수 ⇨ 모서리 ⇨ 반지름 3 ⇨ 확인

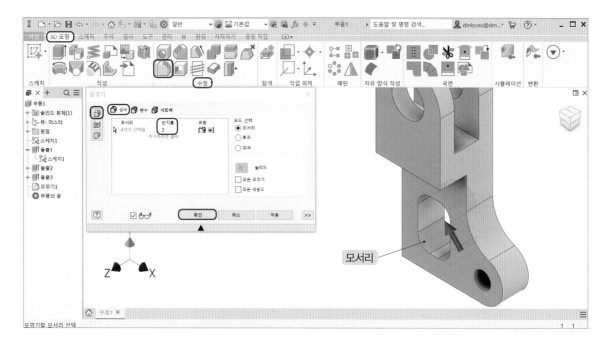

## (5) 파일 저장하기

파일 ⇨ 다른 이름으로 저장 ⇨ 3D프린터 모델링 ⇨ 파일 이름(N) : 04_02 ⇨ 파일 형식(T) : Autodesk inventor 부품( * .ipt) ⇨ 저장

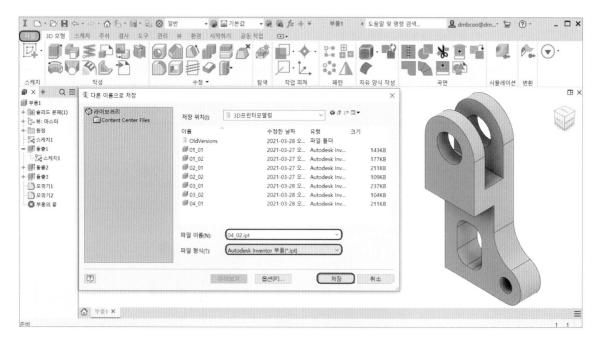

### (6) STP 파일 저장하기

파일 ⇨ 내보내기 ⇨ CAD 형식 ⇨ 3D프린터 모델링 ⇨ 파일 이름(N) : 04_02 ⇨ 파일 형식(T) : STEP 파일( * .stp; * .ste; * .step; * .stpz) ⇨ 저장

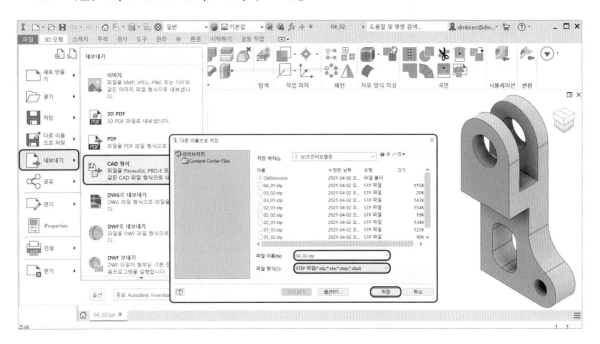

## 3 조립하기

### (1) 조립 시작하기

시작하기 ⇨ 시작 ⇨ 새로 만들기 ⇨ 조립품–2D 및 3D 구성요소 조립 : Standard.iam ⇨ 작성

## (2) 2번 부품 불러 배치하기

조립 ⇨ 구성요소 ⇨ 배치 ⇨ 찾는 위치 : 3D프린터 모델링 ⇨ 이름 : 04_02 ⇨ 열기

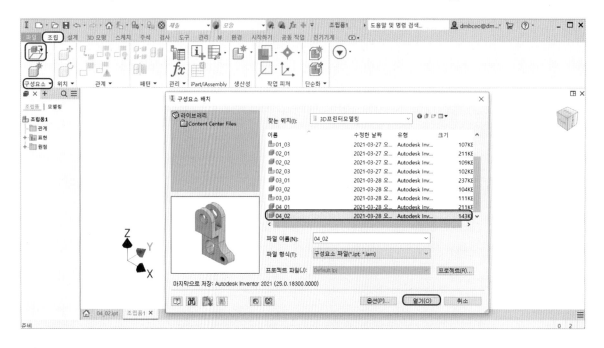

마우스 오른쪽 클릭 ⇨ X를 90° 회전 ⇨ 1번 부품 배치 위치에서 클릭

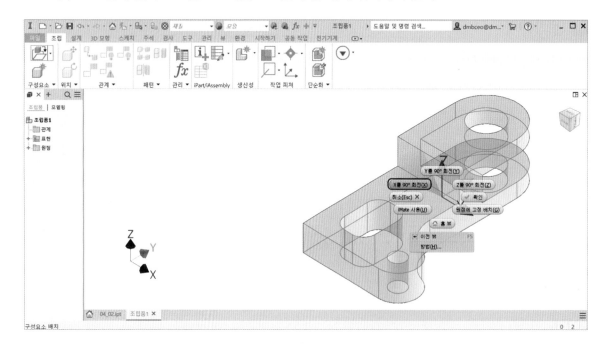

## (3) 1번 부품 불러 배치하기

조립 ⇨ 구성요소 ⇨ 배치 ⇨ 찾는 위치 : 3D프린터 모델링 ⇨ 이름 : 04_01 ⇨ 열기

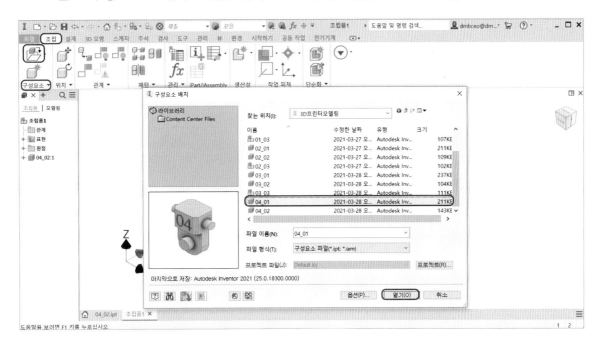

마우스 오른쪽 클릭 ⇨ X를 90° 회전 ⇨ 2번 부품 배치 위치에서 클릭

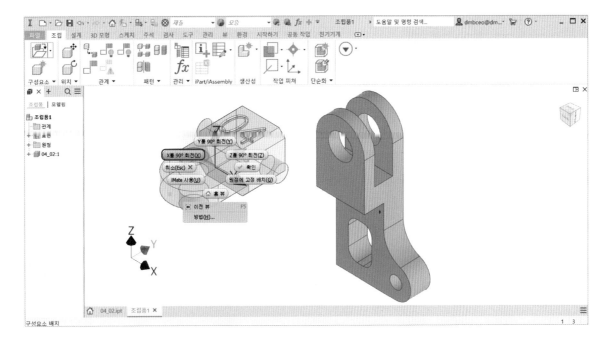

## (4) 구속하기

조립 ⇨ 관계 ⇨ 구속 ⇨ 유형 : 메이트 ⇨ 솔루션 : 메이트 ⇨ 선택 1(2번 부품의 축선) ⇨ 선택 2(2번 부품의 축선) ⇨ 확인

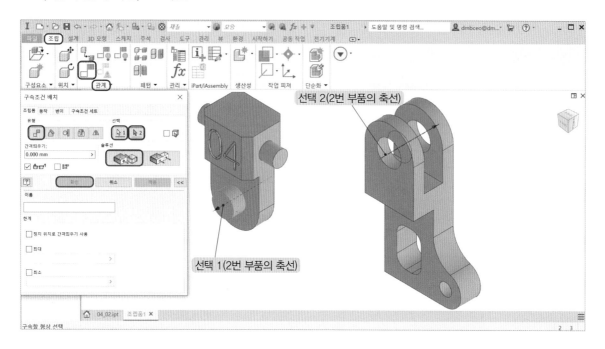

조립 ⇨ 관계 ⇨ 구속 ⇨ 유형 : 메이트 ⇨ 솔루션 : 메이트 ⇨ 선택 1(1번 부품의 면) ⇨ 간격띄우기 : 0.5

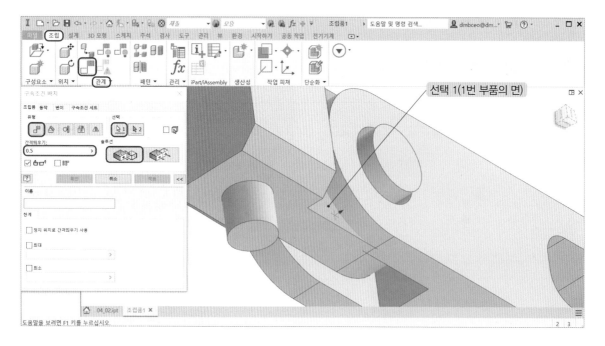

솔루션 : 메이트 ⇨ 선택 2(2번 부품의 면) ⇨ 간격띄우기 : 0.5 ⇨ 확인

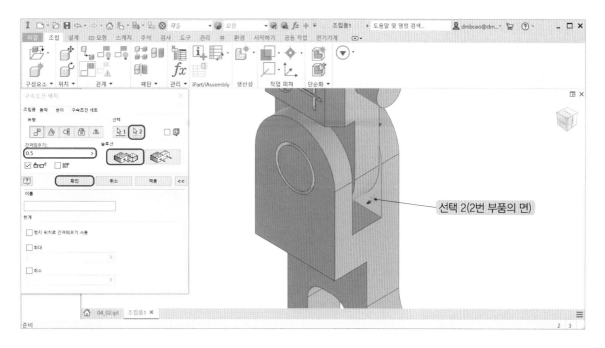

## (5) 파일 저장하기

파일 ⇨ 다른 이름으로 저장 ⇨ 3D프린터 모델링 ⇨ 파일 이름(N) : 04_03 ⇨ 파일 형식(T) : Autodesk inventor 조립품( * .iam) ⇨ 저장

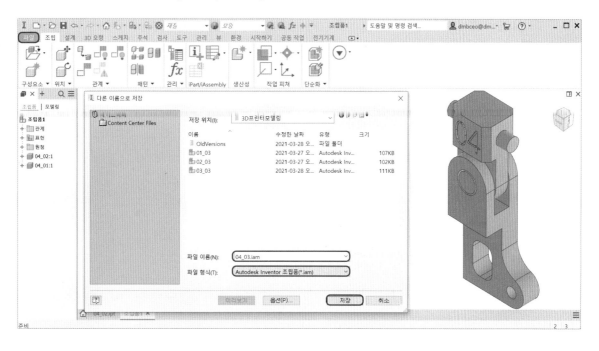

## (6) STP 파일 저장하기

파일 ⇨ 내보내기 ⇨ CAD 형식 ⇨ 3D프린터 모델링 ⇨ 파일 이름(N) : 04_03 ⇨ 파일 형식(T) : STEP 파일( * .stp; * .ste; * .step; * .stpz) ⇨ 저장

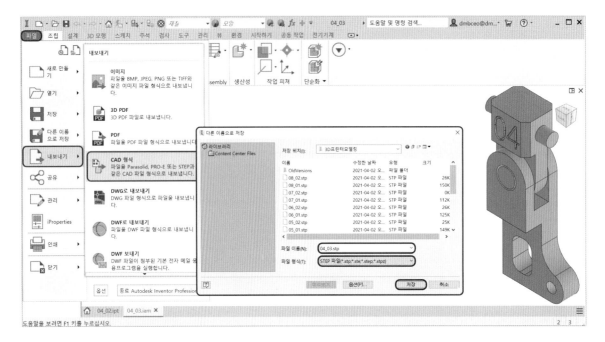

## (7) STL 파일 저장하기

파일 ⇨ 내보내기 ⇨ CAD 형식 ⇨ 3D프린터 모델링 ⇨ 파일 이름(N) : 04_04 ⇨ 파일 형식(T) : STL 파일( * .stl) ⇨ 저장

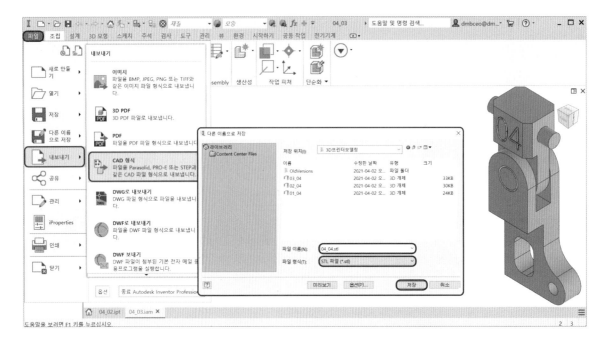

# 공개도면 ⑤

| 자격종목 | 3D프린터운용기능사 | [시험 1] 과제명 | 3D모델링 작업 | 척도 | NS |
|---|---|---|---|---|---|

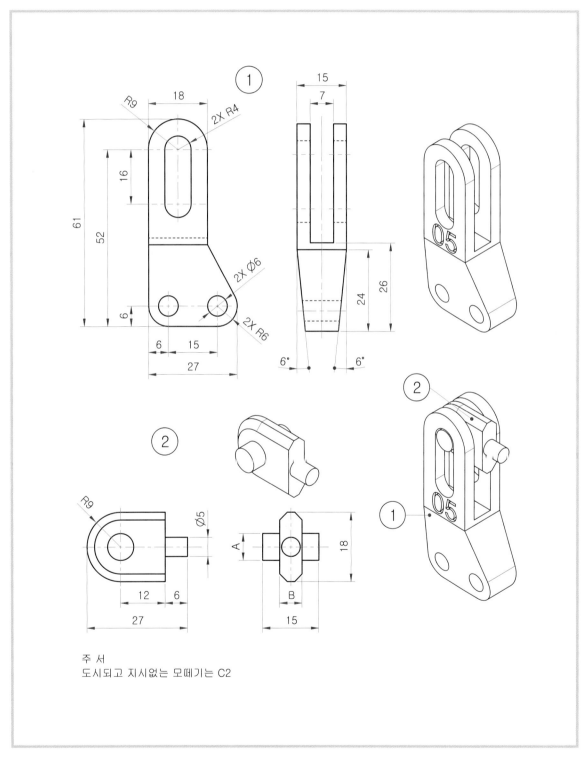

주 서
도시되고 지시없는 모떼기는 C2

## 5 3D프린터 모델링하기 5

### 1 1번 부품 모델링하기

#### (1) 스케치하기 1

XY 평면에 그림과 같이 스케치하고 치수를 입력한다. 구속조건은 슬롯 중심을 원점에 일치 구속한다.

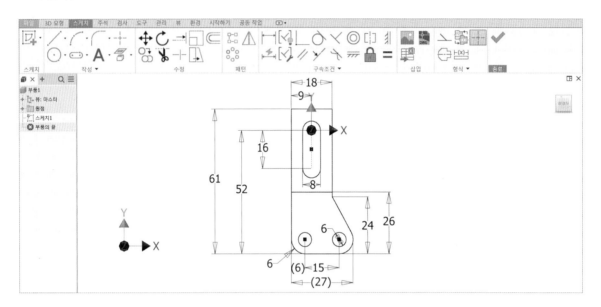

#### (2) 돌출하기

3D 모형 ⇨ 작성 ⇨ 돌출 ⇨ 입력 형상 ⇨ 프로파일 ⇨ 동작 ⇨ 방향 : 대칭 ⇨ 거리 15 ⇨ 확인

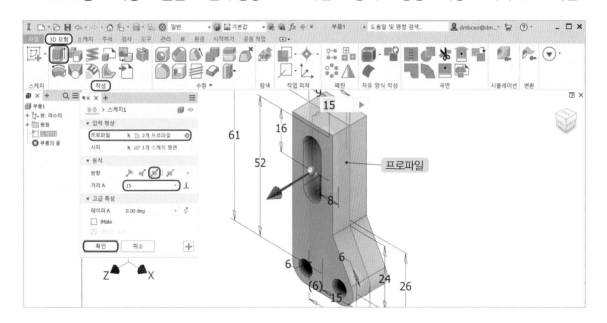

3D 모형 ⇨ 작성 ⇨ 돌출 ⇨ 입력 형상 ⇨ 프로파일 ⇨ 동작 ⇨ 방향 : 대칭 ⇨ 거리 7 ⇨ 출력 ⇨ 부울 : 잘라내기 ⇨ 확인

**TIP>>**
모형 탐색기 돌출 아래 스케치를 오른쪽 클릭하여 팝업창에서 가시성을 체크하여 돌출을 같은 방법으로 한다.

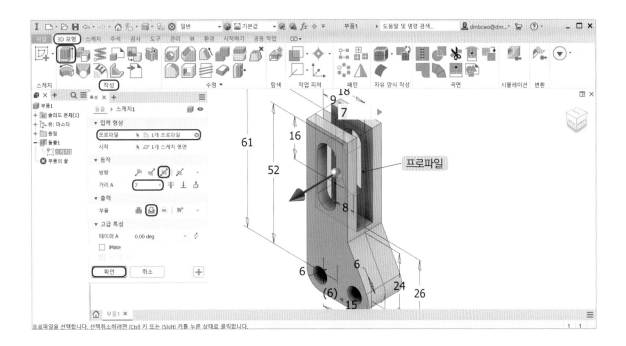

## (3) 모깎기

3D 모형 ⇨ 수정 ⇨ 모서리 모깎기 ⇨ 상수 ⇨ 모서리 ⇨ 반지름 9 ⇨ 확인

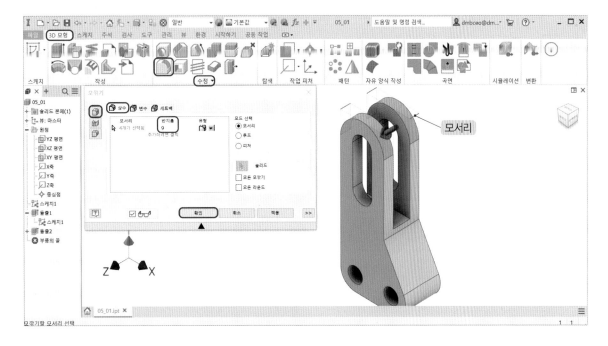

### (4) 스케치하기 2

ZY 평면에 그림과 같이 삼각형을 스케치하고 치수를 입력한다. 구속조건은 수직선을 모서리에 동일 직선으로 구속한다. 삼각형은 대칭한다.

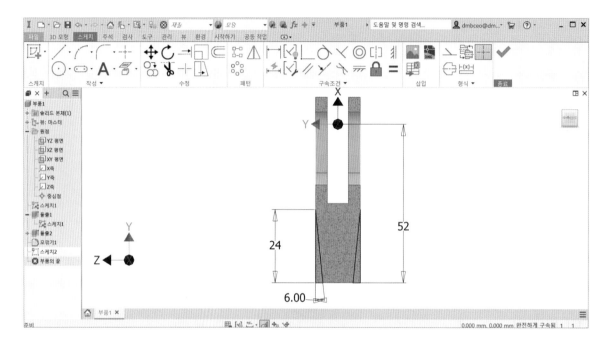

### (5) 비대칭 돌출하기

3D 모형 ▷ 작성 ▷ 돌출 ▷ 입력 형상 ▷ 프로파일 ▷ 동작 ▷ 방향 : 비대칭 ▷ 거리 A 20 : 거리 B 10 ▷ 출력 ▷ 부울 : 잘라내기 ▷ 확인

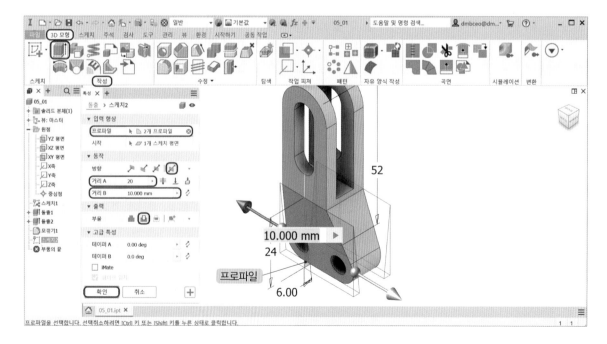

### (6) 텍스트

앞면에 스케치를 생성한다.

스케치 ⇨ 작성 ⇨ 텍스트 ⇨ 굴림체 6mm ⇨ 05 ⇨ 확인 ⇨ 스케치 종료

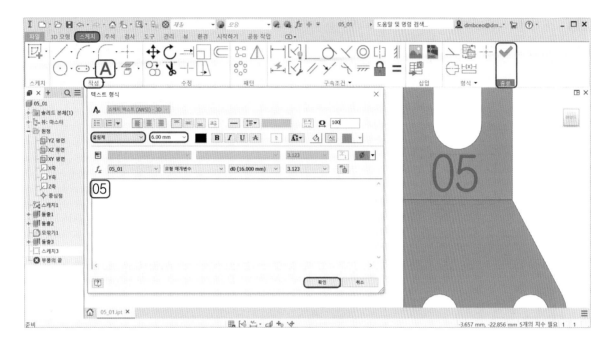

### (7) 엠보싱하기

3D 모형 ⇨ 작성 ⇨ 엠보싱 ⇨ 프로파일 ⇨ 깊이 : 0.5 ⇨ 면으로부터 오목 ⇨ 벡터 방향 2 ⇨ 확인

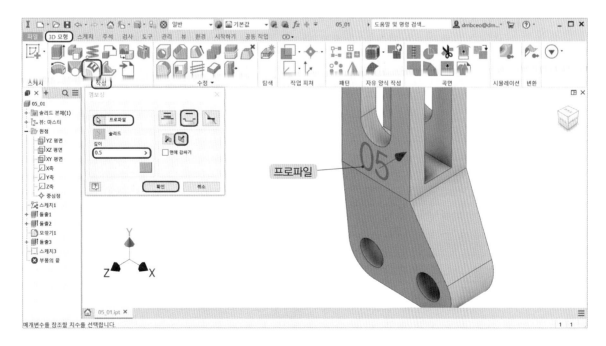

## (8) 파일 저장하기

파일 ⇨ 다른 이름으로 저장 ⇨ 3D프린터 모델링 ⇨ 파일 이름(N) : 05_01 ⇨ 파일 형식(T) : Autodesk inventor 부품( * .ipt) ⇨ 저장

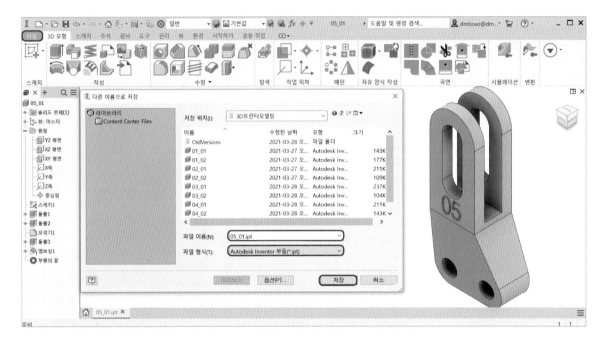

## (9) STP 파일 저장하기

파일 ⇨ 내보내기 ⇨ CAD 형식 ⇨ 3D프린터 모델링 ⇨ 파일 이름(N) : 05_01 ⇨ 파일 형식(T) : STEP 파일( * .stp; * .ste; * .step; * .stpz) ⇨ 저장

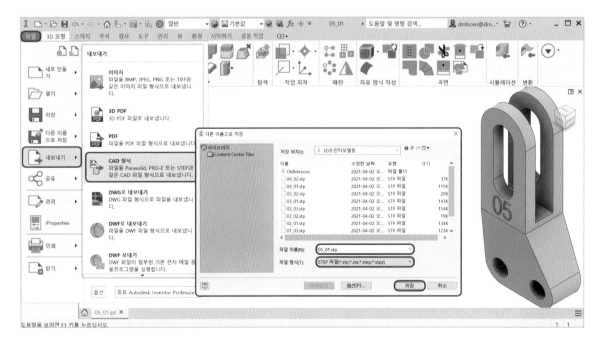

## 2 2번 부품 모델링하기

### (1) 스케치하기 1

XY 평면에 그림과 같이 스케치하고 치수를 입력한다. 구속조건은 원의 중심점을 원점에 일치 구속한다.

**TIP>>**

치수 7은 상호 움직임이 발생하는 부위의 치수 A이다.

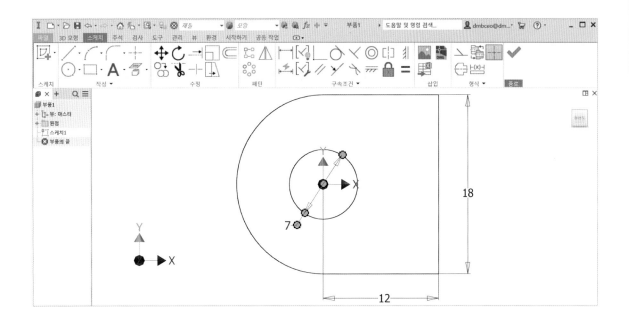

### (2) 대칭 돌출하기

3D 모형 ⇨ 작성 ⇨ 돌출 ⇨ 입력 형상 ⇨ 프로파일 ⇨ 동작 ⇨ 방향 : 대칭 ⇨ 거리 15 ⇨ 확인

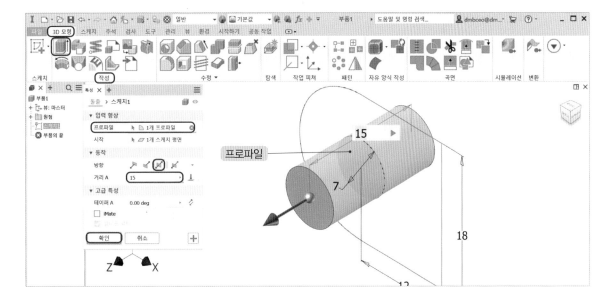

3D 모형 ⇨ 작성 ⇨ 돌출 ⇨ 입력 형상 ⇨ 프로파일 ⇨ 동작 ⇨ 방향 : 대칭 ⇨ 거리 6 ⇨ 출력 ⇨ 부울 : 접합 ⇨ 확인

**TIP>>**

1. 모형 탐색기 돌출 아래 스케치를 오른쪽 클릭하여 팝업창에서 가시성을 체크하여 돌출을 같은 방법으로 한다.
2. 거리 6은 상호 움직임이 발생하는 부위의 치수 B이다.

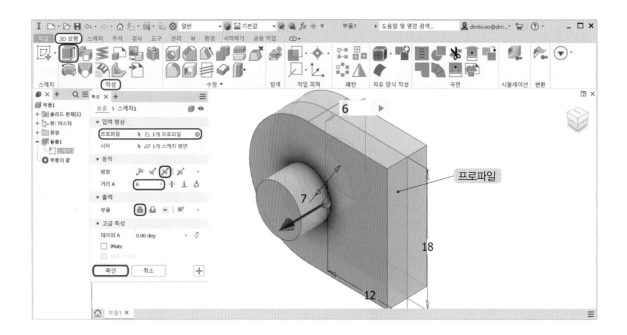

## (3) 원 스케치하기

우측 평면에 원을 스케치하고 치수를 입력한다.

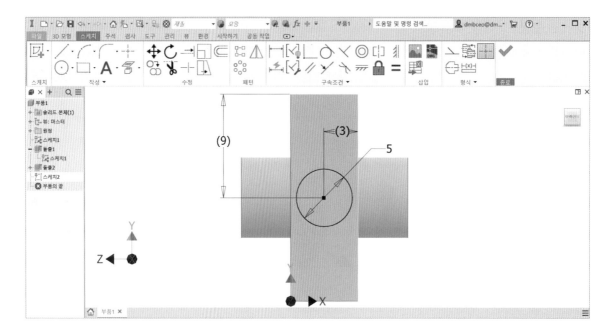

## (4) 원통 돌출하기

3D 모형 ⇨ 작성 ⇨ 돌출 ⇨ 입력 형상 ⇨ 프로파일 ⇨ 동작 ⇨ 방향 : 기본값 ⇨ 거리 6 ⇨ 출력 ⇨ 부울 : 접합 ⇨ 확인

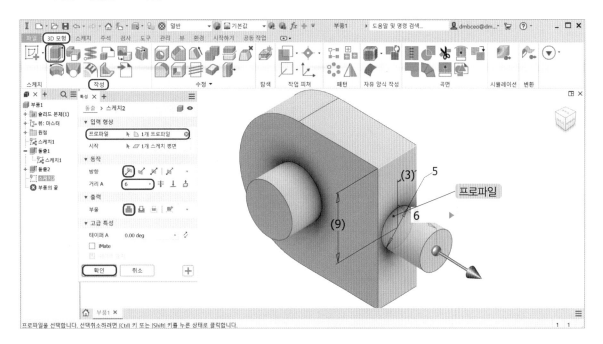

## (5) 모따기하기

3D 모형 ⇨ 수정 ⇨ 모따기 ⇨ 대칭 ⇨ 모서리 ⇨ 거리 2 ⇨ 확인

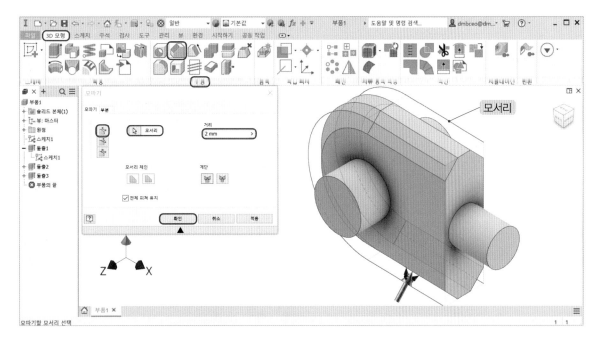

## (6) 파일 저장하기

파일 ⇨ 다른 이름으로 저장 ⇨ 3D프린터 모델링 ⇨ 파일 이름(N) : 05_02 ⇨ 파일 형식(T) : Autodesk inventor 부품( * .ipt) ⇨ 저장

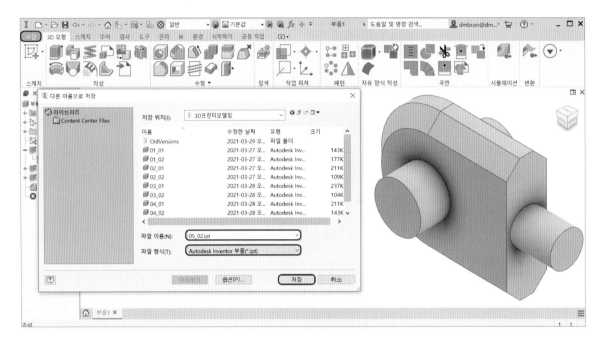

## (7) STP 파일 저장하기

파일 ⇨ 내보내기 ⇨ CAD 형식 ⇨ 3D프린터 모델링 ⇨ 파일 이름(N) : 05_02 ⇨ 파일 형식(T) : STEP 파일( * .stp; * .ste; * .step; * .stpz) ⇨ 저장

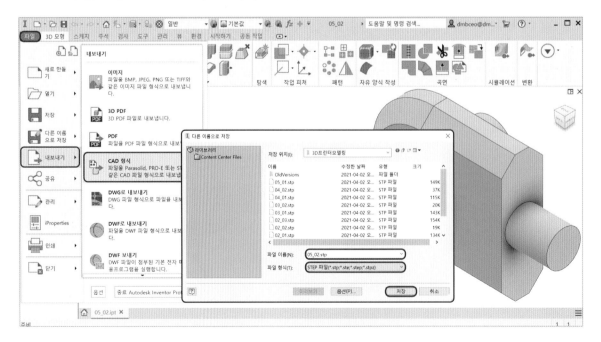

### ③ 조립하기

#### (1) 조립 시작하기

시작하기 ⇨ 시작 ⇨ 새로 만들기 ⇨ 조립품−2D 및 3D 구성요소 조립 : Standard.iam ⇨ 작성

#### (2) 1번 부품 불러 배치하기

조립 ⇨ 구성요소 ⇨ 배치 ⇨ 찾는 위치 : 3D프린터 모델링 ⇨ 이름 : 05_01 ⇨ 열기

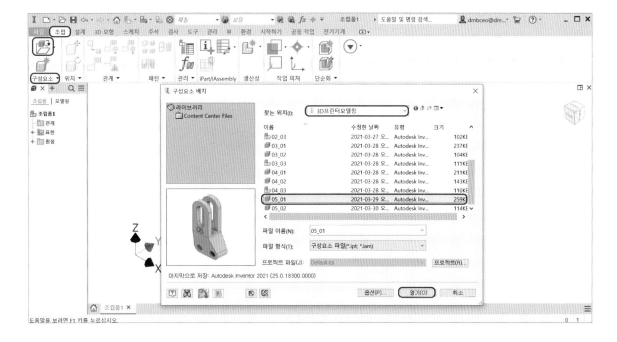

마우스 오른쪽 클릭 ⇨ X를 90° 회전 ⇨ 1번 부품 배치 위치에서 클릭

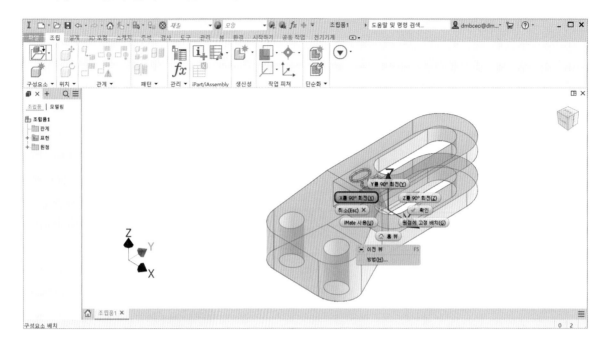

## (3) 2번 부품 불러 배치하기

조립 ⇨ 구성요소 ⇨ 배치 ⇨ 찾는 위치 : 3D프린터 모델링 ⇨ 이름 : 05_02 ⇨ 열기

마우스 오른쪽 클릭 ⇨ X를 90° 회전 ⇨ 2번 부품 배치 위치에서 클릭

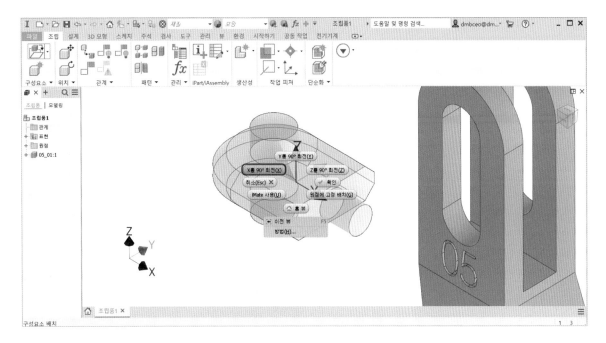

## (4) 구속하기

조립 ⇨ 관계 ⇨ 구속 ⇨ 유형 : 메이트 ⇨ 솔루션 : 메이트 ⇨ 선택 1(2번 부품의 축선) ⇨ 선택 2(1번 부품의 축선) ⇨ 솔루션 : 메이트 ⇨ 확인

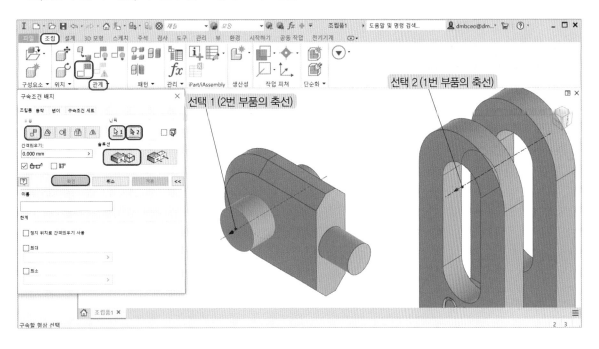

조립 ⇨ 관계 ⇨ 구속 ⇨ 유형 : 메이트 ⇨ 솔루션 : 메이트 ⇨ 선택 1(2번 부품의 면) ⇨ 간격띄

우기 : 0.5

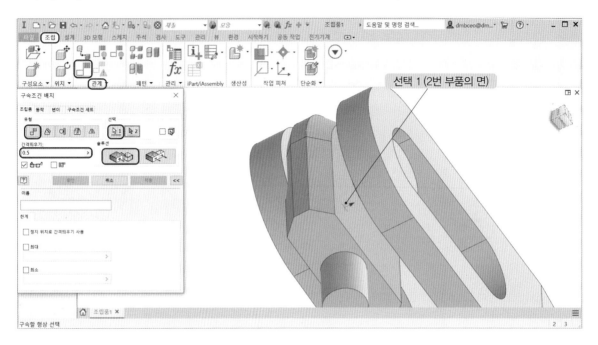

솔루션 : 메이트 ⇨ 선택 2(1번 부품의 면) ⇨ 간격띄우기 : 0.5 ⇨ 확인

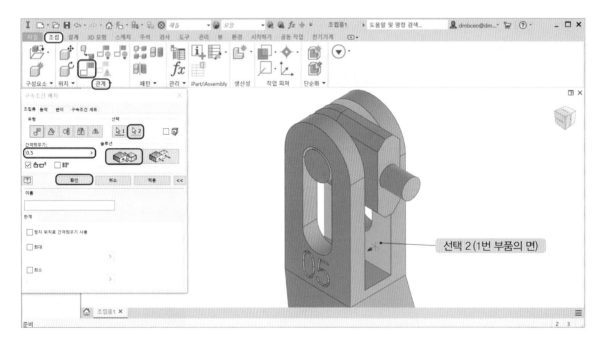

## (5) 파일 저장하기

파일 ⇨ 다른 이름으로 저장 ⇨ 3D프린터 모델링 ⇨ 파일 이름(N) : 05_03 ⇨ 파일 형식(T) : Autodesk inventor 조립품( *.iam) ⇨ 저장

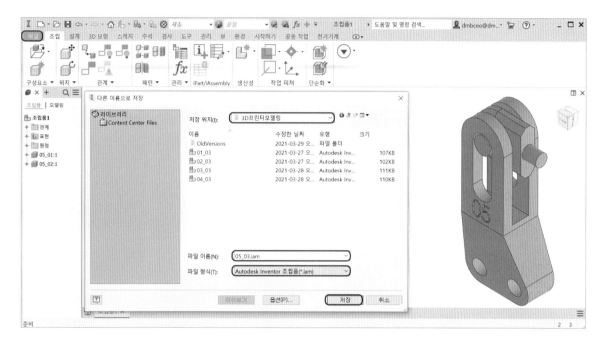

## (6) STP 파일 저장하기

파일 ⇨ 내보내기 ⇨ CAD 형식 ⇨ 3D프린터 모델링 ⇨ 파일 이름(N) : 05_03 ⇨ 파일 형식(T) : STEP 파일( *.stp; *.ste; *.step; *.stpz) ⇨ 저장

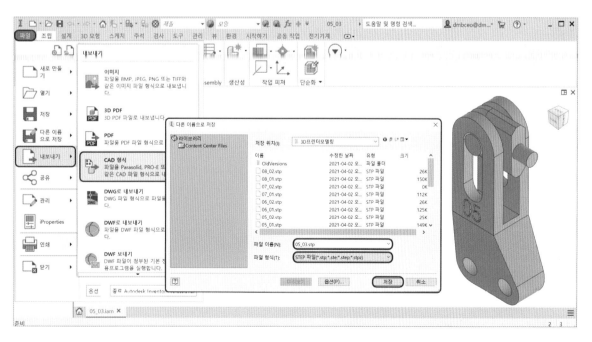

## (7) STL 파일 저장하기

파일 ⇨ 내보내기 ⇨ CAD 형식 ⇨ 3D프린터 모델링 ⇨ 파일 이름(N) : 05_04 ⇨ 파일 형식(T) : STL 파일( * .stl) ⇨ 저장

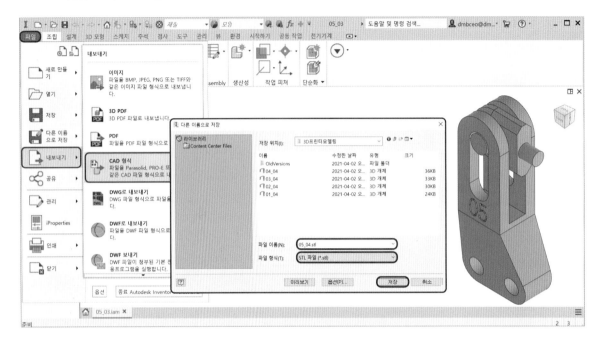

# 공 개 도 면 ⑥

| 자격종목 | 3D프린터운용기능사 | [시험 1] 과제명 | 3D모델링 작업 | 척도 | NS |
|---|---|---|---|---|---|

①

2X R3    2X R10

40   27   7

10

20

7

18

5

②

①

②

12   ⌀6

37   30   5   10

⌀5

8   4

20

5   B

A   ⌀14

10

주 서
도시되고 지시없는 라운드 R2

## 6　3D프린터 모델링하기 6

### 1　1번 부품 모델링하기

#### (1) 스케치하기 1

　XY 평면에 그림과 같이 스케치하고 치수를 입력한다. 구속조건은 슬롯 원의 중심을 원점에 일치 구속한다.

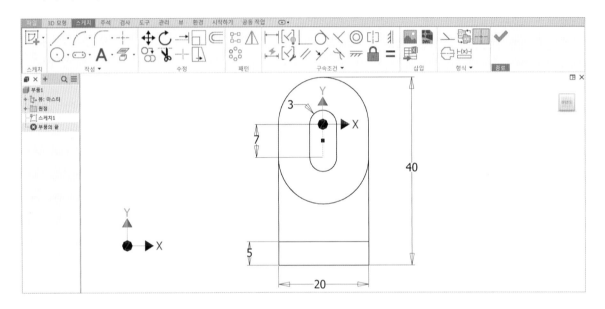

#### (2) 돌출하기

　3D 모형 ⇨ 작성 ⇨ 돌출 ⇨ 입력 형상 ⇨ 프로파일 ⇨ 동작 ⇨ 방향 : 반전 ⇨ 거리 18 ⇨ 확인

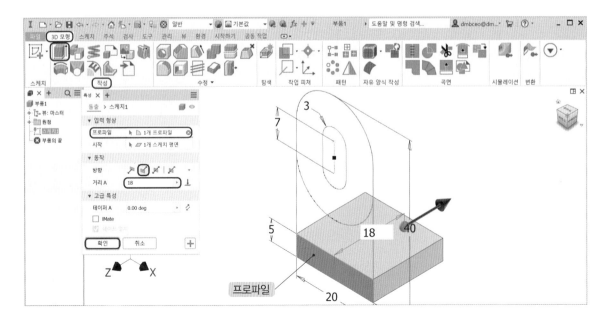

3D 모형 ⇨ 작성 ⇨ 돌출 ⇨ 입력 형상 ⇨ 프로파일 ⇨ 동작 ⇨ 방향 : 반전 ⇨ 거리 7 ⇨ 출력 ⇨ 부울 : 접합 ⇨ 확인

**TIP>>**
모형 탐색기 돌출 아래 스케치를 오른쪽 클릭하여 팝업창에서 가시성을 체크하여 돌출을 같은 방법으로 한다.

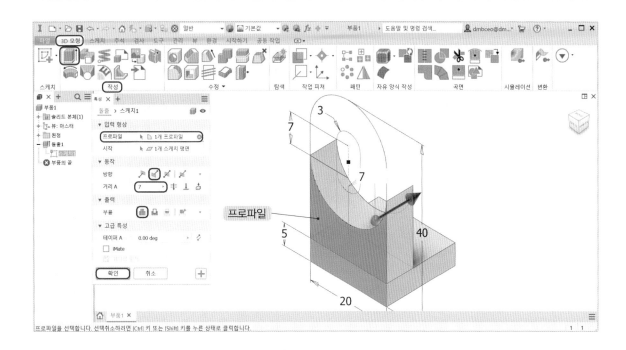

3D 모형 ⇨ 작성 ⇨ 돌출 ⇨ 입력 형상 ⇨ 프로파일 ⇨ 동작 ⇨ 방향 : 비대칭 ⇨ 거리 A 3 : 거리 B 7 ⇨ 출력 ⇨ 부울 : 접합 ⇨ 확인

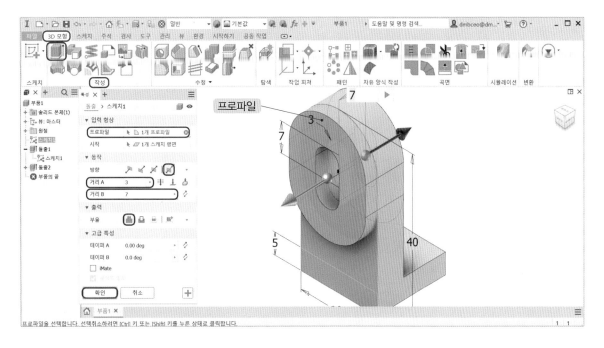

### (3) 텍스트

앞면에 스케치를 생성한다.

스케치 ⇨ 작성 ⇨ 텍스트 ⇨ 굴림체 9mm ⇨ 06 ⇨ 확인 ⇨ 스케치 종료

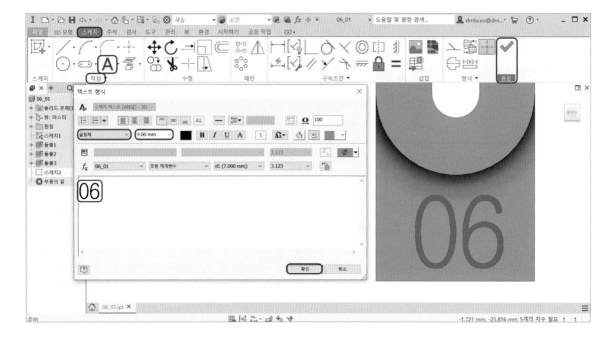

### (4) 엠보싱하기

3D 모형 ⇨ 작성 ⇨ 엠보싱 ⇨ 프로파일 ⇨ 깊이 : 0.5 ⇨ 면으로부터 오목 ⇨ 벡터 방향 2 ⇨ 확인

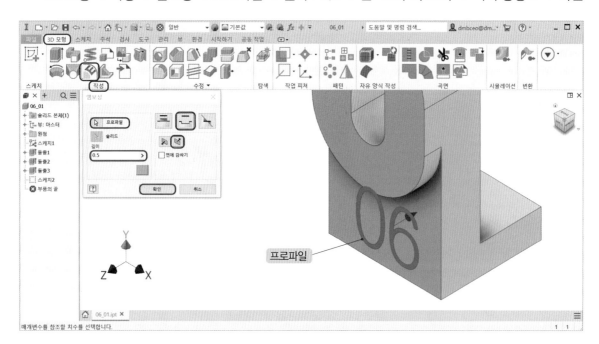

## (5) 파일 저장하기

파일 ⇨ 다른 이름으로 저장 ⇨ 3D프린터 모델링 ⇨ 파일 이름(N) : 06_01 ⇨ 파일 형식(T) : Autodesk inventor 부품( * .ipt) ⇨ 저장

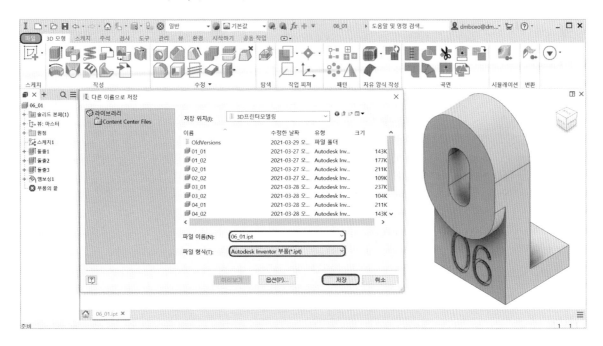

## (6) STP 파일 저장하기

파일 ⇨ 내보내기 ⇨ CAD 형식 ⇨ 3D프린터 모델링 ⇨ 파일 이름(N) : 06_01 ⇨ 파일 형식(T) : STEP 파일( * .stp; * .ste; * .step; * .stpz) ⇨ 저장

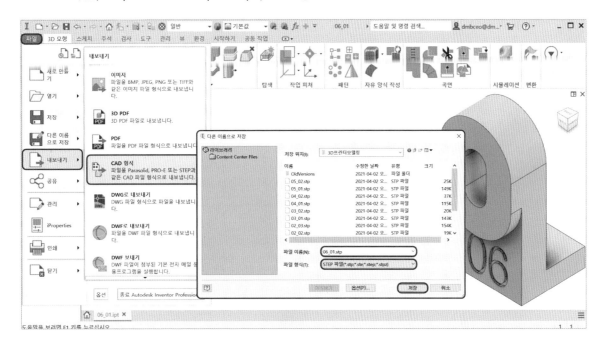

## 2 2번 부품 모델링하기

### (1) 스케치하기 1

XY 평면에 그림과 같이 스케치하고 치수를 입력한다. 구속조건은 원의 중심점을 원점에 일치 구속한다.

> **TIP>>**
> 치수 5는 상호 움직임이 발생하는 부위의 치수 A이다.

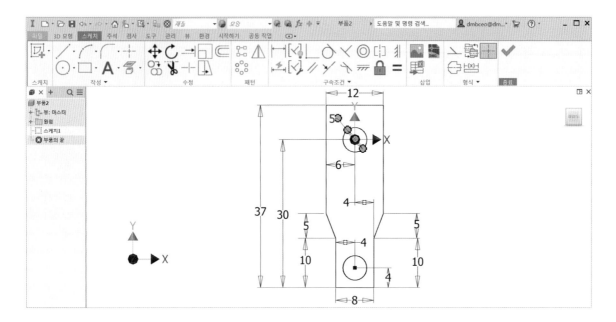

### (2) 대칭 돌출하기

3D 모형 ⇨ 작성 ⇨ 돌출 ⇨ 입력 형상 ⇨ 프로파일 ⇨ 동작 ⇨ 방향 : 기본값 ⇨ 거리 15 ⇨ 확인

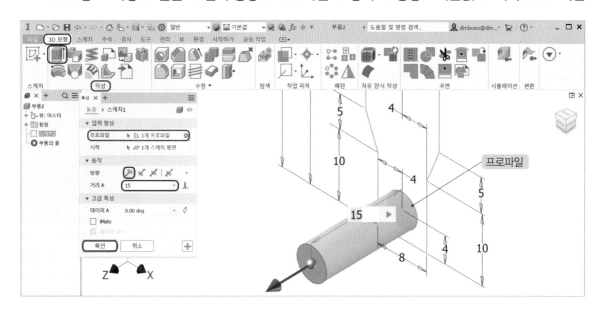

3D 모형 ⇨ 작성 ⇨ 돌출 ⇨ 입력 형상 ⇨ 프로파일 ⇨ 동작 ⇨ 방향 : 기본값 ⇨ 거리 5 ⇨ 출력 ⇨ 부울 : 접합 ⇨ 확인

**TIP>>**
모형 탐색기 돌출 아래 스케치를 오른쪽 클릭하여 팝업창에서 가시성을 체크하여 돌출한다.

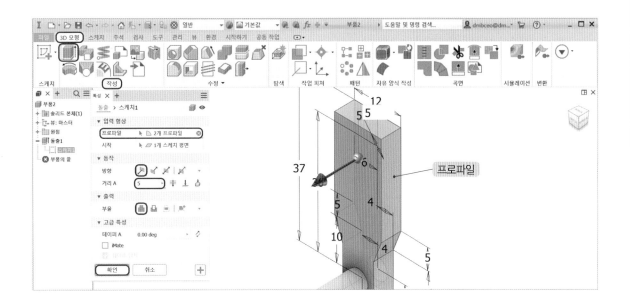

3D 모형 ⇨ 작성 ⇨ 돌출 ⇨ 입력 형상 ⇨ 프로파일 ⇨ 동작 ⇨ 방향 : 반전 ⇨ 거리 11 ⇨ 출력 ⇨ 부울 : 접합 ⇨ 확인

**TIP>>**
돌출 거리 11은 상호 움직임이 발생하는 부위의 치수 B이다.

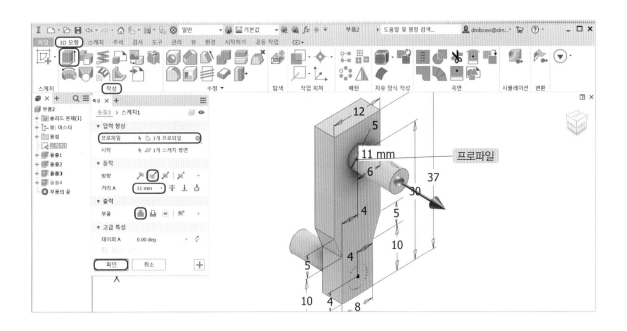

## (3) 스케치하기 2

원통 단면에 그림과 같이 원을 스케치하고 치수를 입력한다. 구속조건은 원은 원통 모서리에 동심 구속한다.

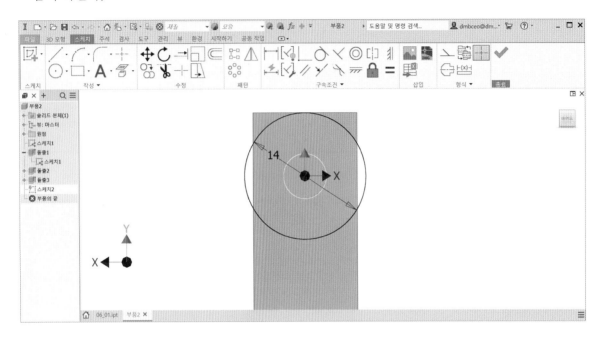

## (4) 돌출하기

3D 모형 ⇨ 작성 ⇨ 돌출 ⇨ 입력 형상 ⇨ 프로파일 ⇨ 동작 ⇨ 방향 : 기본값 ⇨ 거리 4 ⇨ 출력 ⇨ 부울 : 접합 ⇨ 확인

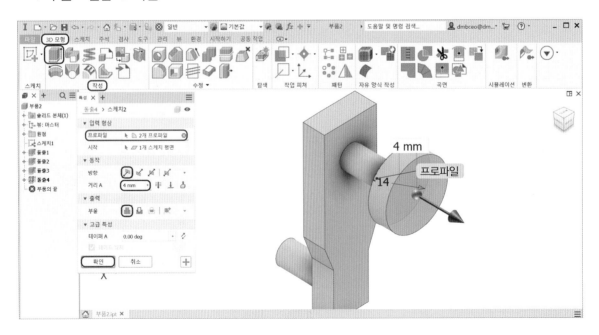

### (5) 모깎기

3D 모형 ⇨ 수정 ⇨ 모서리 모깎기 ⇨ 상수 ⇨ 모서리 ⇨ 반지름 6 ⇨ 확인

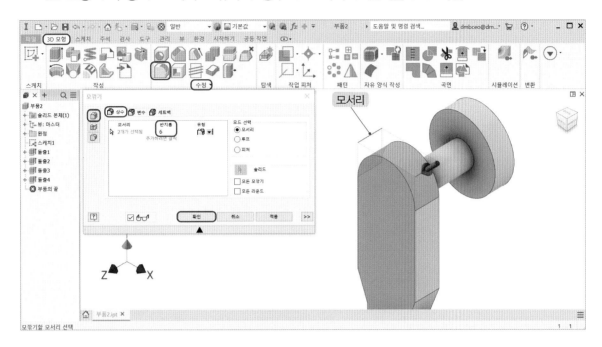

3D 모형 ⇨ 수정 ⇨ 모서리 모깎기 ⇨ 상수 ⇨ 모서리 ⇨ 반지름 2 ⇨ 확인

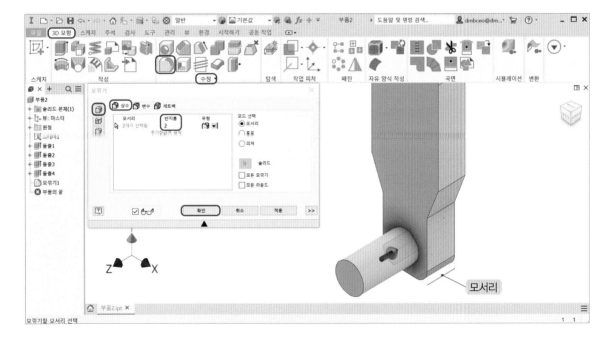

## (6) 파일 저장하기

파일 ⇨ 다른 이름으로 저장 ⇨ 3D프린터 모델링 ⇨ 파일 이름(N) : 06_02 ⇨ 파일 형식(T) : Autodesk inventor 부품( * .ipt) ⇨ 저장

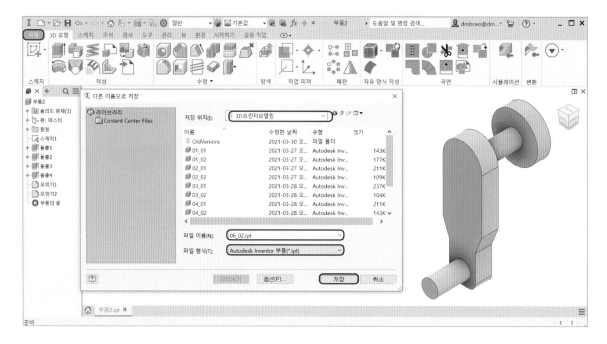

## (7) STP 파일 저장하기

파일 ⇨ 내보내기 ⇨ CAD 형식 ⇨ 3D프린터 모델링 ⇨ 파일 이름(N) : 06_02 ⇨ 파일 형식(T) : STEP 파일( * .stp; * .ste; * .step; * .stpz) ⇨ 저장

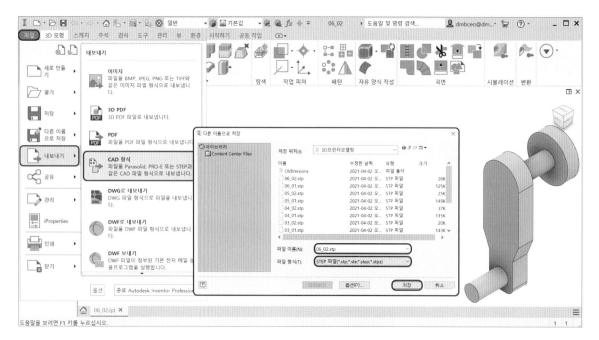

3 조립하기

## (1) 조립 시작하기

시작하기 ⇨ 시작 ⇨ 새로 만들기 ⇨ 조립품−2D 및 3D 구성요소 조립 : Standard.iam ⇨ 작성

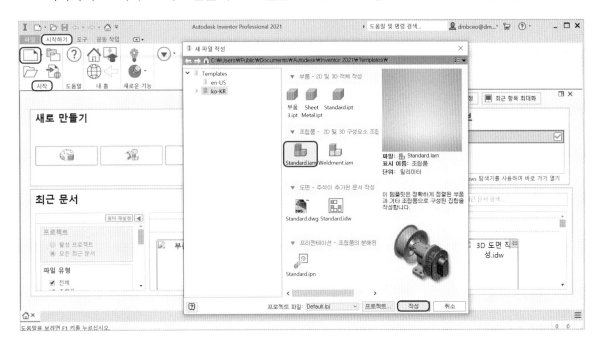

## (2) 1번 부품 불러 배치하기

조립 ⇨ 구성요소 ⇨ 배치 ⇨ 찾는 위치 : 3D프린터 모델링 ⇨ 이름 : 06_01 ⇨ 열기

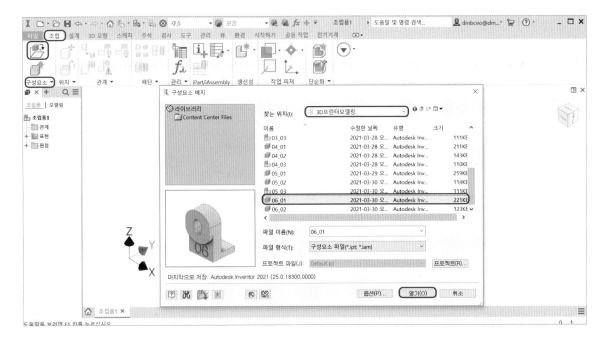

마우스 오른쪽 클릭 ⇨ X를 90° 회전 ⇨ 1번 부품 배치 위치에서 클릭

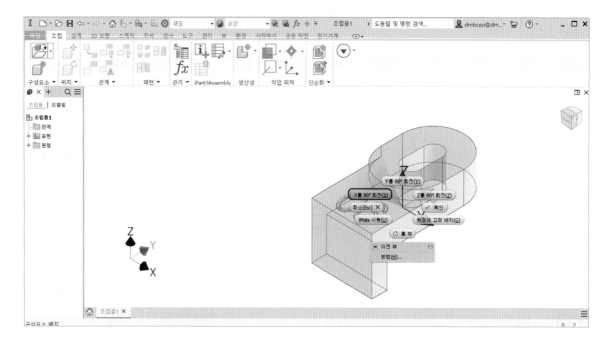

## (3) 2번 부품 불러 배치하기

조립 ⇨ 구성요소 ⇨ 배치 ⇨ 찾는 위치 : 3D프린터 모델링 ⇨ 이름 : 06_02 ⇨ 열기

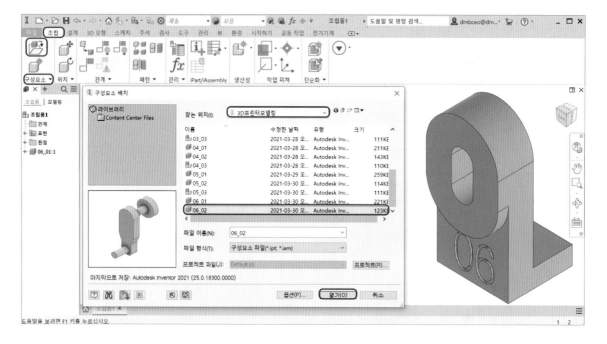

마우스 오른쪽 클릭 ⇨ X를 90° 회전, Z를 90° 회전 ⇨ 2번 부품 배치 위치에서 클릭

**TIP>>**
그림과 같이 X를 90° 회전, Z를 90° 회전을 각각 선택하여 회전한다.

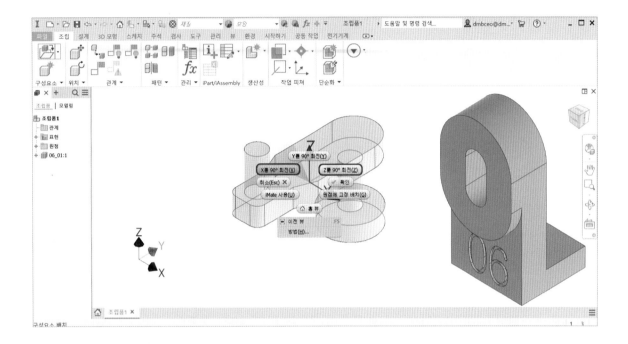

## (4) 구속하기

조립 ⇨ 관계 ⇨ 구속 ⇨ 유형 : 메이트 ⇨ 솔루션 : 메이트 ⇨ 선택 1(2번 부품의 축선) ⇨ 선택 2(1번 부품의 축선) ⇨ 확인

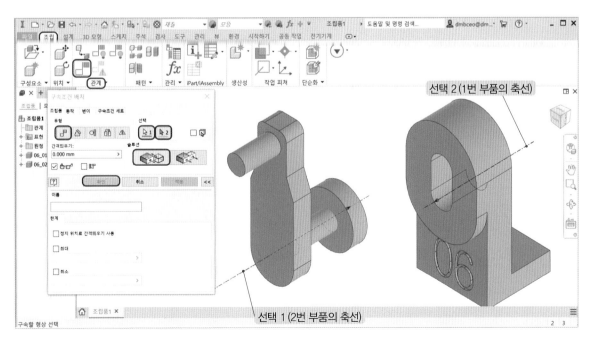

조립 ⇨ 관계 ⇨ 구속 ⇨ 유형 : 메이트 ⇨ 솔루션 : 메이트 ⇨ 선택 1(2번 부품의 면) ⇨ 간격띄우기 : 0.5

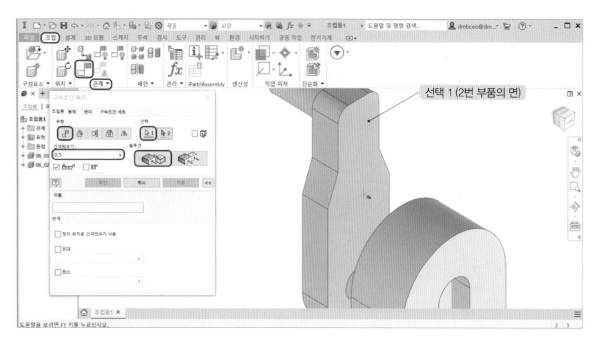

솔루션 : 메이트 ⇨ 선택 2(1번 부품의 면) ⇨ 간격띄우기 : 0.5 ⇨ 확인

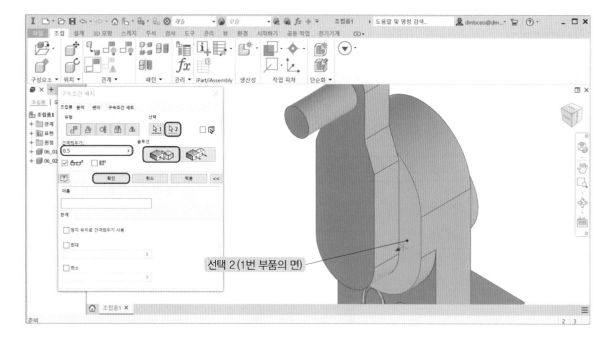

## (5) 파일 저장하기

파일 ⇨ 다른 이름으로 저장 ⇨ 3D프린터 모델링 ⇨ 파일 이름(N) : 06_03 ⇨ 파일 형식(T) :
Autodesk inventor 조립품( * .iam) ⇨ 저장

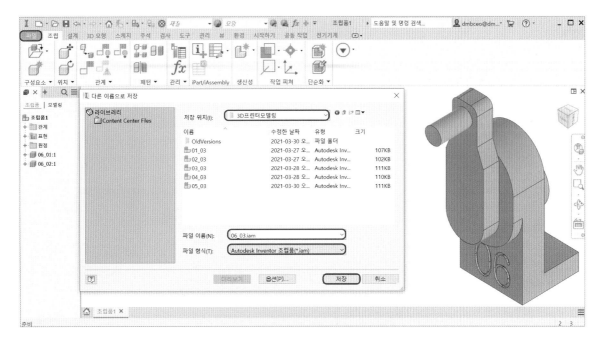

## (6) STP 파일 저장하기

파일 ⇨ 내보내기 ⇨ CAD 형식 ⇨ 3D프린터 모델링 ⇨ 파일 이름(N) : 06_03 ⇨ 파일 형식(T) :
STEP 파일( * .stp; * .ste; * .step; * .stpz) ⇨ 저장

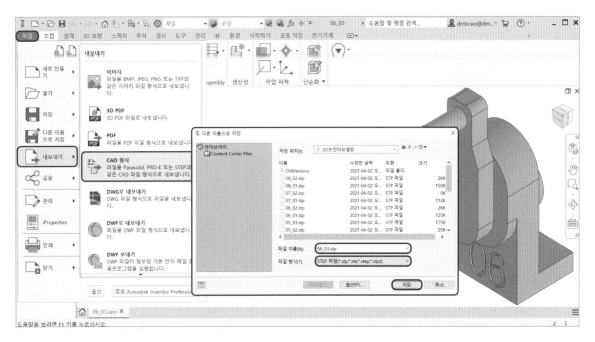

## (7) STL 파일 저장하기

파일 ⇨ 내보내기 ⇨ CAD 형식 ⇨ 3D프린터 모델링 ⇨ 파일 이름(N) : 06_04 ⇨ 파일 형식(T) : STL 파일( * .stl) ⇨ 저장

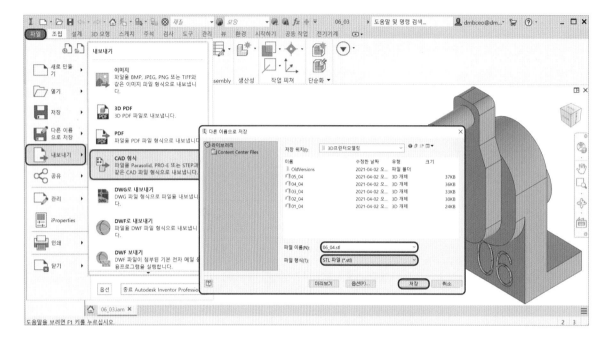

# 공개도면 ⑦

Chapter

**3**

3D프린터 모델링 기법

| 자격종목 | 3D프린터운용기능사 | [시험 1] 과제명 | 3D모델링 작업 | 척도 | NS |
|---|---|---|---|---|---|

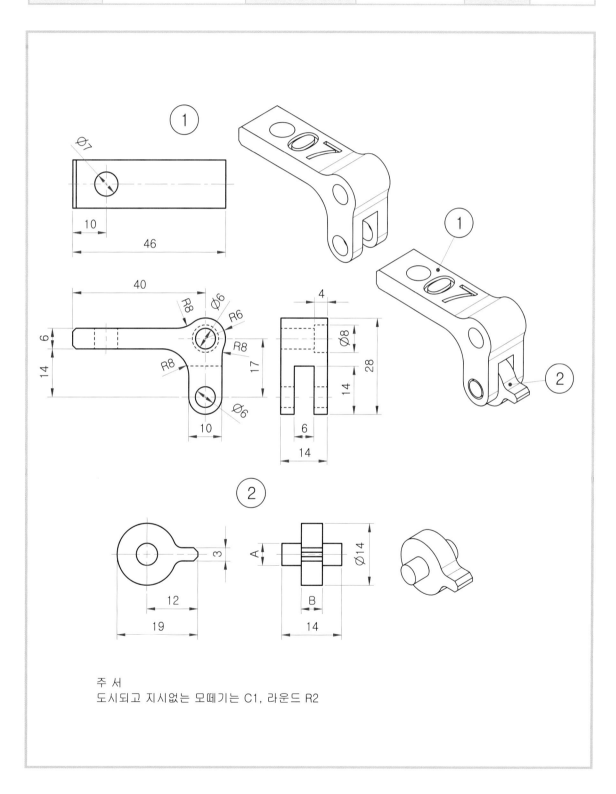

주 서
도시되고 지시없는 모떼기는 C1, 라운드 R2

## 7 3D프린터 모델링하기 7

### 1 1번 부품 모델링하기

#### (1) 스케치하기 1

XY 평면에 그림과 같이 스케치하고 치수를 입력한다. 구속조건은 원호 중심점을 원점에 일치 구속한다.

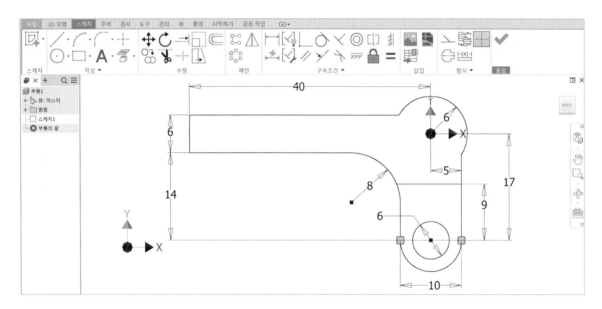

#### (2) 대칭 돌출하기

3D 모형 ⇨ 작성 ⇨ 돌출 ⇨ 입력 형상 ⇨ 프로파일 ⇨ 동작 ⇨ 방향 : 대칭 ⇨ 거리 14 ⇨ 확인

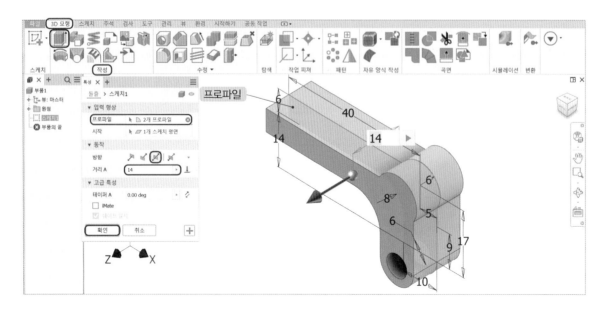

3D 모형 ⇨ 작성 ⇨ 돌출 ⇨ 입력 형상 ⇨ 프로파일 ⇨ 동작 ⇨ 방향 : 대칭 ⇨ 거리 6 ⇨ 출력 ⇨ 부울 : 잘라내기 ⇨ 확인

**TIP>>**
탐색기 돌출 아래 스케치를 오른쪽 클릭하여 팝업창에서 가시성을 체크하여 돌출을 같은 방법으로 한다.

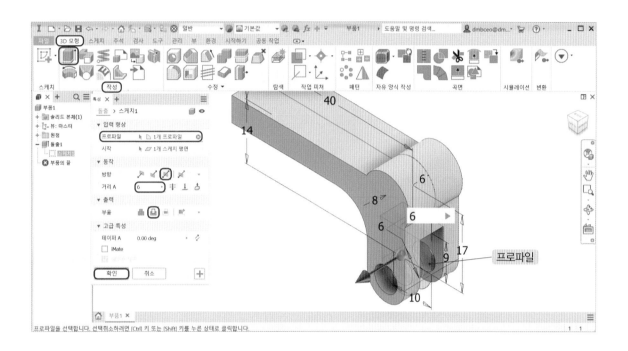

## (3) 원 스케치하기

위쪽 평면에 그림과 같이 원을 스케치하고 치수를 입력한다.

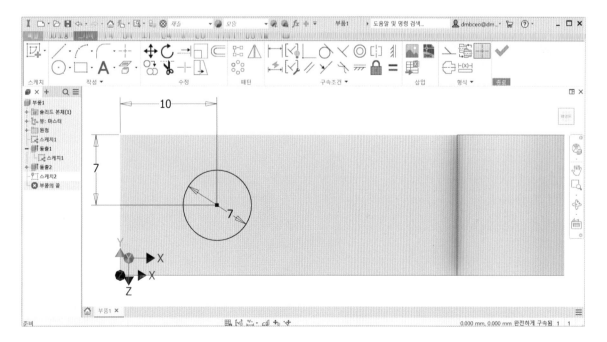

## (4) 돌출하기

3D 모형 ⇨ 작성 ⇨ 돌출 ⇨ 입력 형상 ⇨ 프로파일 ⇨ 동작 ⇨ 방향 : 반전 ⇨ 거리 6 ⇨ 출력 ⇨
부울 : 잘라내기 ⇨ 확인

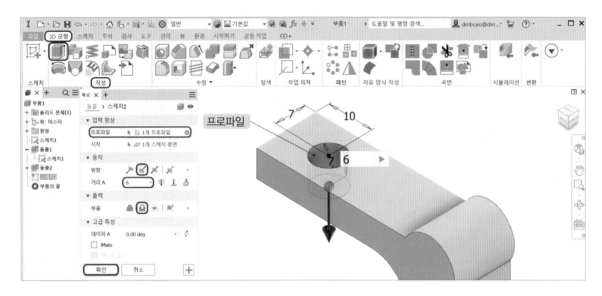

## (5) 카운터 보어하기

3D 모형 ⇨ 수정 ⇨ 구멍 ⇨ 입력 형상 ⇨ 위치 ⇨ 유형 ⇨ 구멍 : 단순 ⇨ 시트 : 카운터 보어 ⇨
⇨ 동작 ⇨ 종료 : 전체 관통 ⇨ 방향 : 기본값 ⇨ 8-4-6 ⇨ 확인

**TIP>>**

먼저 평면을 클릭하고 원호의 모서리를 클릭하면 동심 구속된다.

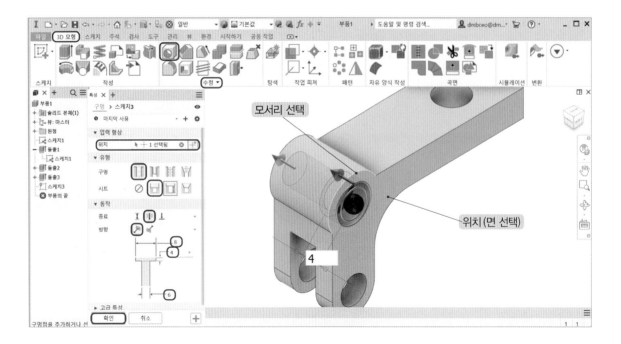

## (6) 모깎기

3D 모형 ⇨ 수정 ⇨ 모서리 모깎기 ⇨ 상수 ⇨ 모서리 ⇨ 반지름 8 ⇨ 확인

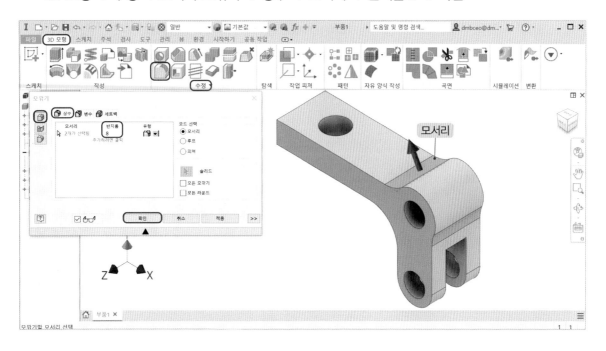

## (7) 모따기하기

3D 모형 ⇨ 수정 ⇨ 모따기 ⇨ 대칭 ⇨ 모서리 ⇨ 거리 1 ⇨ 확인

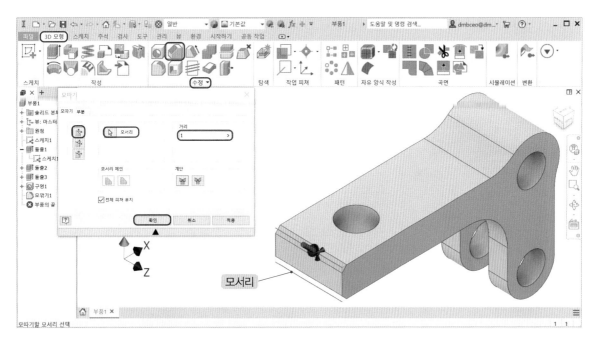

### (8) 텍스트

앞면에 스케치를 생성한다.

스케치 ⇨ 작성 ⇨ 텍스트 ⇨ 굴림체 10mm ⇨ 07 ⇨ 확인 ⇨ 스케치 종료

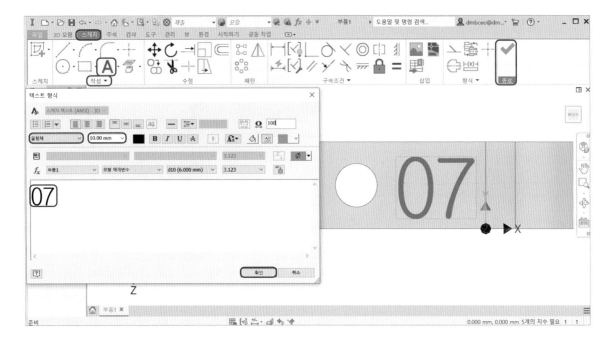

### (9) 엠보싱하기

3D 모형 ⇨ 작성 ⇨ 엠보싱 ⇨ 프로파일 ⇨ 깊이 : 0.5 ⇨ 면으로부터 오목 ⇨ 벡터 방향 2 ⇨ 확인

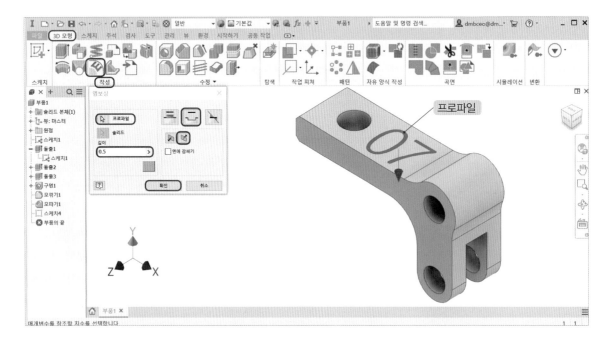

## (10) 파일 저장하기

파일 ⇨ 다른 이름으로 저장 ⇨ 3D프린터 모델링 ⇨ 파일 이름(N) : 07_01 ⇨ 파일 형식(T) : Autodesk inventor 부품( * .ipt) ⇨ 저장

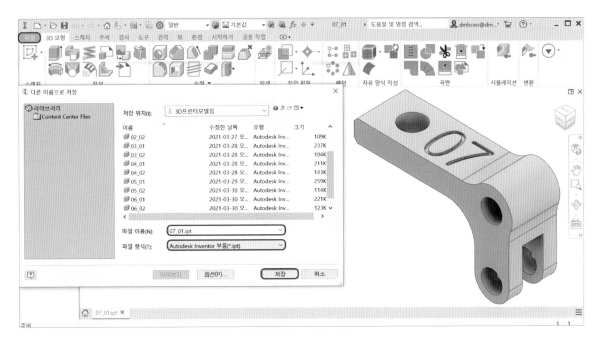

## (11) STP 파일 저장하기

파일 ⇨ 내보내기 ⇨ CAD 형식 ⇨ 3D프린터 모델링 ⇨ 파일 이름(N) : 07_01 ⇨ 파일 형식(T) : STEP 파일( * .stp; * .ste; * .step; * .stpz) ⇨ 저장

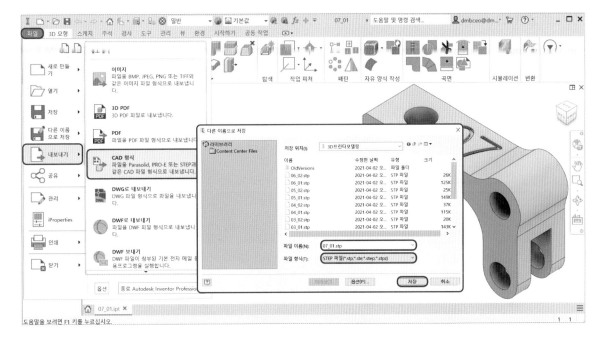

## 2 2번 부품 모델링하기

### (1) 스케치하기 1

XY 평면에 그림과 같이 스케치하고 치수를 입력한다. 구속조건은 원의 중심점을 원점에 일치 구속한다.

> **TIP>>**
> 치수 5는 상호 움직임이 발생하는 부위의 치수 A이다.

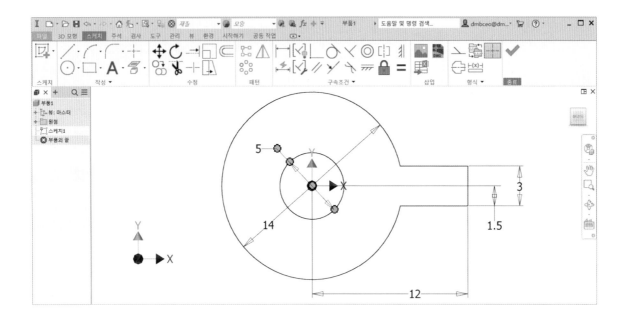

### (2) 돌출하기

3D 모형 ⇨ 작성 ⇨ 돌출 ⇨ 입력 형상 ⇨ 프로파일 ⇨ 동작 ⇨ 방향 : 대칭 ⇨ 거리 14 ⇨ 확인

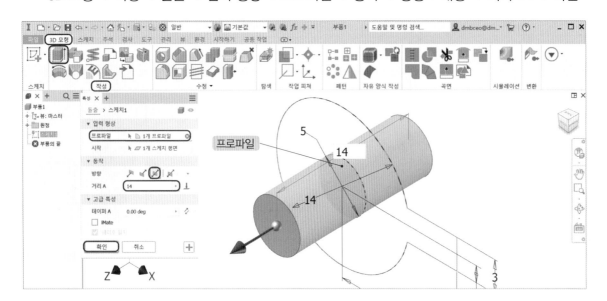

3D 모형 ⇨ 작성 ⇨ 돌출 ⇨ 입력 형상 ⇨ 프로파일 ⇨ 동작 ⇨ 방향 : 대칭 ⇨ 거리 5 ⇨ 출력 ⇨
부울 : 접합 ⇨ 확인

**TIP>>**
1. 모형 탐색기 돌출 아래 스케치를 오른쪽 클릭하여 팝업창에서 가시성을 체크하여 돌출한다.
2. 돌출 거리 5는 상호 움직임이 발생하는 부위의 치수 B이다.

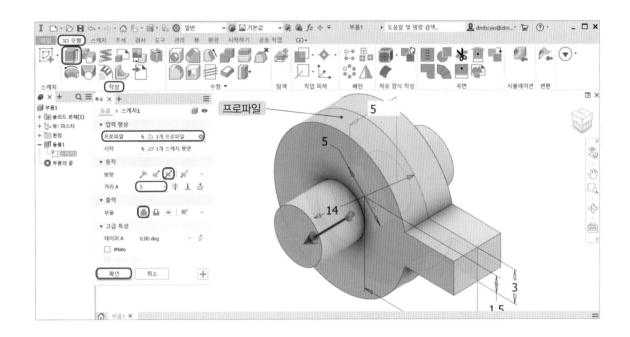

### (3) 모따기하기

3D 모형 ⇨ 수정 ⇨ 모따기 ⇨ 대칭 ⇨ 모서리 ⇨ 거리 1 ⇨ 확인

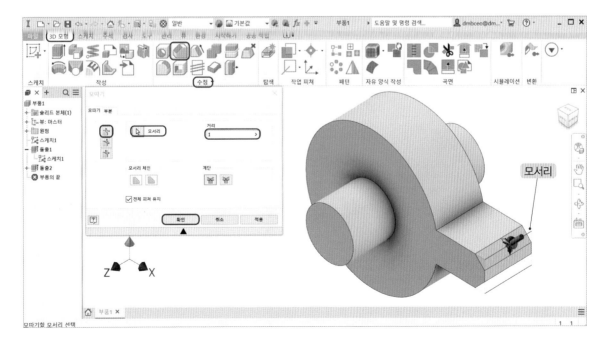

## (4) 모깎기

3D 모형 ⇨ 수정 ⇨ 모서리 모깎기 ⇨ 상수 ⇨ 모서리 ⇨ 반지름 2 ⇨ 확인

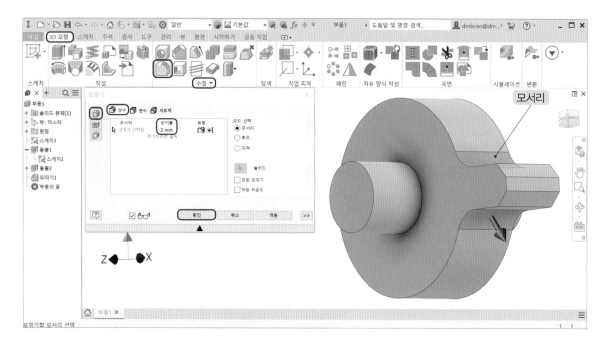

## (5) 파일 저장하기

파일 ⇨ 다른 이름으로 저장 ⇨ 3D프린터 모델링 ⇨ 파일 이름(N) : 07_02 ⇨ 파일 형식(T) : Autodesk inventor 부품( * .ipt) ⇨ 저장

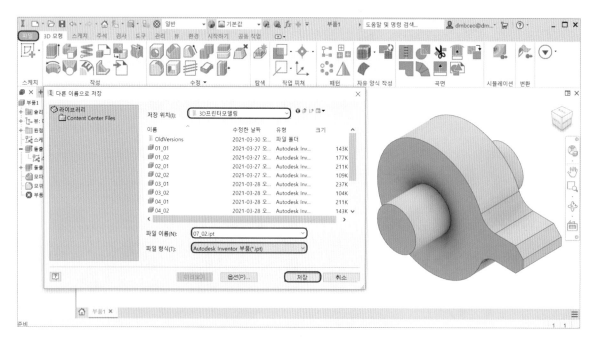

### (6) STP 파일 저장하기

파일 ⇨ 내보내기 ⇨ CAD 형식 ⇨ 3D프린터 모델링 ⇨ 파일 이름(N) : 07_02 ⇨ 파일 형식(T) :
STEP 파일( * .stp; * .ste; * .step; * .stpz) ⇨ 저장

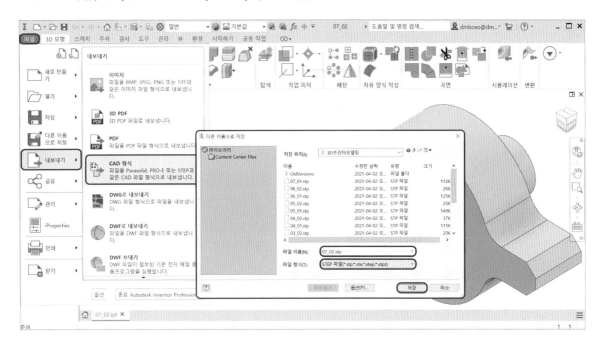

## 3 조립하기

### (1) 조립 시작하기

시작하기 ⇨ 시작 ⇨ 새로 만들기 ⇨ 조립품-2D 및 3D 구성요소 조립 : Standard.iam ⇨ 작성

## (2) 1번 부품 불러 배치하기

조립 ⇨ 구성요소 ⇨ 배치 ⇨ 찾는 위치 : 3D프린터 모델링 ⇨ 이름 : 07_01 ⇨ 열기

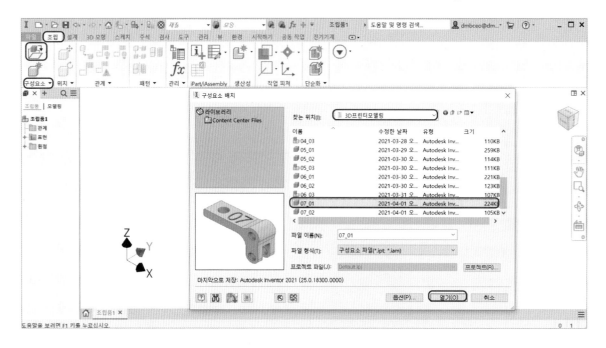

마우스 오른쪽 클릭 ⇨ X를 90° 회전 ⇨ 1번 부품 배치 위치에서 클릭

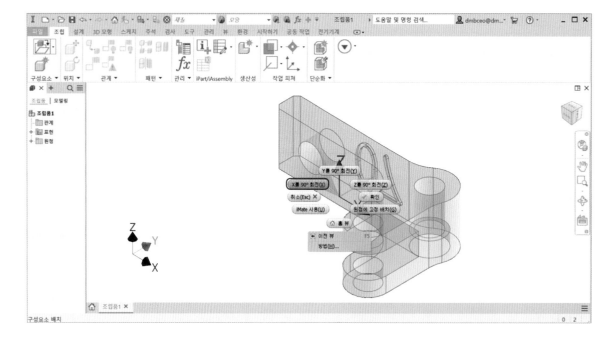

## (3) 2번 부품 불러 배치하기

조립 ⇨ 구성요소 ⇨ 배치 ⇨ 찾는 위치 : 3D프린터 모델링 ⇨ 이름 : 07_02 ⇨ 열기

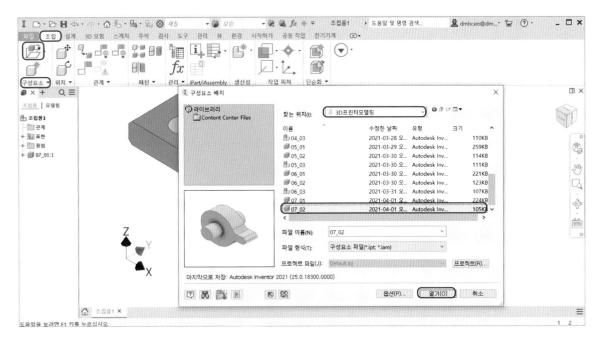

마우스 오른쪽 클릭 ⇨ X를 90° 회전 ⇨ 2번 부품 배치 위치에서 클릭

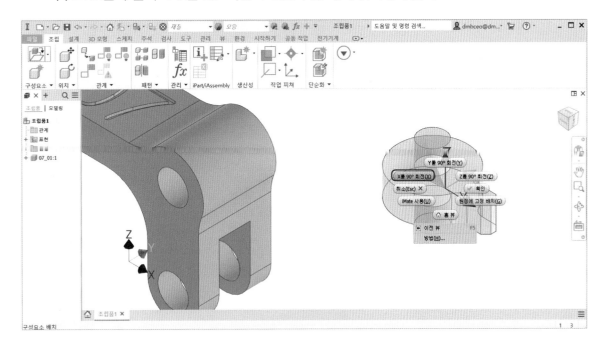

## (4) 구속하기

조립 ⇨ 관계 ⇨ 구속 ⇨ 유형 : 메이트 ⇨ 솔루션 : 메이트 ⇨ 선택 1(2번 부품의 축선) ⇨ 선택 2(1번 부품의 축선) ⇨ 확인

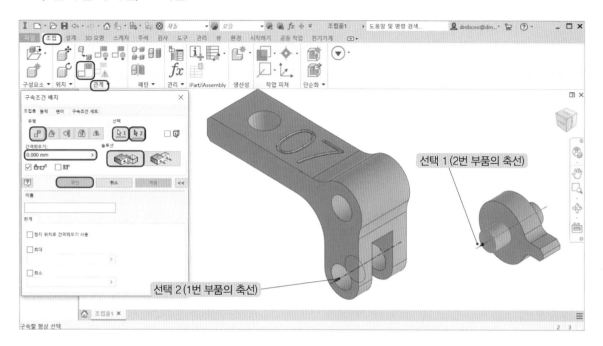

조립 ⇨ 관계 ⇨ 구속 ⇨ 유형 : 메이트 ⇨ 솔루션 : 메이트 ⇨ 선택 1(2번 부품의 면) ⇨ 간격띄우기 : 0.5

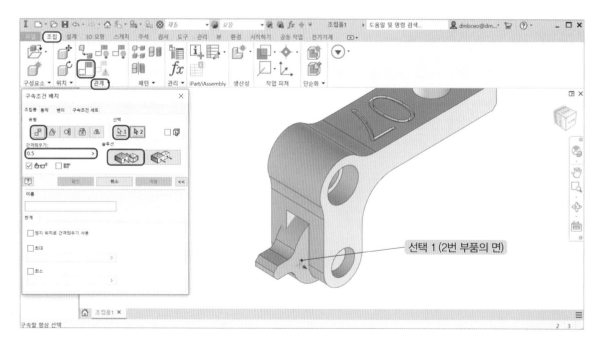

솔루션 : 메이트 ⇨ 선택 2(1번 부품의 면) ⇨ 간격띄우기 : 0.5 ⇨ 확인

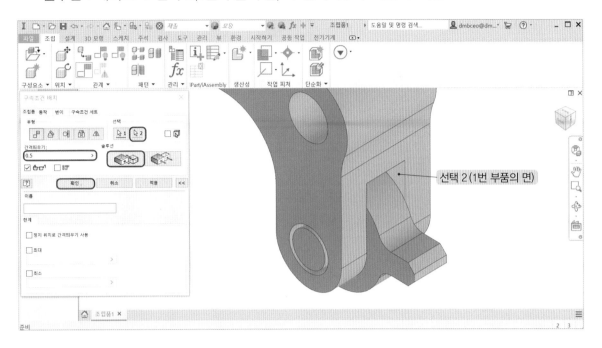

## (5) 파일 저장하기

파일 ⇨ 다른 이름으로 저장 ⇨ 3D프린터 모델링 ⇨ 파일 이름(N) : 07_03 ⇨ 파일 형식(T) : Autodesk inventor 조립품( * .iam) ⇨ 저장

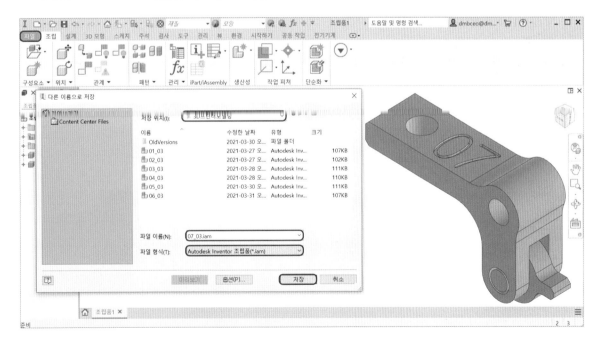

## (6) STP 파일 저장하기

파일 ⇨ 내보내기 ⇨ CAD 형식 ⇨ 3D프린터 모델링 ⇨ 파일 이름(N) : 07_03 ⇨ 파일 형식(T) : STEP 파일( * .stp; * .ste; * .step; * .stpz) ⇨ 저장

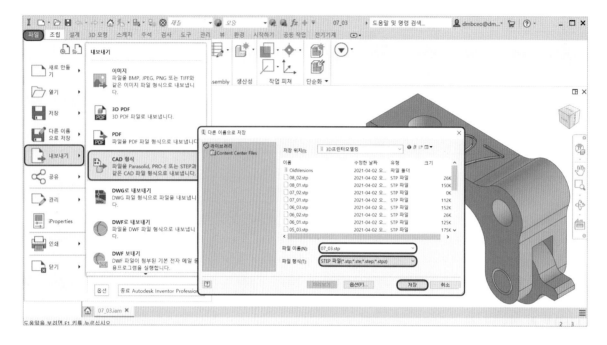

## (7) STL 파일 저장하기

파일 ⇨ 내보내기 ⇨ CAD 형식 ⇨ 3D프린터 모델링 ⇨ 파일 이름(N) : 07_04 ⇨ 파일 형식(T) : STL 파일( * .stl) ⇨ 저장

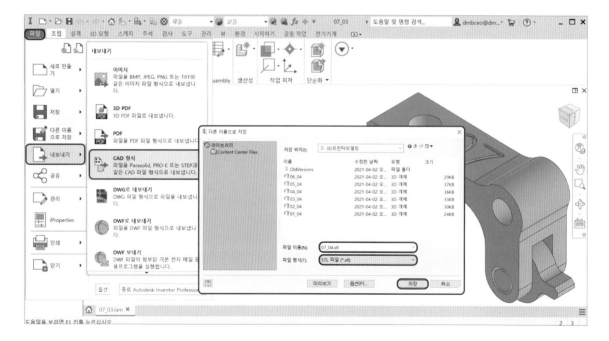

# 공개도면 ⑧

| 자격종목 | 3D프린터운용기능사 | [시험 1] 과제명 | 3D모델링 작업 | 척도 | NS |
|---|---|---|---|---|---|

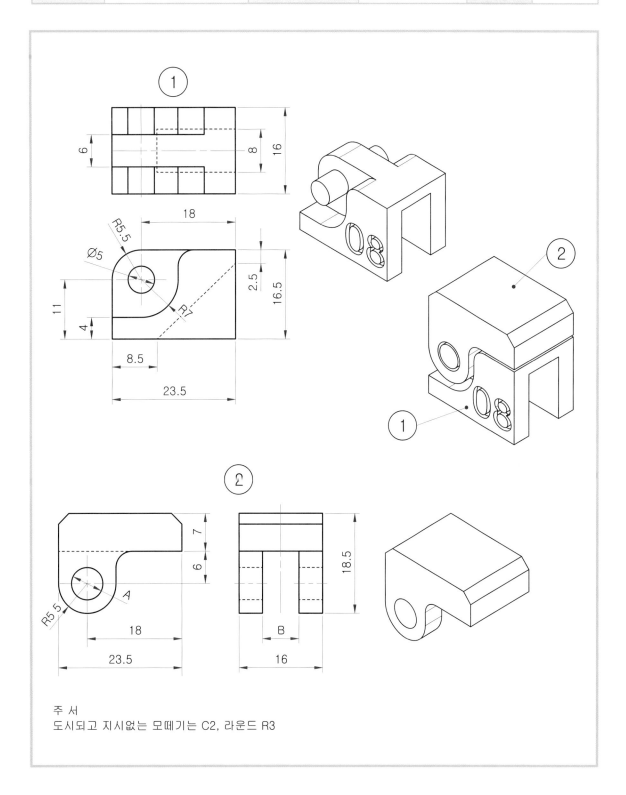

주 서
도시되고 지시없는 모떼기는 C2, 라운드 R3

## 8 3D프린터 모델링하기 8

### 1 1번 부품 모델링하기

#### (1) 스케치하기 1

XY 평면에 그림과 같이 스케치하고 치수를 입력한다. 구속조건은 원의 중심을 원점에 일치 구속한다.

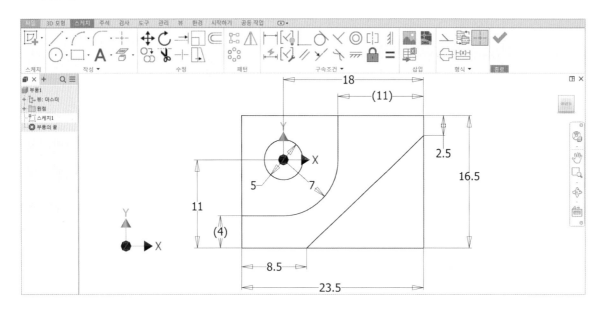

#### (2) 돌출하기

3D 모형 ⇨ 작성 ⇨ 돌출 ⇨ 입력 형상 ⇨ 프로파일 ⇨ 동작 ⇨ 방향 : 대칭 ⇨ 거리 16 ⇨ 확인

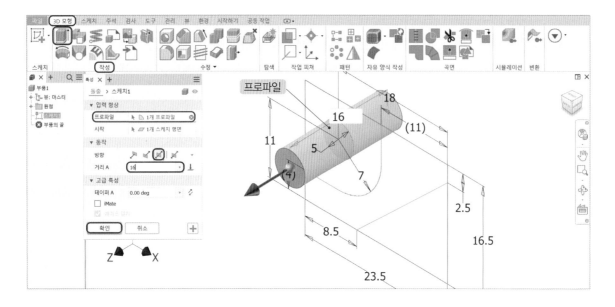

3D 모형 ⇨ 작성 ⇨ 돌출 ⇨ 입력형상 ⇨ 프로파일 ⇨ 동작 ⇨ 방향 : 대칭 ⇨ 거리 6 ⇨ 출력 ⇨ 부울 : 접합 ⇨ 확인

**TIP>>**
모형 탐색기 돌출 아래 스케치를 오른쪽 클릭하여 팝업창에서 가시성을 체크하여 돌출을 같은 방법으로 한다.

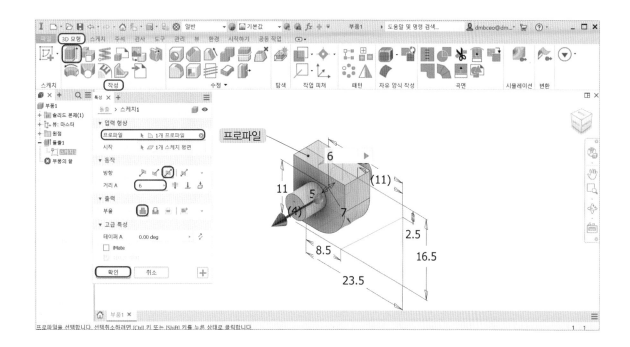

3D 모형 ⇨ 작성 ⇨ 돌출 ⇨ 입력 형상 ⇨ 프로파일 ⇨ 동작 ⇨ 방향 : 대칭 ⇨ 거리 16 ⇨ 출력 ⇨ 부울 : 접합 ⇨ 확인

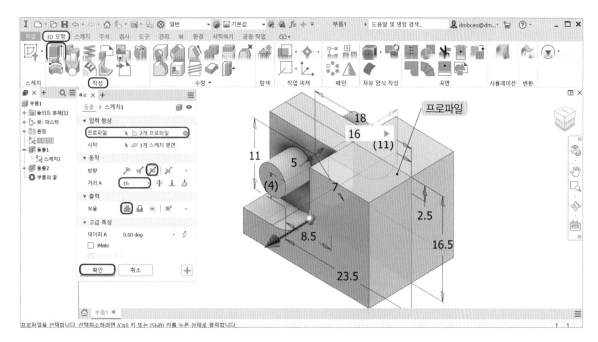

3D 모형 ⇨ 작성 ⇨ 돌출 ⇨ 입력 형상 ⇨ 프로파일 ⇨ 동작 ⇨ 방향 : 대칭 ⇨ 거리 8 ⇨ 출력 ⇨ 부울 : 잘라내기 ⇨ 확인

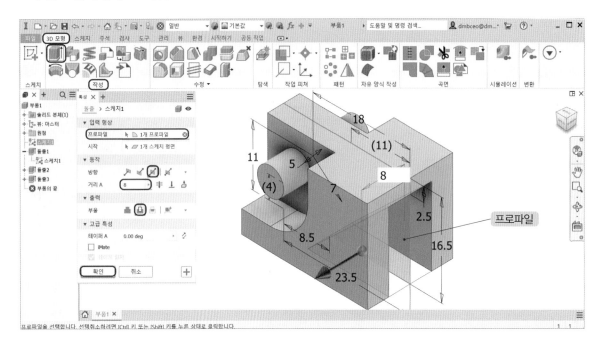

## (3) 모깎기

3D 모형 ⇨ 수정 ⇨ 모서리 모깎기 ⇨ 상수 ⇨ 모서리 ⇨ 반지름 5.5 ⇨ 확인

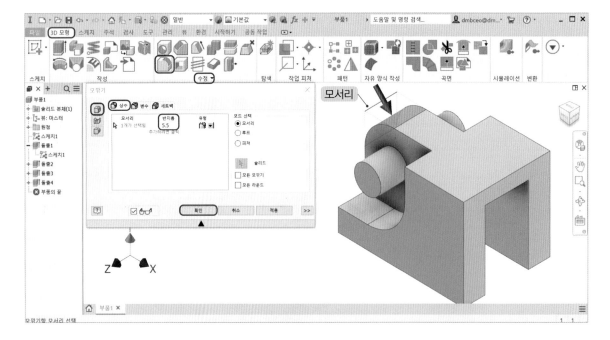

3D 모형 ⇨ 수정 ⇨ 모서리 모깎기 ⇨ 상수 ⇨ 모서리 ⇨ 반지름 3 ⇨ 확인

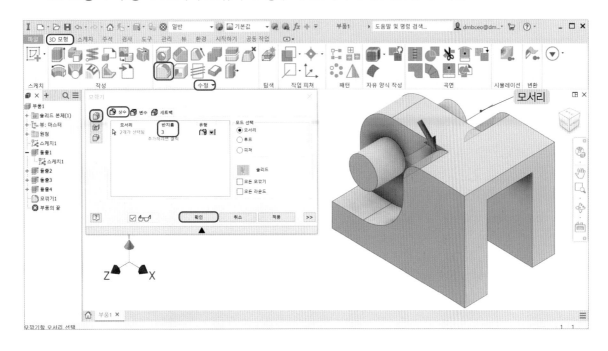

## (4) 텍스트

앞면에 스케치를 생성한다.

스케치 ⇨ 작성 ⇨ 텍스트 ⇨ 굴림체 8mm ⇨ 08 ⇨ 확인 ⇨ 스케치 종료

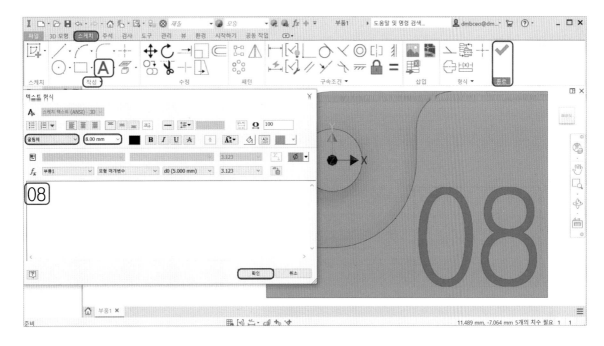

## (5) 엠보싱하기

3D 모형 ⇨ 작성 ⇨ 엠보싱 ⇨ 프로파일 ⇨ 깊이 : 0.5 ⇨ 면으로부터 오목 ⇨ 벡터 방향 2 ⇨ 확인

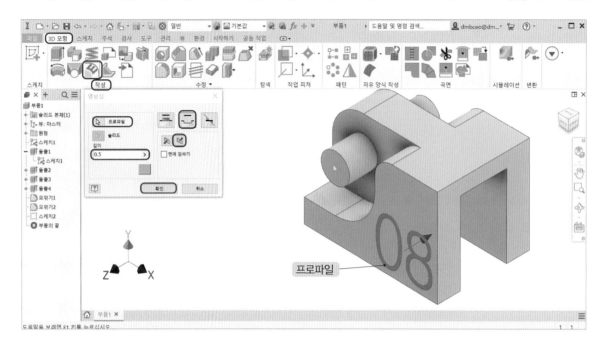

## (6) 파일 저장하기

파일 ⇨ 다른 이름으로 저장 ⇨ 3D프린터 모델링 ⇨ 파일 이름(N) : 08_01 ⇨ 파일 형식(T) : Autodesk inventor 부품( * .ipt) ⇨ 저장

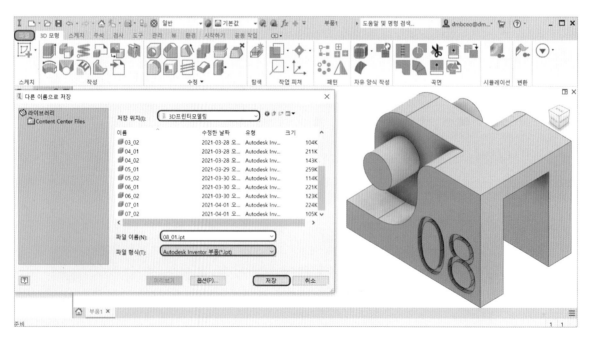

### (7) STP 파일 저장하기

파일 ⇨ 내보내기 ⇨ CAD 형식 ⇨ 3D프린터 모델링 ⇨ 파일 이름(N) : 08_01 ⇨ 파일 형식(T) : STEP 파일( * .stp; * .ste; * .step; * .stpz) ⇨ 저장

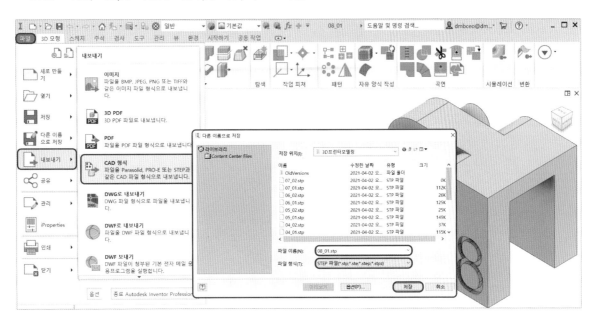

### 2 2번 부품 모델링하기

### (1) 스케치하기 1

XY 평면에 그림과 같이 스케치하고 치수를 입력한다. 구속조건은 원의 중심점을 원점에 일치 구속한다.

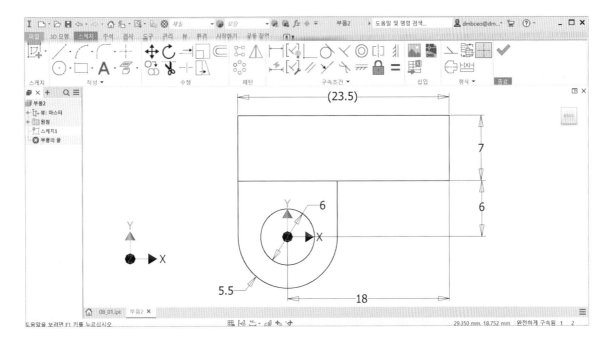

## (2) 대칭 돌출하기

3D 모형 ⇨ 작성 ⇨ 돌출 ⇨ 입력 형상 ⇨ 프로파일 ⇨ 동작 ⇨ 방향 : 대칭 ⇨ 거리 16 ⇨ 확인

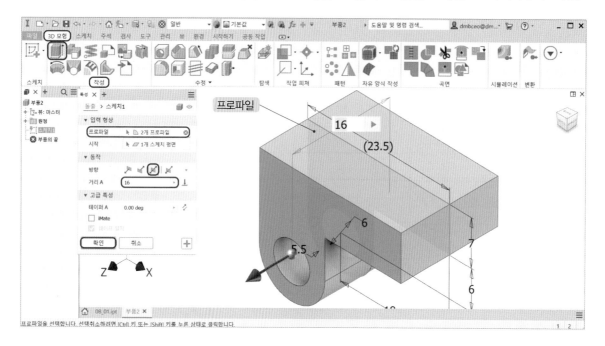

3D 모형 ⇨ 작성 ⇨ 돌출 ⇨ 입력 형상 ⇨ 프로파일 ⇨ 동작 ⇨ 방향 : 대칭 ⇨ 거리 7 ⇨ 출력 ⇨ 부울 : 잘라내기 ⇨ 확인

**TIP>>**

1. 모형 탐색기 돌출 아래 스케치를 오른쪽 클릭하여 팝업창에서 가시성을 체크하여 돌출한다.
2. 돌출 거리 7은 상호 움직임이 발생하는 부위의 치수 B이다.

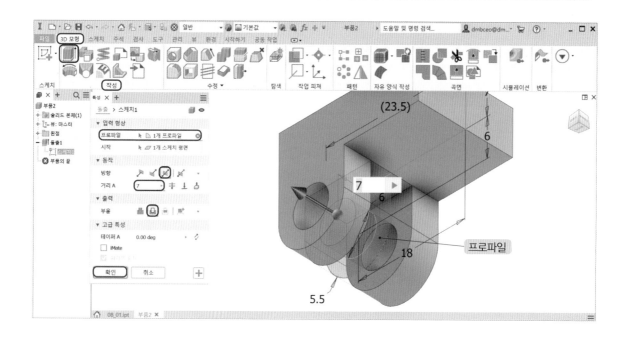

## (3) 모깎기

3D 모형 ⇨ 수정 ⇨ 모서리 모깎기 ⇨ 상수 ⇨ 모서리 ⇨ 반지름 3 ⇨ 확인

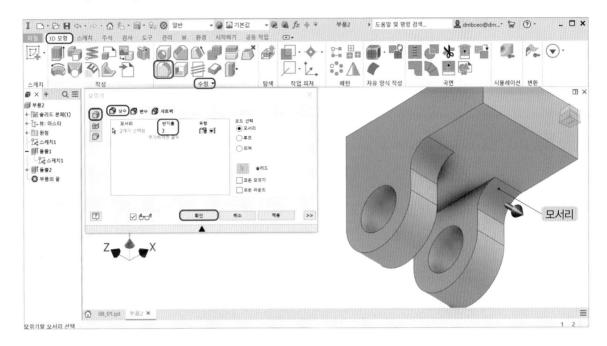

## (4) 모따기하기

3D 모형 ⇨ 수정 ⇨ 모따기 ⇨ 대칭 ⇨ 모서리 ⇨ 거리 2 ⇨ 확인

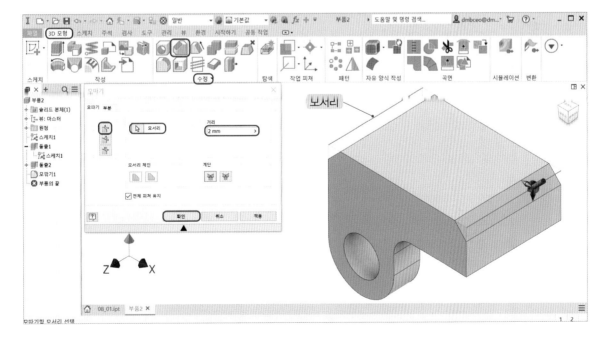

## (5) 파일 저장하기

파일 ⇨ 다른 이름으로 저장 ⇨ 3D프린터 모델링 ⇨ 파일 이름(N) : 08_02 ⇨ 파일 형식(T) : Autodesk inventor 부품( * .ipt) ⇨ 저장

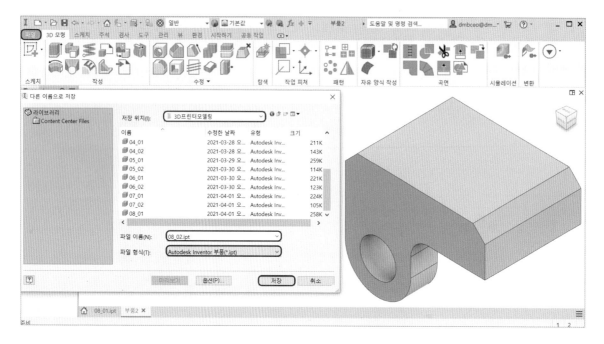

## (6) STP 파일 저장하기

파일 ⇨ 내보내기 ⇨ CAD 형식 ⇨ 3D프린터 모델링 ⇨ 파일 이름(N) : 08_02 ⇨ 파일 형식(T) : STEP 파일( * .stp; * .ste; * .step; * .stpz) ⇨ 저장

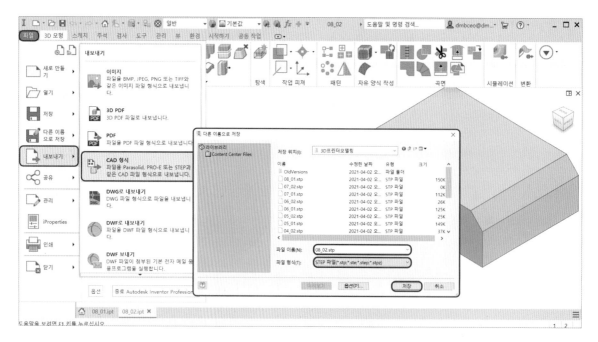

### ③ 조립하기

#### (1) 조립 시작하기

시작하기 ⇨ 시작 ⇨ 새로 만들기 ⇨ 조립품−2D 및 3D 구성요소 조립 : Standard.iam ⇨ 작성

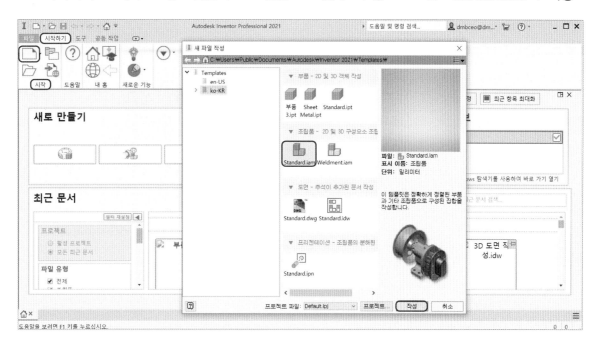

#### (2) 1번 부품 불러 배치하기

조립 ⇨ 구성요소 ⇨ 배치 ⇨ 찾는 위치 : 3D프린터 모델링 ⇨ 이름 : 08_01 ⇨ 열기

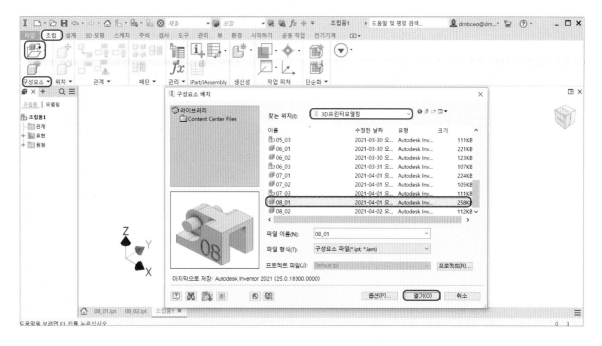

마우스 오른쪽 클릭 ⇨ X를 90° 회전 ⇨ 1번 부품 배치 위치에서 클릭

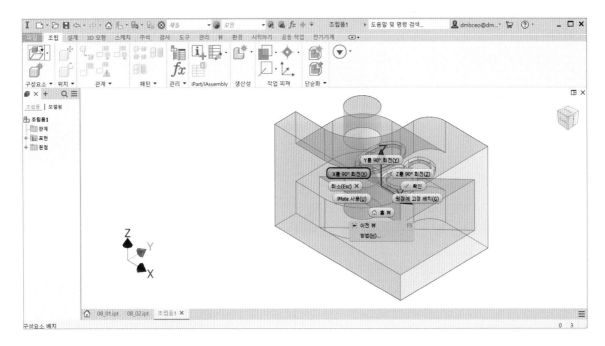

## (3) 2번 부품 불러 배치하기

조립 ⇨ 구성요소 ⇨ 배치 ⇨ 찾는 위치 : 3D프린터 모델링 ⇨ 이름 : 08_02 ⇨ 열기

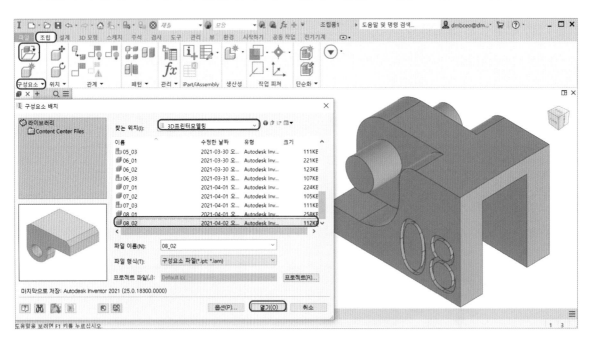

마우스 오른쪽 클릭 ⇨ X를 90˚ 회전 ⇨ 2번 부품 배치 위치에서 클릭

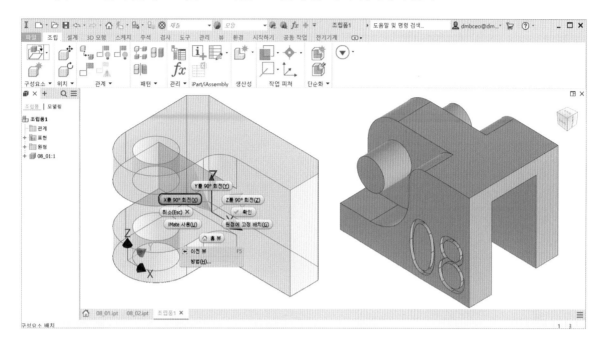

## (4) 구속하기

조립 ⇨ 관계 ⇨ 구속 ⇨ 유형 : 메이트 ⇨ 솔루션 : 메이트 ⇨ 선택 1(2번 부품의 축선) ⇨ 선택 2(1번 부품의 축선) ⇨ 확인

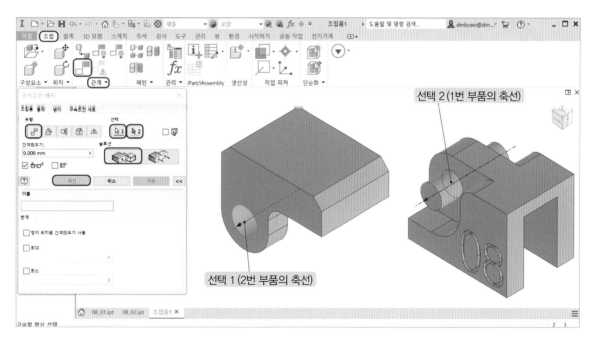

조립 ⇨ 관계 ⇨ 구속 ⇨ 유형 : 메이트 ⇨ 솔루션 : 메이트 ⇨ 선택 1(2번 부품의 면) ⇨ 간격띄
우기 : 0.5

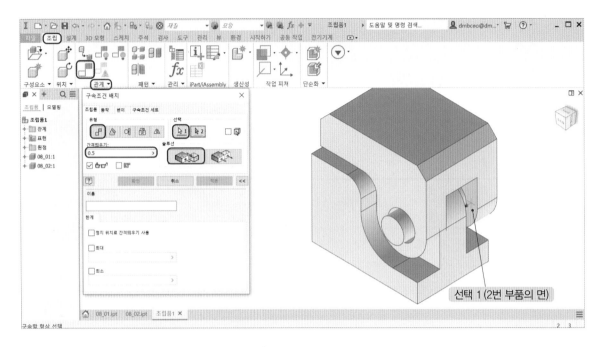

솔루션 : 메이트 ⇨ 선택 2(1번 부품의 면) ⇨ 간격띄우기 : 0.5 ⇨ 확인

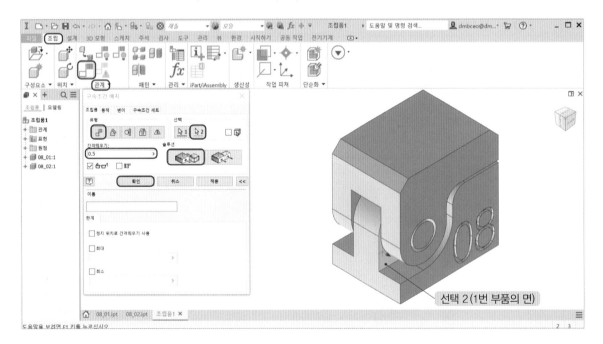

## (5) 파일 저장하기

파일 ⇨ 다른 이름으로 저장 ⇨ 3D프린터 모델링 ⇨ 파일 이름(N) : 08_03 ⇨ 파일 형식(T) : Autodesk inventor 조립품( * .iam) ⇨ 저장

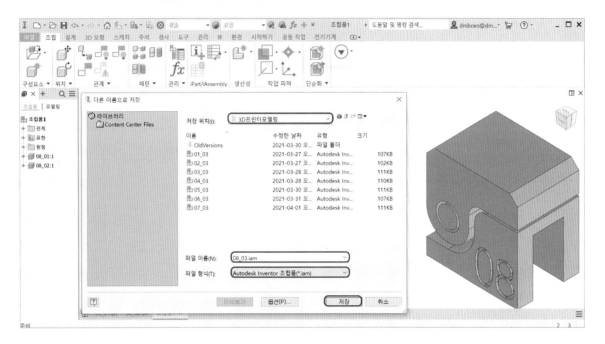

## (6) STP 파일 저장하기

파일 ⇨ 내보내기 ⇨ CAD 형식 ⇨ 3D프린터 모델링 ⇨ 파일 이름(N) : 08_03 ⇨ 파일 형식(T) : STEP 파일( * .stp; * .ste; * .step; * .stpz) ⇨ 저장

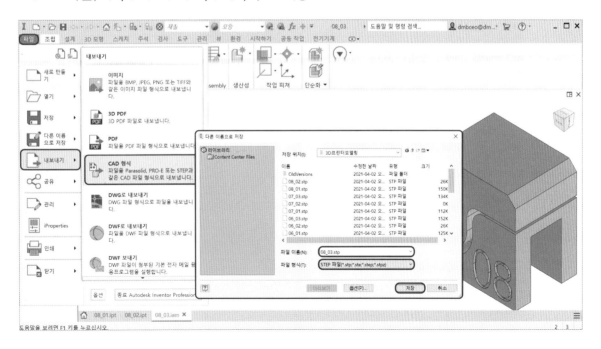

## (7) STL 파일 저장하기

파일 ⇨ 내보내기 ⇨ CAD 형식 ⇨ 3D 프린터 모델링 ⇨ 파일 이름(N) : 08_04 ⇨ 파일 형식(T) : STL 파일( * .stl) ⇨ 저장

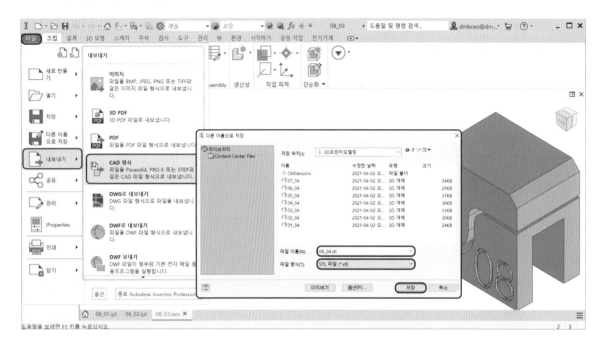

조립도

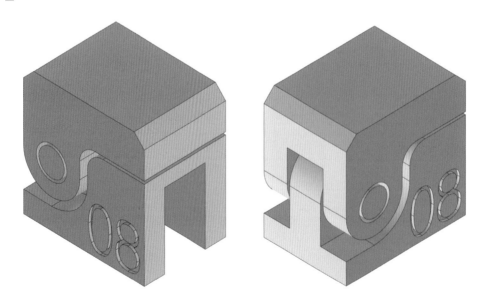

# 공개도면 ⑨

| 자격종목 | 3D프린터운용기능사 | [시험 1] 과제명 | 3D모델링 작업 | 척도 | NS |
|---|---|---|---|---|---|

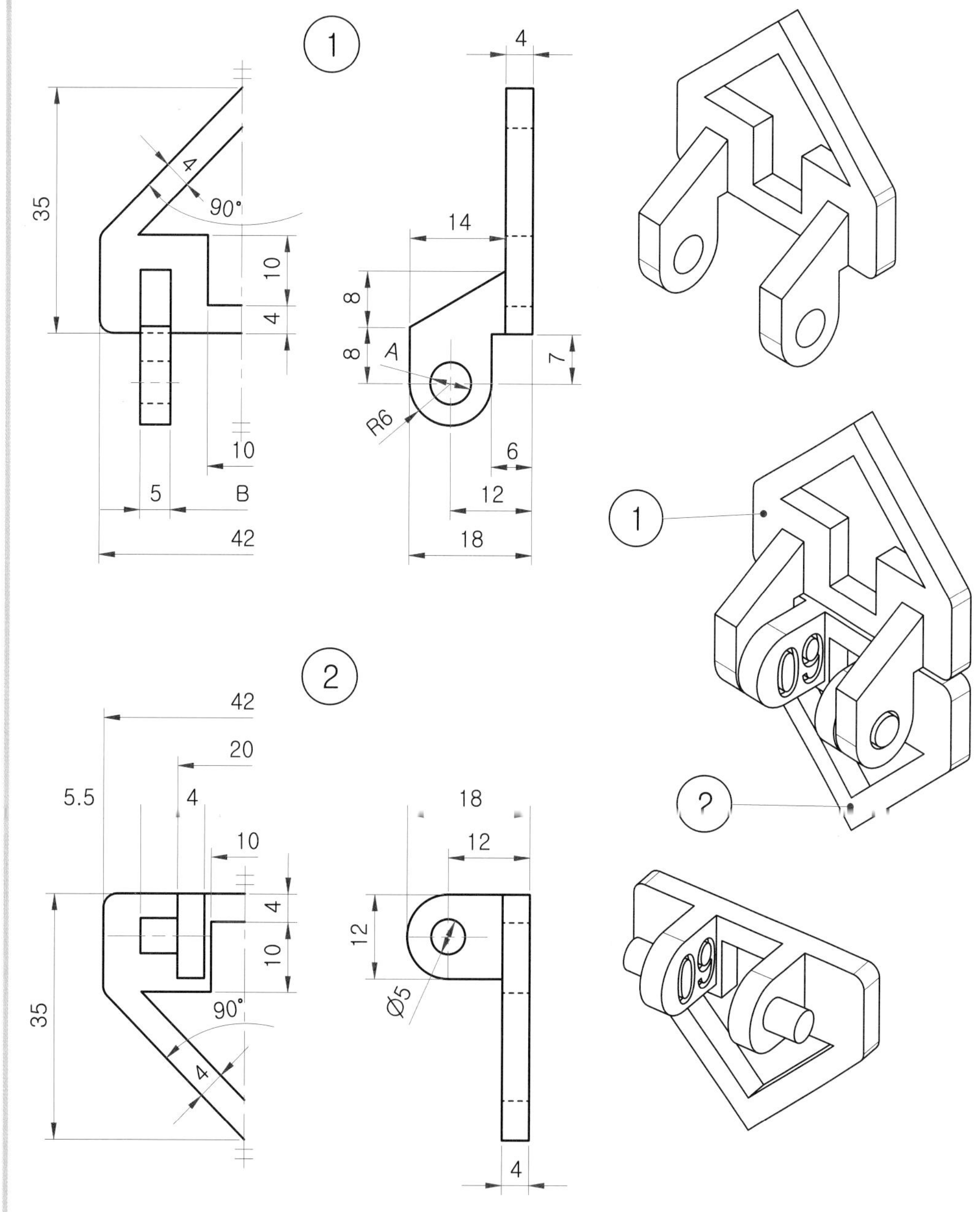

주서
1. 도시되고 지시없는 라운드는 R2
2. 해당 도면은 좌우 대칭임

## 9 3D프린터 모델링하기 9

### 1 1번 부품 모델링하기

#### (1) 스케치하기 1

XY 평면에 그림과 같이 스케치하고 치수를 입력한다. 구속조건은 아래 수평선을 원점에 일치 구속한다.

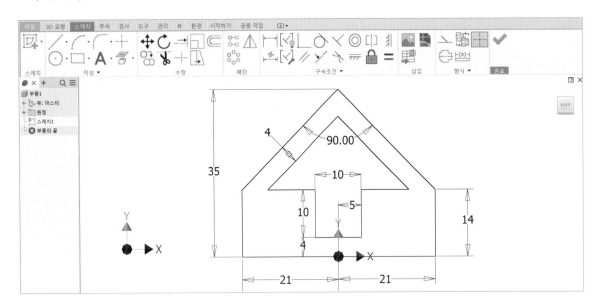

#### (2) 돌출하기

3D 모형 ⇨ 작성 ⇨ 돌출 ⇨ 입력 형상 ⇨ 프로파일 ⇨ 동작 ⇨ 방향 : 반전 ⇨ 거리 4 ⇨ 확인

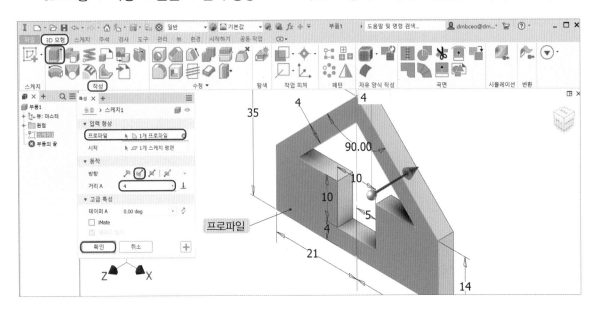

### (3) 스케치하기 1

3D 모형에 ZY 평면을 선택하여 그림과 같이 스케치하고 치수를 입력한다. 구속조건은 수직선과 수평선을 모서리에 동일 직선으로 구속한다.

**TIP>>**
치수 6은 상호 움직임이 발생하는 부위의 치수 A이다.

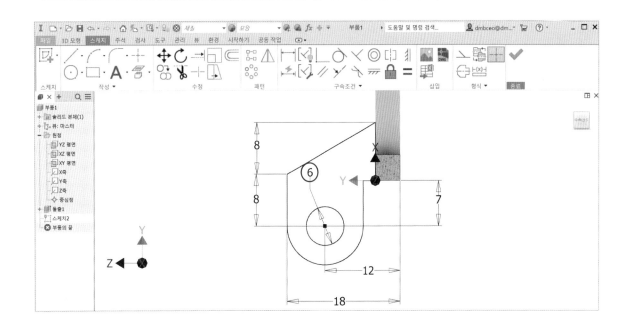

### (4) 대칭 돌출하기

3D 모형 ⇨ 작성 ⇨ 돌출 ⇨ 입력 형상 ⇨ 프로파일 ⇨ 동작 ⇨ 방향 : 대칭 ⇨ 거리 30 ⇨ 출력 ⇨ 부울 : 접합 ⇨ 확인

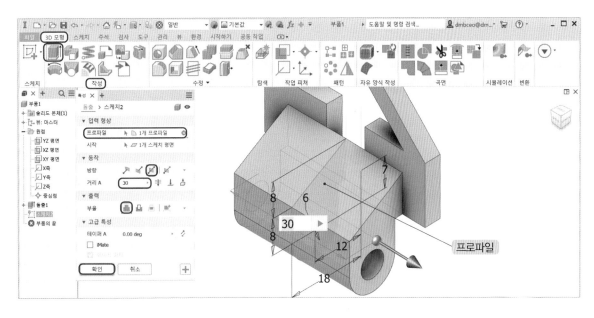

3D 모형 ⇨ 작성 ⇨ 돌출 ⇨ 입력 형상 ⇨ 프로파일 ⇨ 동작 ⇨ 방향 : 대칭 ⇨ 거리 21 ⇨ 출력 ⇨ 부울 : 잘라내기 ⇨ 확인

**TIP>>**

1. 모형 탐색기 돌출 아래 스케치를 오른쪽 클릭하여 팝업창에서 가시성을 체크하여 돌출을 같은 방법으로 한다.
2. 돌출 거리 21은 상호 움직임이 발생하는 부위의 치수 B이다.

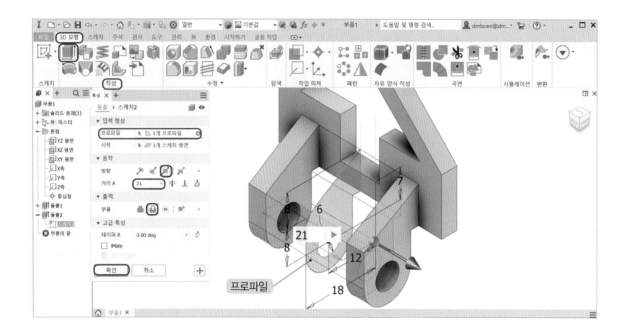

## (5) 모깎기

3D 모형 ⇨ 수정 ⇨ 모서리 모깎기 ⇨ 상수 ⇨ 모서리 ⇨ 반지름 2 ⇨ 확인

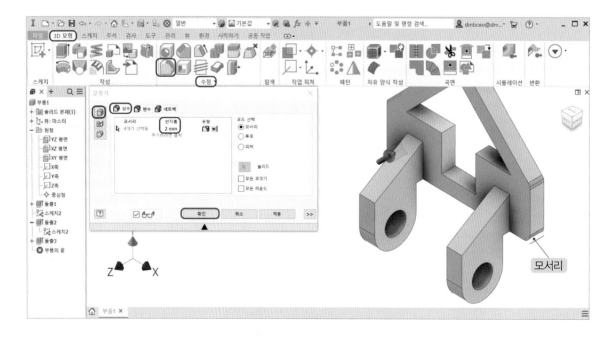

## (6) 파일 저장하기

파일 ⇨ 다른 이름으로 저장 ⇨ 3D프린터 모델링 ⇨ 파일 이름(N) : 09_01 ⇨ 파일 형식(T) : Autodesk inventor 부품( * .ipt) ⇨ 저장

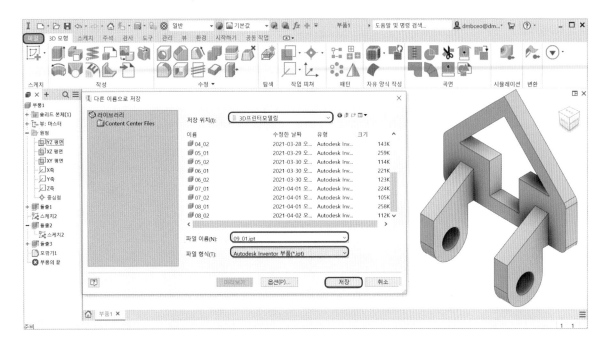

## (7) STP 파일 저장하기

파일 ⇨ 내보내기 ⇨ CAD 형식 ⇨ 3D프린터 모델링 ⇨ 파일 이름(N) : 09_01 ⇨ 파일 형식(T) : STEP 파일( * .stp; * .ste; * .step; * .stpz) ⇨ 저장

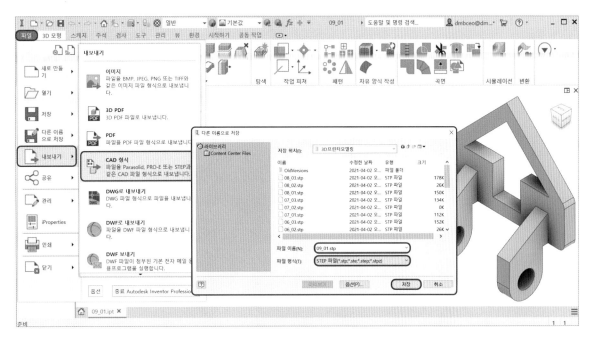

## 2 2번 부품 모델링하기

### (1) 스케치하기 1

XY 평면에 그림과 같이 스케치하고 치수를 입력한다. 구속조건은 아래 수평선을 원점에 일치 구속한다.

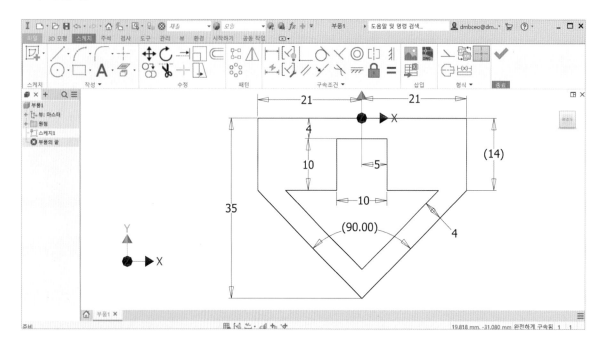

### (2) 돌출하기

3D 모형 ⇨ 작성 ⇨ 돌출 ⇨ 입력 형상 ⇨ 프로파일 ⇨ 동작 ⇨ 방향 : 반전 ⇨ 거리 4 ⇨ 확인

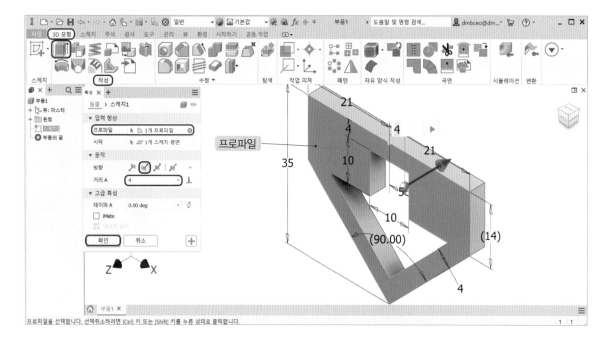

### (3) 스케치하기 1

3D 모형에 ZY 평면을 선택하여 그림과 같이 스케치하고 치수를 입력한다. 구속조건은 수직선과 수평선을 모서리에 동일 직선으로 구속한다.

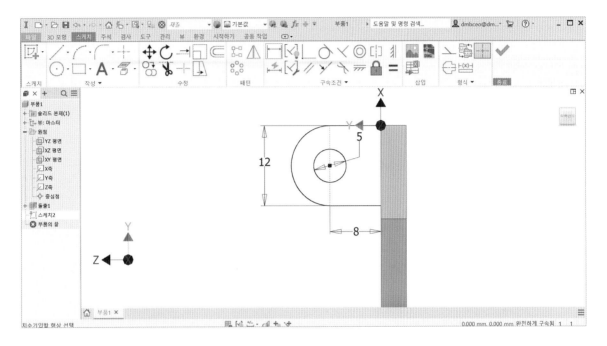

### (4) 대칭 돌출하기

3D 모형 ⇨ 작성 ⇨ 돌출 ⇨ 입력형상 ⇨ 프로파일 ⇨ 동작 ⇨ 방향 : 대칭 ⇨ 거리 20 ⇨ 출력 ⇨ 부울 : 접합 ⇨ 확인

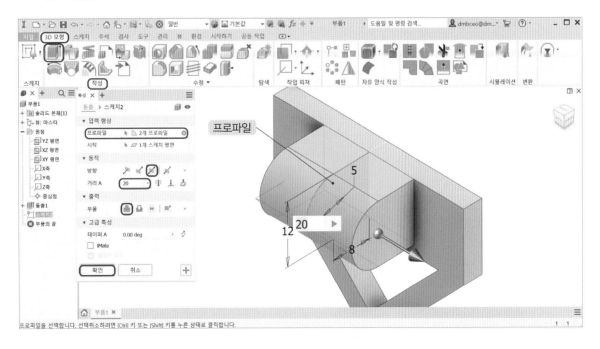

3D 모형 ⇨ 작성 ⇨ 돌출 ⇨ 입력 형상 ⇨ 프로파일 ⇨ 동작 ⇨ 방향 : 대칭 ⇨ 거리 31 ⇨ 출력 ⇨ 부울 : 접합 ⇨ 확인

**TIP>>**

모형 탐색기 돌출 아래 스케치를 오른쪽 클릭하여 팝업창에서 가시성을 체크하여 돌출을 같은 방법으로 한다.

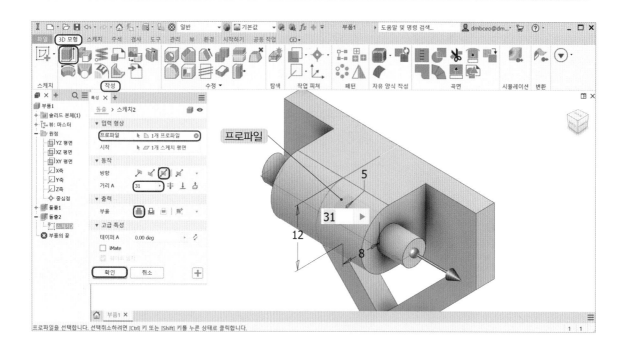

3D 모형 ⇨ 작성 ⇨ 돌출 ⇨ 입력 형상 ⇨ 프로파일 ⇨ 동작 ⇨ 방향 : 대칭 ⇨ 거리 12 ⇨ 출력 ⇨ 부울 : 잘라내기 ⇨ 확인

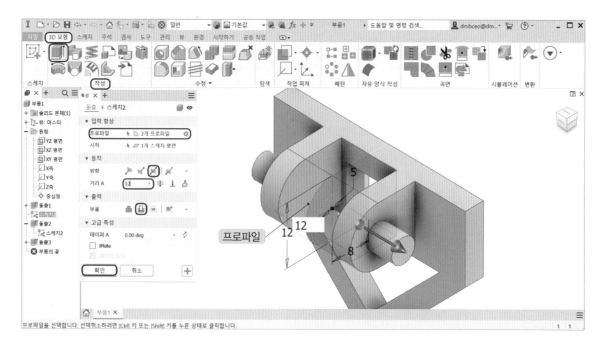

## (5) 모깎기

3D 모형 ⇨ 수정 ⇨ 모서리 모깎기 ⇨ 상수 ⇨ 모서리 ⇨ 반지름 2 ⇨ 확인

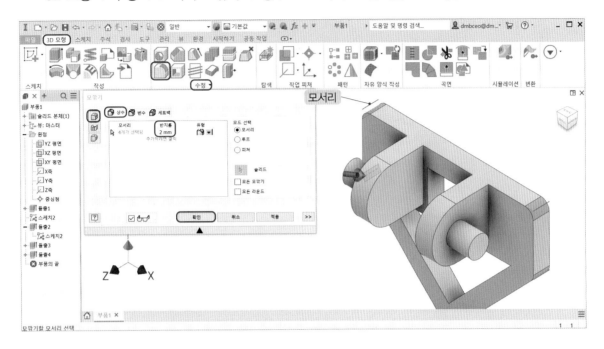

## (6) 텍스트

앞면에 스케치를 생성한다.

스케치 ⇨ 작성 ⇨ 텍스트 ⇨ 굴림체 7mm ⇨ 09 ⇨ 확인 ⇨ 스케치 종료

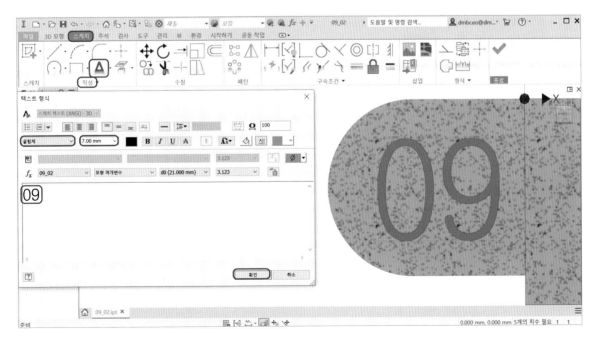

## (7) 엠보싱하기

3D 모형 ⇨ 작성 ⇨ 엠보싱 ⇨ 프로파일 ⇨ 깊이 : 0.5 ⇨ 면으로부터 오목 ⇨ 벡터 방향 2 ⇨ 확인

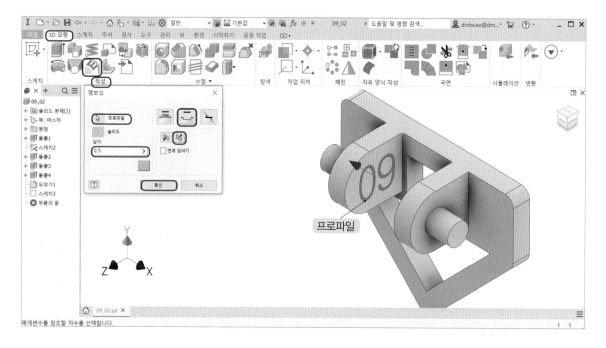

## (8) 파일 저장하기

파일 ⇨ 다른 이름으로 저장 ⇨ 3D프린터 모델링 ⇨ 파일 이름(N) : 09_02 ⇨ 파일 형식(T) : Autodesk inventor 부품( * .ipt) ⇨ 저장

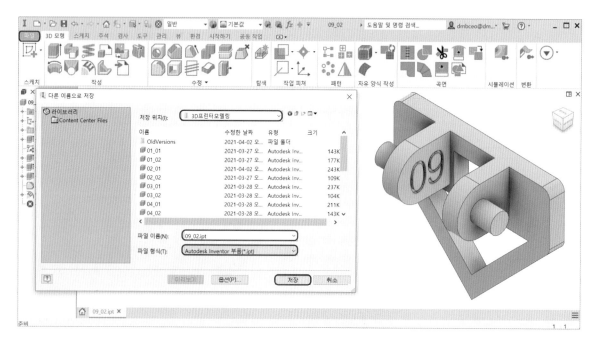

### (9) STP 파일 저장하기

파일 ⇨ 내보내기 ⇨ CAD 형식 ⇨ 3D프린터 모델링 ⇨ 파일 이름(N) : 09_02 ⇨ 파일 형식(T) : STEP 파일( * .stp; * .ste; * .step; * .stpz) ⇨ 저장

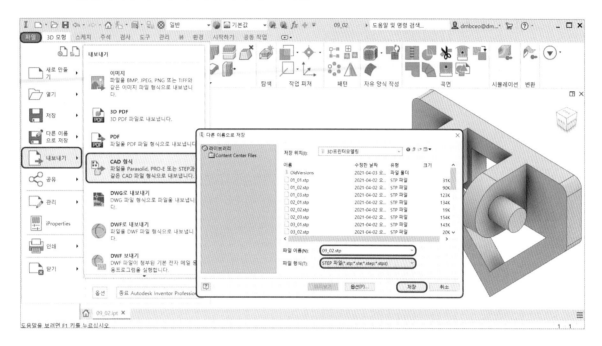

## 3 조립하기

### (1) 조립 시작하기

시작하기 ⇨ 시작 ⇨ 새로 만들기 ⇨ 조립품-2D 및 3D 구성요소 조립 : Standard.iam ⇨ 작성

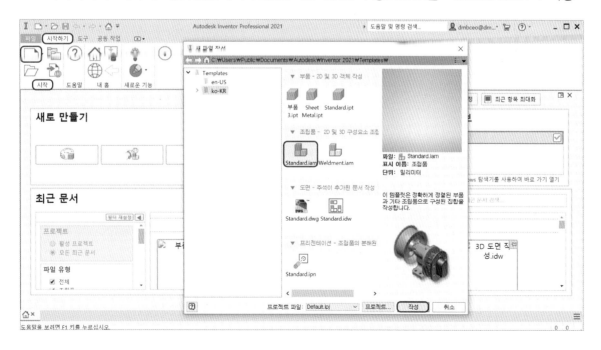

## (2) 1번 부품 불러 배치하기

조립 ⇨ 구성요소 ⇨ 배치 ⇨ 찾는 위치 : 3D프린터 모델링 ⇨ 이름 : 09_01 ⇨ 열기

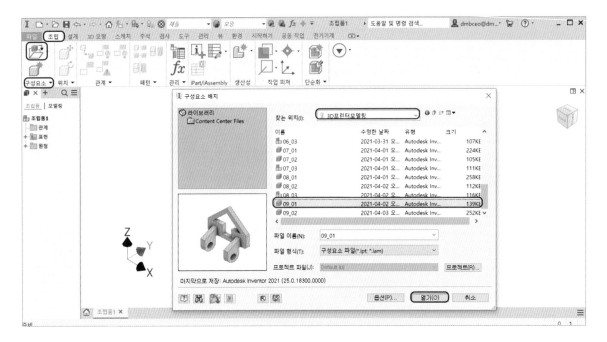

마우스 오른쪽 클릭 ⇨ X를 90° 회전 ⇨ 1번 부품 배치 위치에서 클릭

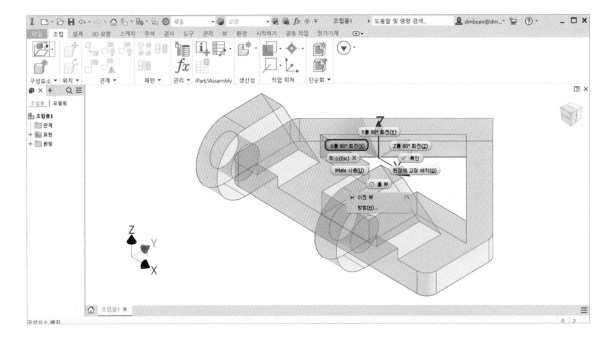

## (3) 2번 부품 불러 배치하기

조립 ⇨ 구성요소 ⇨ 배치 ⇨ 찾는 위치 : 3D프린터 모델링 ⇨ 이름 : 09_02 ⇨ 열기

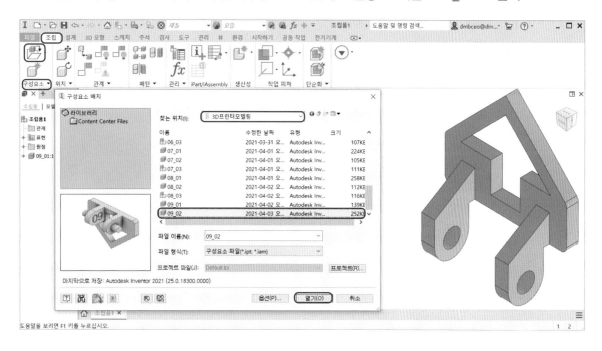

마우스 오른쪽 클릭 ⇨ X를 90° 회전 ⇨ 2번 부품 배치 위치에서 클릭

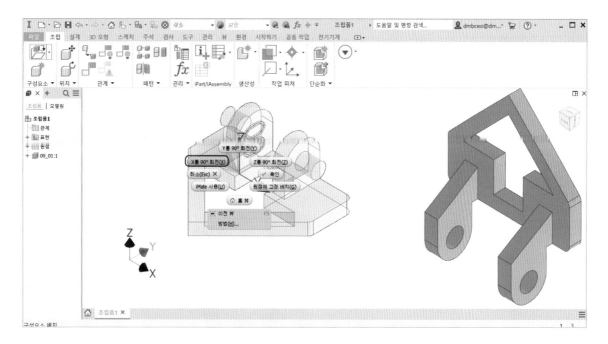

## (4) 구속하기

조립 ⇨ 관계 ⇨ 구속 ⇨ 유형 : 메이트 ⇨ 솔루션 : 메이트 ⇨ 선택 1(2번 부품의 축선) ⇨ 선택 2(1번 부품의 축선) ⇨ 확인

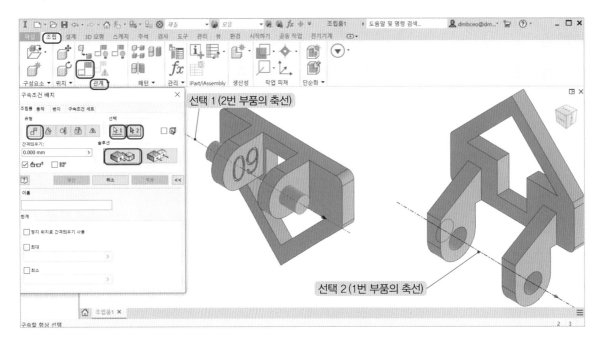

조립 ⇨ 관계 ⇨ 구속 ⇨ 유형 : 메이트 ⇨ 솔루션 : 메이트 ⇨ 선택 1(2번 부품의 면) ⇨ 간격띄 우기 : 0.5

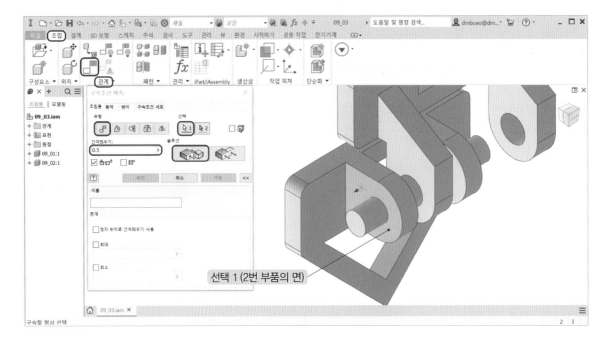

솔루션 : 메이트 ⇨ 선택 2(1번 부품의 면) ⇨ 간격띄우기 : 0.5 ⇨ 확인

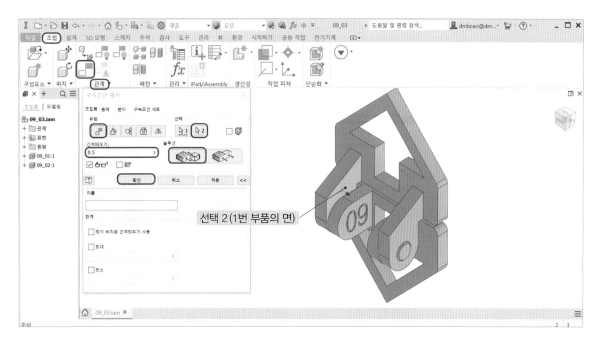

## (5) 파일 저장하기

파일 ⇨ 다른 이름으로 저장 ⇨ 3D프린터 모델링 ⇨ 파일 이름(N) : 09_03 ⇨ 파일 형식(T) :
Autodesk inventor 조립품( * .iam) ⇨ 저장

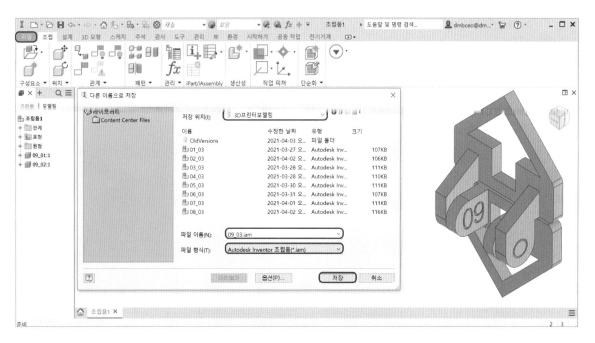

## (6) STP 파일 저장하기

파일 ⇨ 내보내기 ⇨ CAD 형식 ⇨ 3D프린터 모델링 ⇨ 파일 이름(N) : 09_03 ⇨ 파일 형식(T) : STEP 파일( * .stp; * .ste; * .step; * .stpz) ⇨ 저장

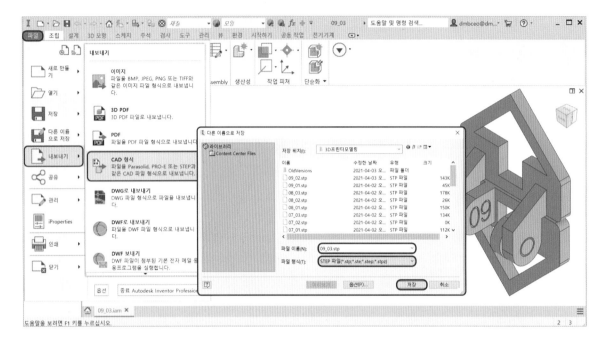

## (7) STL 파일 저장하기

파일 ⇨ 내보내기 ⇨ CAD 형식 ⇨ 3D프린터 모델링 ⇨ 파일 이름(N) : 09_04 ⇨ 파일 형식(T) : STL 파일( * .stl) ⇨ 저장

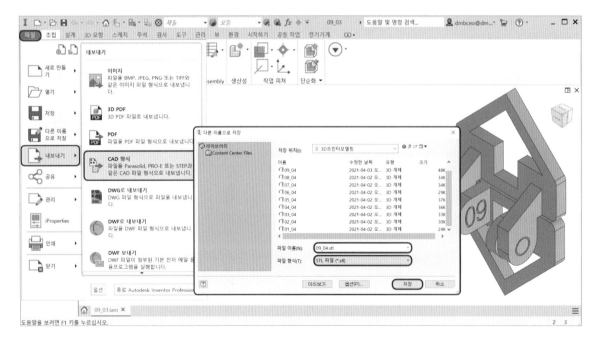

# 공 개 도 면 ⑩

| 자격종목 | 3D프린터운용기능사 | [시험 1] 과제명 | 3D모델링 작업 | 척도 | NS |
|---|---|---|---|---|---|

① R5 Ø6 45° 20 6 12 3 5 8 8 8 30

② 8 20

28 18 5

B 32

10 4 5 R5 4 A 25 10

주 서
도시되고 지시없는 모떼기는 C3

## 10 3D프린터 모델링하기 10

### 1 1번 부품 모델링하기

#### (1) 스케치하기 1

XY 평면에 그림과 같이 스케치하고 치수를 입력한다. 구속조건은 원의 중심을 원점에 일치 구속한다.

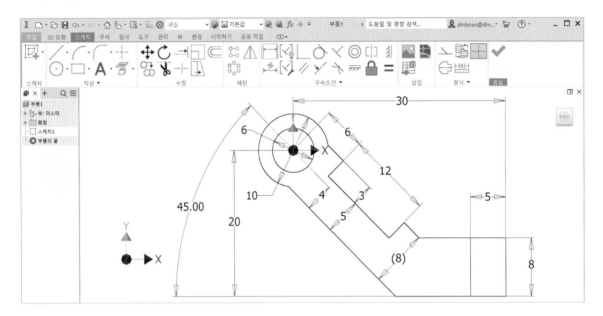

#### (2) 대칭 돌출하기

3D 모형 ⇨ 작성 ⇨ 돌출 ⇨ 입력 형상 ⇨ 프로파일 ⇨ 동작 ⇨ 방향 : 대칭 ⇨ 거리 28 ⇨ 확인

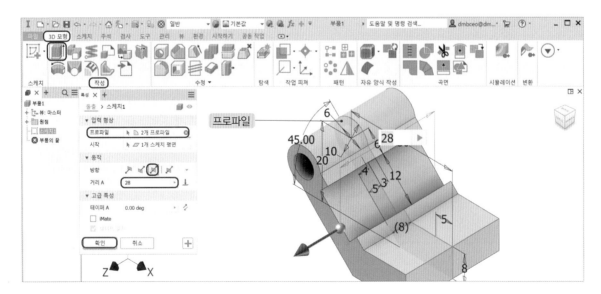

3D 모형 ⇨ 작성 ⇨ 돌출 ⇨ 입력 형상 ⇨ 프로파일 ⇨ 동작 ⇨ 방향 : 대칭 ⇨ 거리 18 ⇨ 출력 ⇨ 부율 : 잘라내기 ⇨ 확인

**TIP>>**

모형 탐색기 돌출 아래 스케치를 오른쪽 클릭하여 팝업창에서 가시성을 체크하여 돌출을 같은 방법으로 한다.

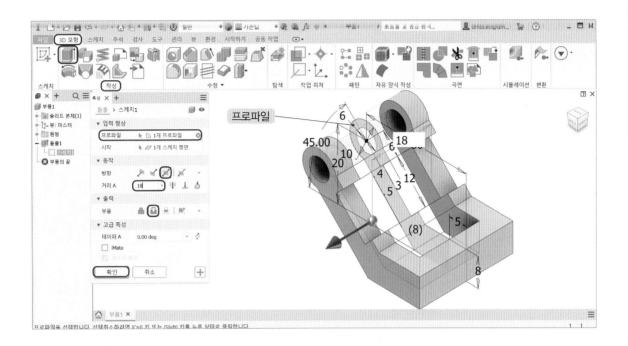

## (3) 모따기하기

3D 모형 ⇨ 수정 ⇨ 모따기 ⇨ 대칭 ⇨ 모서리 ⇨ 거리 3 ⇨ 확인

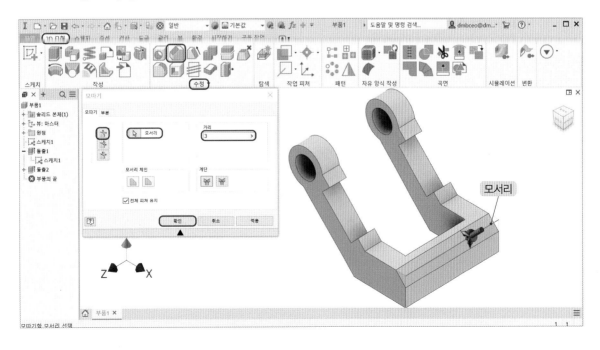

### (4) 텍스트

앞면에 스케치를 생성한다.

스케치 ⇨ 작성 ⇨ 텍스트 ⇨ 굴림체 6mm ⇨ 10 ⇨ 확인 ⇨ 스케치 종료

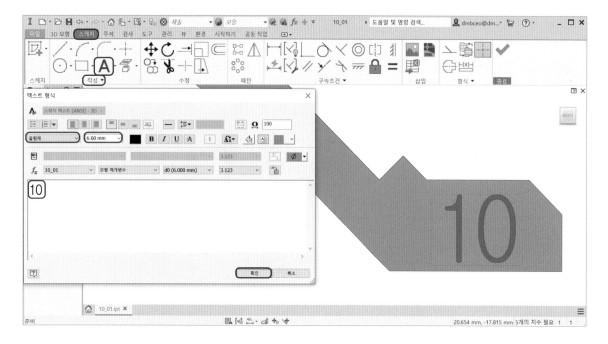

### (5) 엠보싱하기

3D 모형 ⇨ 작성 ⇨ 엠보싱 ⇨ 프로파일 ⇨ 깊이 : 0.5 ⇨ 면으로부터 오목 ⇨ 벡터 방향 2 ⇨ 확인

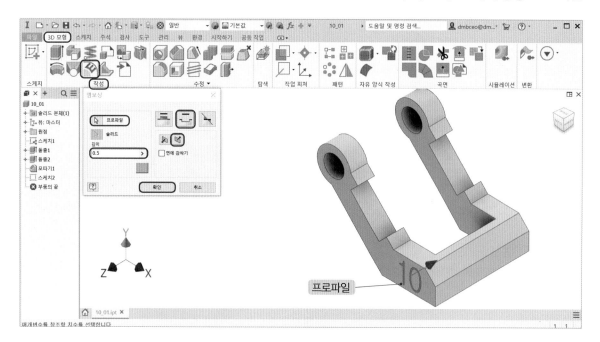

## (6) 파일 저장하기

파일 ⇨ 다른 이름으로 저장 ⇨ 3D프린터 모델링 ⇨ 파일 이름(N) : 10_01 ⇨ 파일 형식(T) : Autodesk inventor 부품( * .ipt) ⇨ 저장

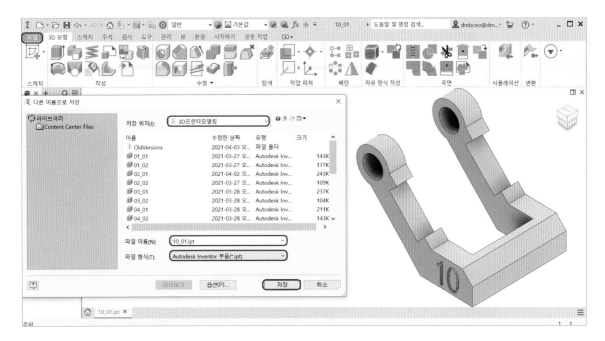

## (7) STP 파일 저장하기

파일 ⇨ 내보내기 ⇨ CAD 형식 ⇨ 3D프린터 모델링 ⇨ 파일 이름(N) : 10_01 ⇨ 파일 형식(T) : STEP 파일( * .stp; * .ste; * .step; * .stpz) ⇨ 저장

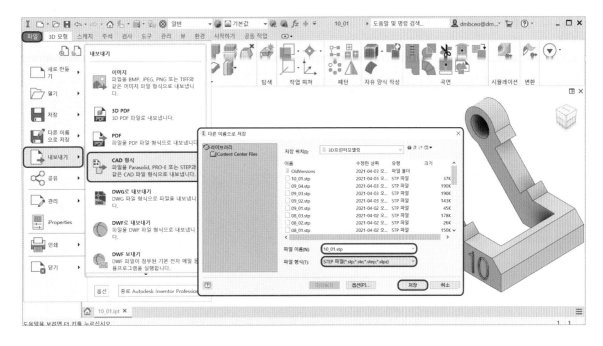

## 2 2번 부품 모델링하기

### (1) 스케치하기 1

XY 평면에 그림과 같이 스케치하고 치수를 입력한다. 구속조건은 원의 중심점을 원점에 일치 구속한다.

**TIP>>**

치수 5는 상호 움직임이 발생하는 부위의 치수 A이다.

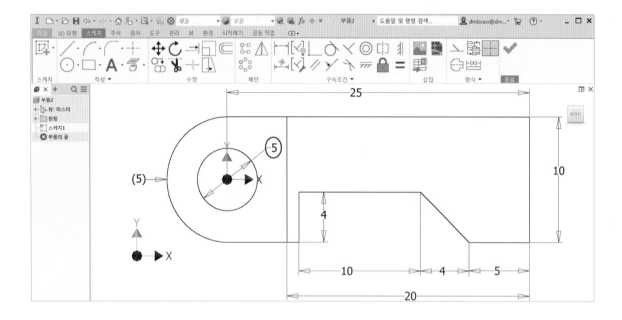

### (2) 대칭 돌출하기

3D 모형 ⇨ 작성 ⇨ 돌출 ⇨ 입력 형상 ⇨ 프로파일 ⇨ 동작 ⇨ 방향 : 대칭 ⇨ 거리 32 ⇨ 확인

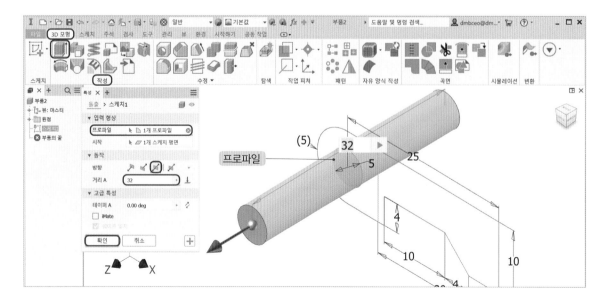

3D 모형 ⇨ 작성 ⇨ 돌출 ⇨ 입력 형상 ⇨ 프로파일 ⇨ 동작 ⇨ 방향 : 대칭 ⇨ 거리 17 ⇨ 출력 ⇨ 부울 : 접합 ⇨ 확인

**TIP>>**

1. 모형 탐색기 돌출 아래 스케치를 오른쪽 클릭하여 팝업창에서 가시성을 체크하여 돌출한다.
2. 돌출 거리 17은 상호 움직임이 발생하는 부위의 치수 B이다.

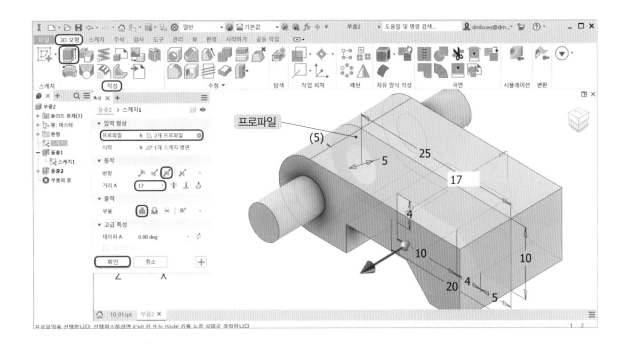

3D 모형 ⇨ 작성 ⇨ 돌출 ⇨ 입력 형상 ⇨ 프로파일 ⇨ 동작 ⇨ 방향 : 대칭 ⇨ 거리 8 ⇨ 출력 ⇨ 부울 : 잘라내기 ⇨ 확인

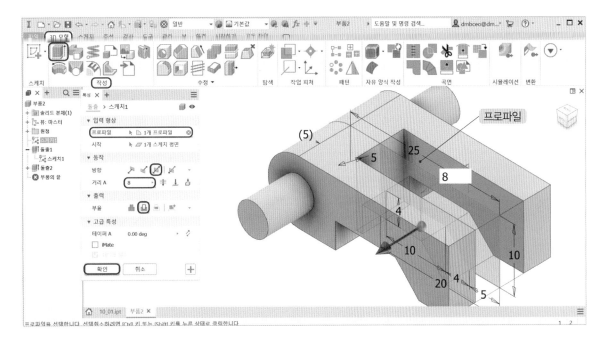

### (3) 모따기하기

3D 모형 ⇨ 수정 ⇨ 모따기 ⇨ 대칭 ⇨ 모서리 ⇨ 거리 3 ⇨ 확인

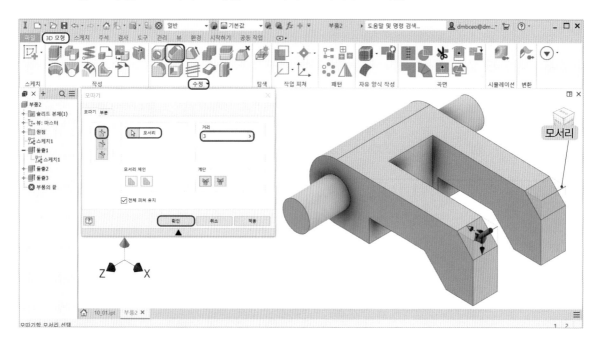

### (4) 파일 저장하기

파일 ⇨ 다른 이름으로 저장 ⇨ 3D프린터 모델링 ⇨ 파일 이름(N) : 10_02 ⇨ 파일 형식(T) : Autodesk inventor 부품( * .ipt) ⇨ 저장

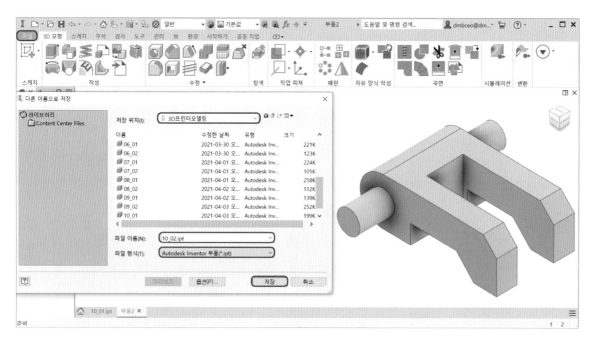

## (5) STP 파일 저장하기

파일 ⇨ 내보내기 ⇨ CAD 형식 ⇨ 3D프린터 모델링 ⇨ 파일 이름(N) : 10_02 ⇨ 파일 형식(T) : STEP 파일( * .stp; * .ste; * .step; * .stpz) ⇨ 저장

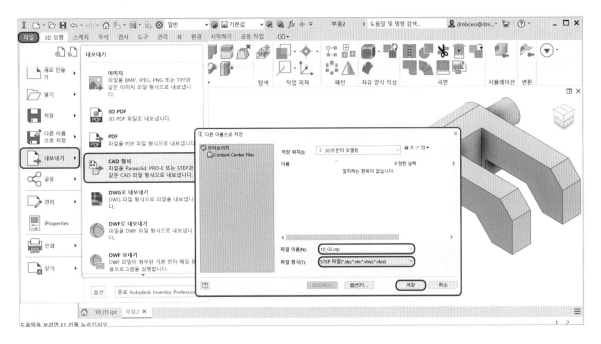

### 3 조립하기

## (1) 조립 시작하기

시작하기 ⇨ 시작 ⇨ 새로 만들기 ⇨ 조립품−2D 및 3D 구성요소 조립 : Standard.iam ⇨ 작성

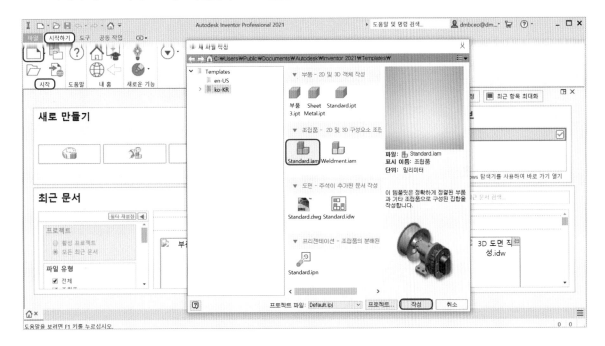

## (2) 1번 부품 불러 배치하기

조립 ⇨ 구성요소 ⇨ 배치 ⇨ 찾는 위치 : 3D프린터 모델링 ⇨ 이름 : 10_01 ⇨ 열기

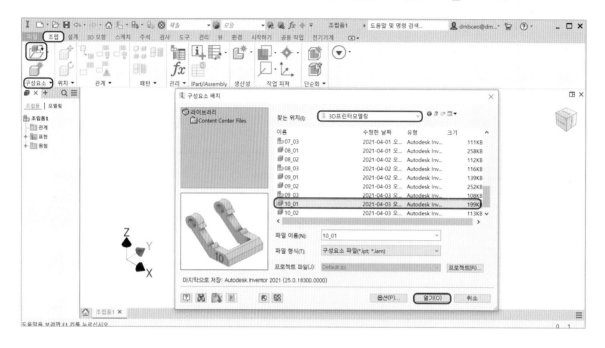

마우스 오른쪽 클릭 ⇨ X를 90° 회전 ⇨ 1번 부품 배치 위치에서 클릭

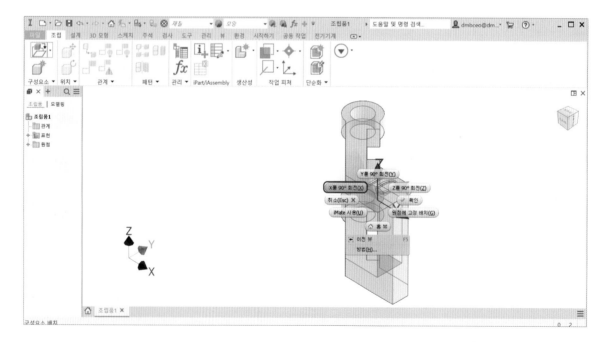

## (3) 2번 부품 불러 배치하기

조립 ⇨ 구성요소 ⇨ 배치 ⇨ 찾는 위치 : 3D프린터 모델링 ⇨ 이름 : 10_02 ⇨ 열기

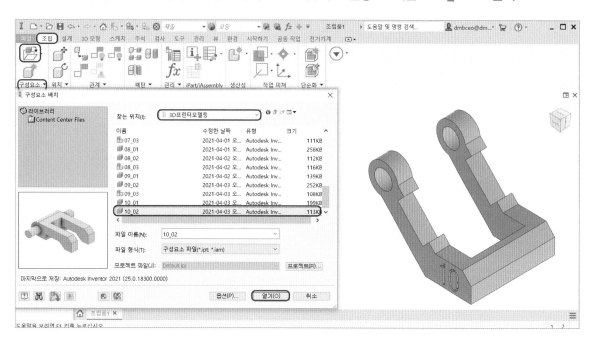

마우스 오른쪽 클릭 ⇨ X를 90° 회전 ⇨ 2번 부품 배치 위치에서 클릭

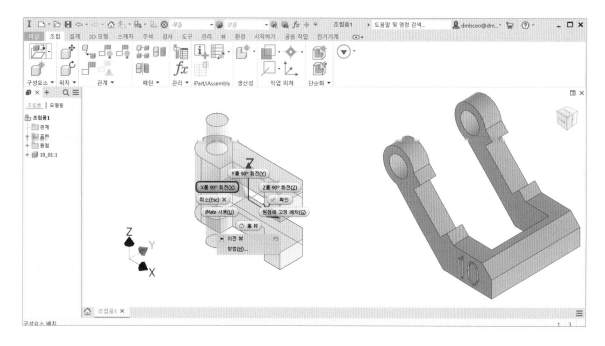

## (4) 구속하기

조립 ⇨ 관계 ⇨ 구속 ⇨ 유형 : 메이트 ⇨ 솔루션 : 메이트 ⇨ 선택 1(2번 부품의 축선) ⇨ 선택 2(1번 부품의 축선) ⇨ 확인

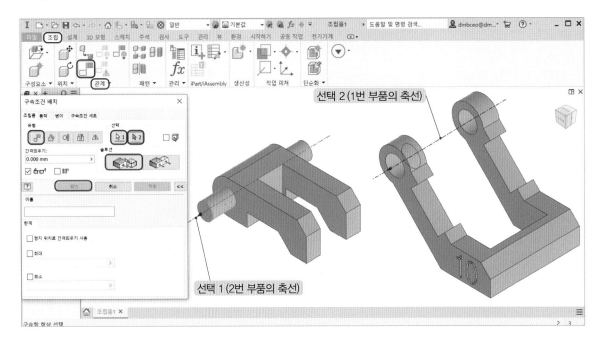

조립 ⇨ 관계 ⇨ 구속 ⇨ 유형 : 메이트 ⇨ 솔루션 : 메이트 ⇨ 선택 1(2번 부품의 면) ⇨ 간격띄우기 : 0.5

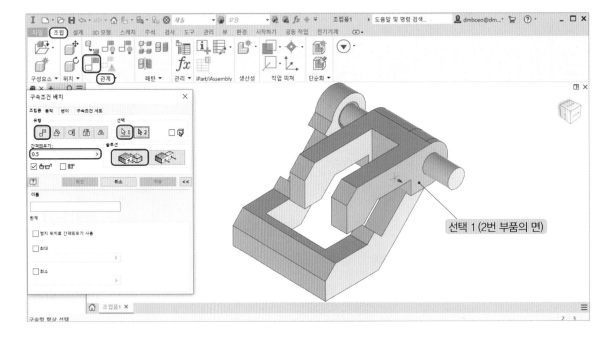

솔루션 : 메이트 ⇨ 선택 2(1번 부품의 면) ⇨ 간격띄우기 : 0.5 ⇨ 확인

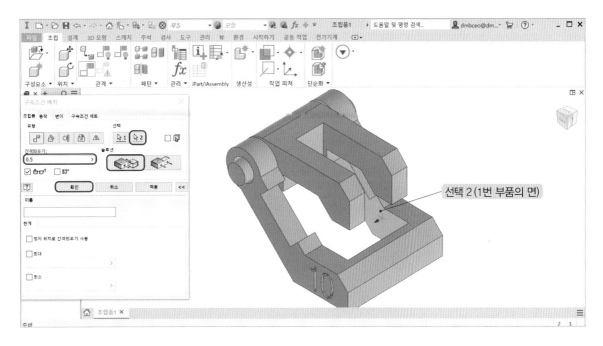

## (5) 파일 저장하기

파일 ⇨ 다른 이름으로 저장 ⇨ 3D프린터 모델링 ⇨ 파일 이름(N) : 10_03 ⇨ 파일 형식(T) :
Autodesk inventor 조립품( * .iam) ⇨ 저장

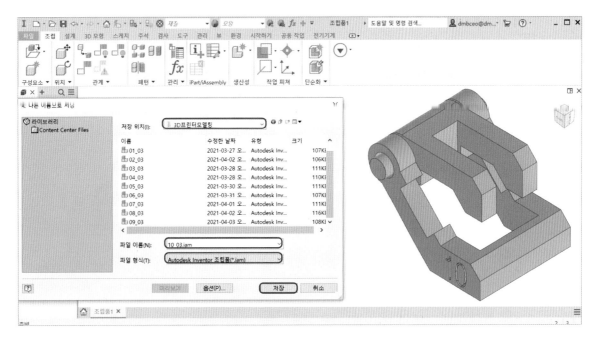

## (6) STP 파일 저장하기

파일 ⇨ 내보내기 ⇨ CAD 형식 ⇨ 3D프린터 모델링 ⇨ 파일 이름(N) : 10_03 ⇨ 파일 형식(T) : STEP 파일( * .stp; * .ste; * .step; * .stpz) ⇨ 저장

## (7) STL 파일 저장하기

파일 ⇨ 내보내기 ⇨ CAD 형식 ⇨ 3D프린터 모델링 ⇨ 파일 이름(N) : 10_04 ⇨ 파일 형식(T) : STL 파일( * .stl) ⇨ 저장

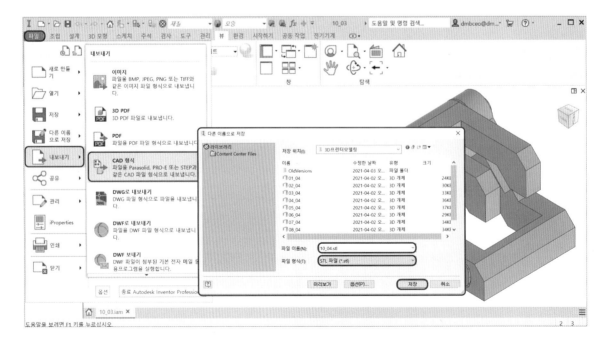

# 공개도면 ⑪

| 자격종목 | 3D프린터운용기능사 | [시험 1] 과제명 | 3D모델링 작업 | 척도 | NS |
|---|---|---|---|---|---|

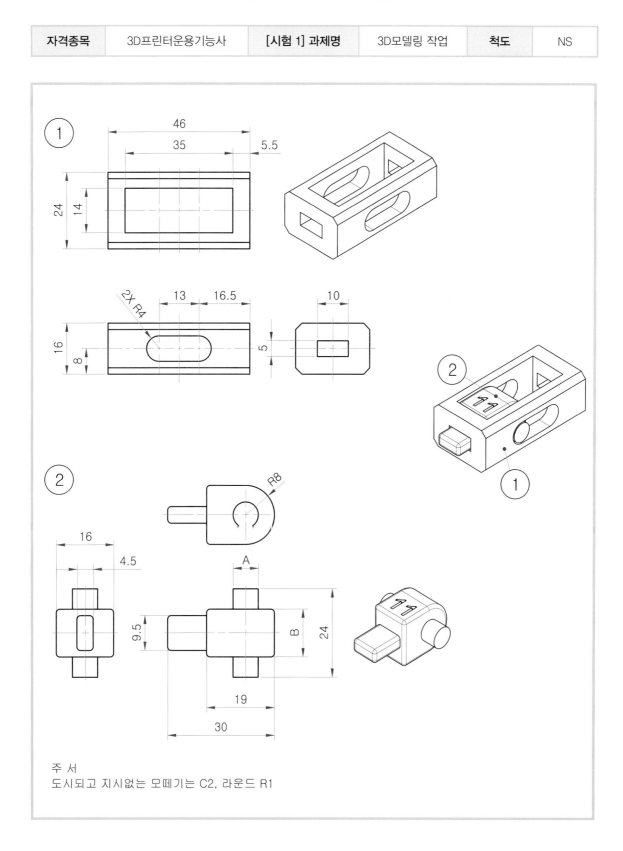

주 서
도시되고 지시없는 모떼기는 C2, 라운드 R1

## 11 · 3D프린터 모델링하기 11

### 1 1번 부품 모델링하기

#### (1) 스케치하기 1

ZY 평면에 그림과 같이 스케치하고 치수를 입력한다. 구속조건은 슬롯 중심점을 원점에 일치 구속한다.

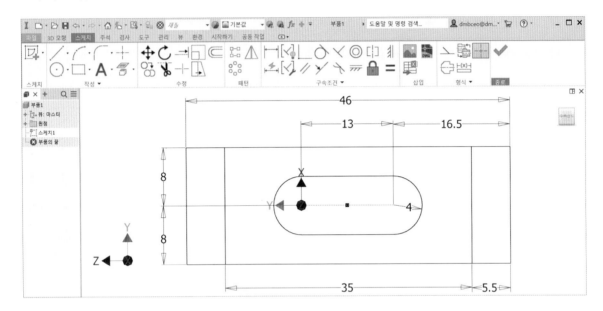

#### (2) 대칭 돌출하기

3D 모형 ⇨ 작성 ⇨ 돌출 ⇨ 입력 형상 ⇨ 프로파일 ⇨ 동작 ⇨ 방향 : 대칭 ⇨ 거리 24 ⇨ 확인

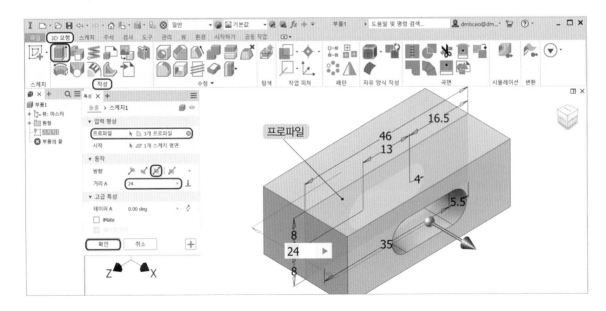

3D 모형 ⇨ 작성 ⇨ 돌출 ⇨ 입력 형상 ⇨ 프로파일 ⇨ 동작 ⇨ 방향 : 대칭 ⇨ 거리 14 ⇨ 출력
⇨ 부울 : 잘라내기 ⇨ 확인

**TIP>>**
모형 탐색기 돌출 아래 스케치를 오른쪽 클릭하여 팝업창에서 가시성을 체크하여 돌출을 같은 방법으로 한다.

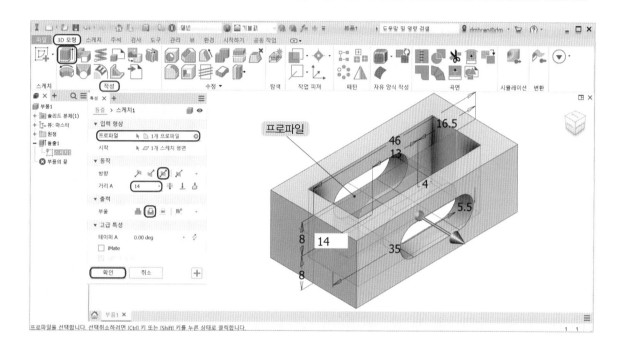

## (3) 스케치하기 1

앞쪽 평면에 그림과 같이 사각형을 스케치하고 치수를 입력한다.

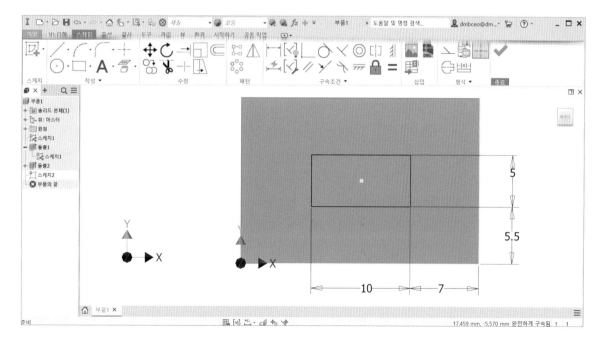

## (4) 돌출하기

3D 모형 ⇨ 작성 ⇨ 돌출 ⇨ 입력 형상 ⇨ 프로파일 ⇨ 동작 ⇨ 방향 : 반전 ⇨ 거리 46 ⇨ 출력 ⇨ 부울 : 잘라내기 ⇨ 확인

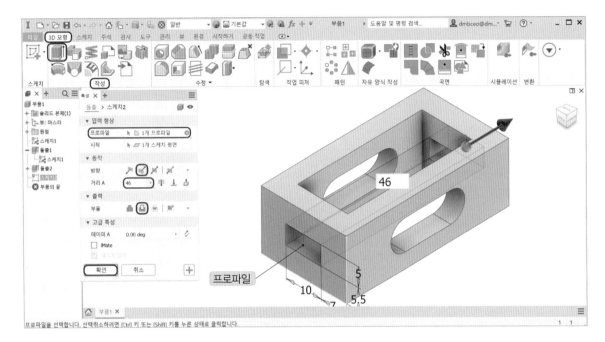

## (5) 모따기하기

3D 모형 ⇨ 수정 ⇨ 모따기 ⇨ 대칭 ⇨ 모서리 ⇨ 거리 2 ⇨ 확인

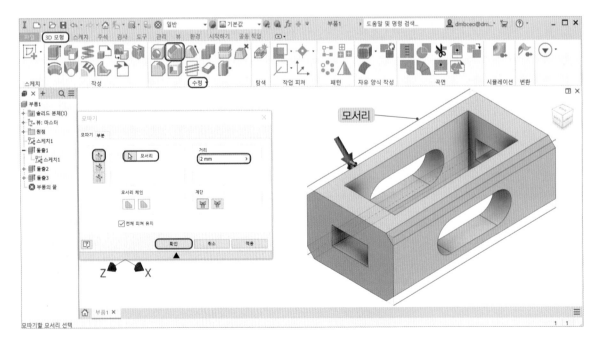

## (6) 파일 저장하기

파일 ⇨ 다른 이름으로 저장 ⇨ 3D프린터 모델링 ⇨ 파일 이름(N) : 11_01 ⇨ 파일 형식(T) :
Autodesk inventor 부품( * .ipt) ⇨ 저장

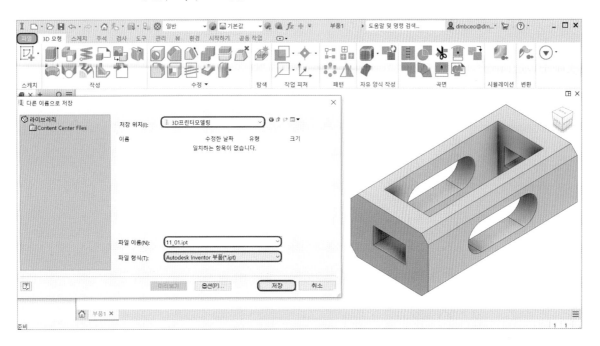

## (7) STP 파일 저장하기

파일 ⇨ 내보내기 ⇨ CAD 형식 ⇨ 3D프린터 모델링 ⇨ 파일 이름(N) : 11_01 ⇨ 파일 형식(T) :
STEP 파일( * .stp; * .ste; * .step; * .stpz) ⇨ 저장

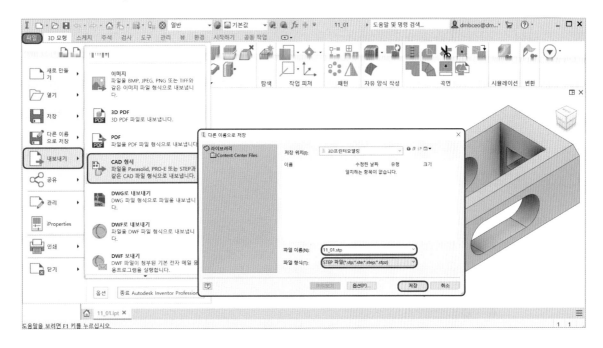

## 2 2번 부품 모델링하기

### (1) 스케치하기 1

ZY 평면에 그림과 같이 스케치하고 치수를 입력한다. 구속조건은 원의 중심점을 원점에 일치 구속한다.

**TIP>>**
치수 7은 상호 움직임이 발생하는 부위의 치수 A이다.

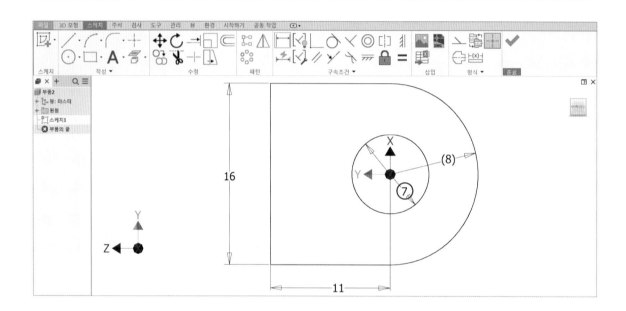

### (2) 대칭 돌출하기

3D 모형 ⇨ 작성 ⇨ 돌출 ⇨ 입력 형상 ⇨ 프로파일 ⇨ 동작 ⇨ 방향 : 대칭 ⇨ 거리 24 ⇨ 확인

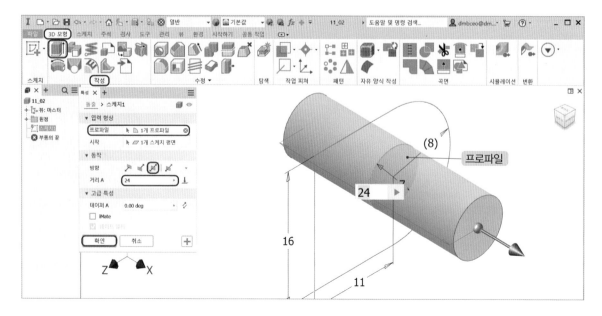

3D 모형 ⇨ 작성 ⇨ 돌출 ⇨ 입력 형상 ⇨ 프로파일 ⇨ 동작 ⇨ 방향 : 대칭 ⇨ 거리 13 ⇨ 출력 ⇨ 부울 : 접합 ⇨ 확인

**TIP>>**
1. 모형 탐색기 돌출 아래 스케치를 오른쪽 클릭하여 팝업창에서 가시성을 체크하여 돌출을 같은 방법으로 한다.
2. 돌출 거리 13은 상호 움직임이 발생하는 부위의 치수 B이다.

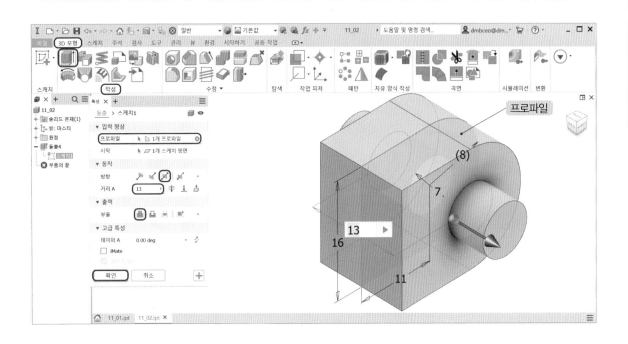

### (3) 스케치하기 1

앞쪽 평면에 그림과 같이 사각형을 스케치하고 치수를 입력한다.

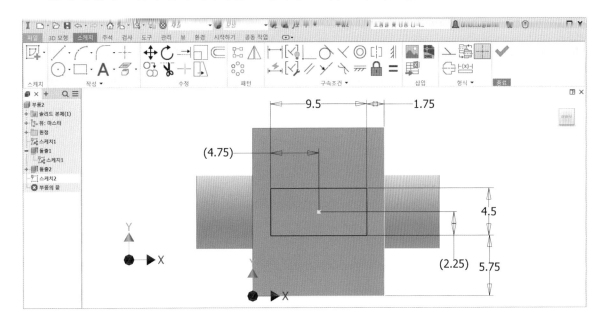

## (4) 돌출하기

3D 모형 ⇨ 작성 ⇨ 돌출 ⇨ 입력 형상 ⇨ 프로파일 ⇨ 동작 ⇨ 방향 : 기본값 ⇨ 거리 11 ⇨ 출력 ⇨ 부울 : 접합 ⇨ 확인

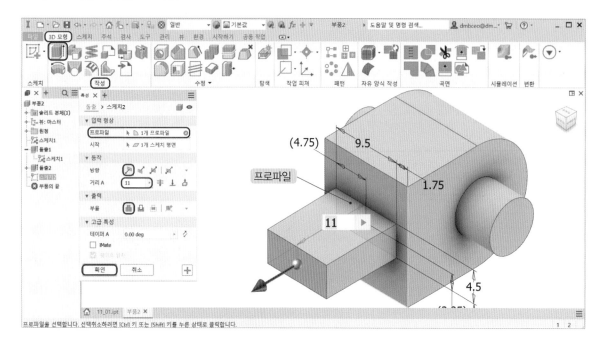

## (5) 모깎기

3D 모형 ⇨ 수정 ⇨ 모서리 모깎기 ⇨ 상수 ⇨ 모서리 ⇨ 반지름 1 ⇨ 확인

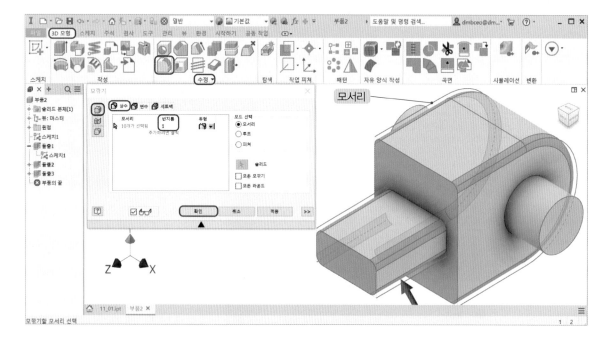

3D 모형 ➪ 수정 ➪ 모서리 모깎기 ➪ 상수 ➪ 모서리 ➪ 반지름 1 ➪ 확인

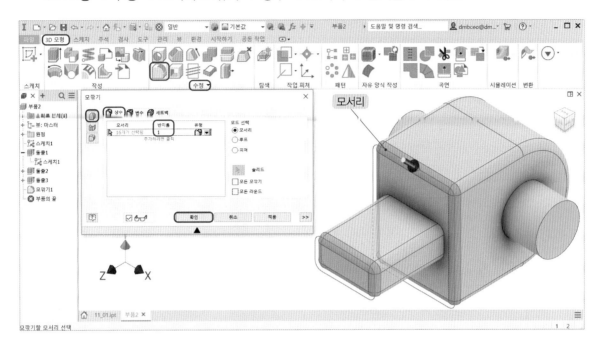

### (6) 텍스트

위쪽 평면에 스케치를 생성한다.

스케치 ➪ 작성 ➪ 텍스트 ➪ 굴림체 7mm ➪ 11 ➪ 확인 ➪ 스케치 종료

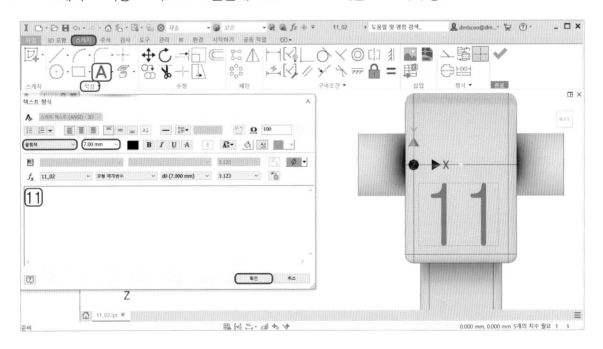

## (7) 엠보싱하기

3D 모형 ⇨ 작성 ⇨ 엠보싱 ⇨ 프로파일 ⇨ 깊이 : 0.5 ⇨ 면으로부터 오목 ⇨ 벡터 방향 2 ⇨ 확인

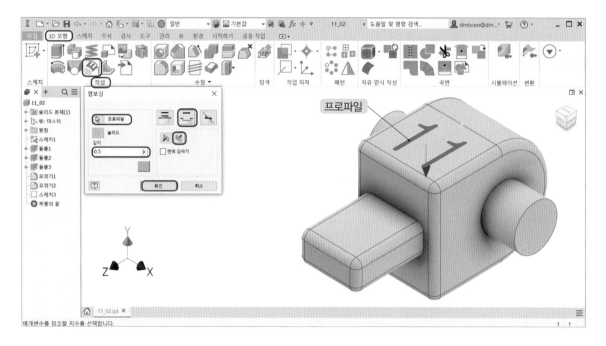

## (8) 파일 저장하기

파일 ⇨ 다른 이름으로 저장 ⇨ 3D프린터 모델링 ⇨ 파일 이름(N) : 11_02 ⇨ 파일 형식(T) : Autodesk inventor 부품( * .ipt) ⇨ 저장

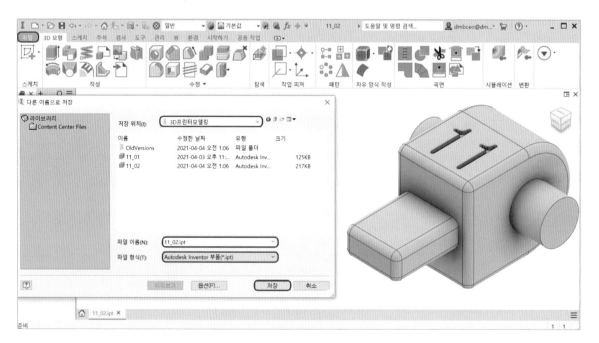

### (9) STP 파일 저장하기

파일 ⇨ 내보내기 ⇨ CAD 형식 ⇨ 3D프린터 모델링 ⇨ 파일 이름(N) : 11_02 ⇨ 파일 형식(T) : STEP 파일( * .stp; * .ste; * .step; * .stpz) ⇨ 저장

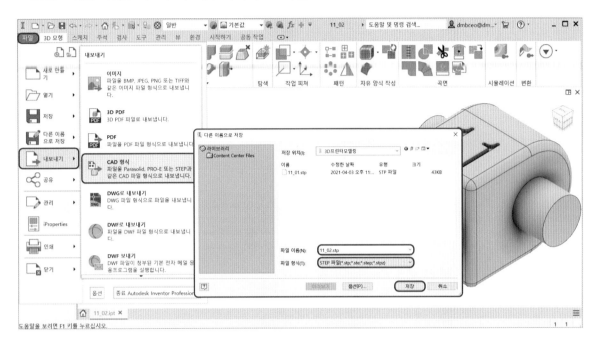

## 3 조립하기

### (1) 조립 시작하기

시작하기 ⇨ 시작 ⇨ 새로 만들기 ⇨ 조립품–2D 및 3D 구성요소 조립 : Standard.iam ⇨ 작성

## (2) 1번 부품 불러 배치하기

조립 ⇨ 구성요소 ⇨ 배치 ⇨ 찾는 위치 : 3D프린터 모델링 ⇨ 이름 : 11_01 ⇨ 열기

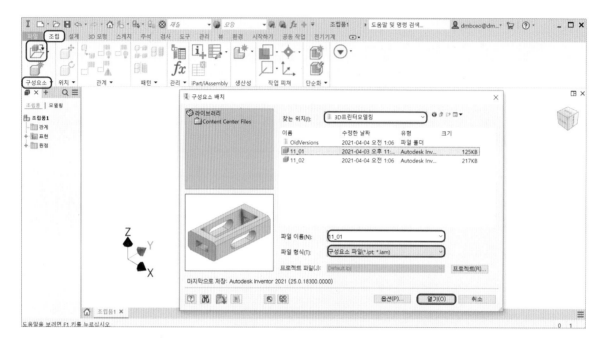

마우스 오른쪽 클릭 ⇨ X를 90° 회전 ⇨ 1번 부품 배치 위치에서 클릭

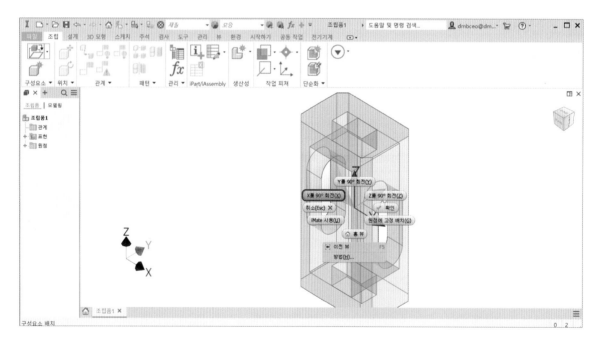

## (3) 2번 부품 불러 배치하기

조립 ⇨ 구성요소 ⇨ 배치 ⇨ 찾는 위치 : 3D프린터 모델링 ⇨ 이름 : 11_02 ⇨ 열기

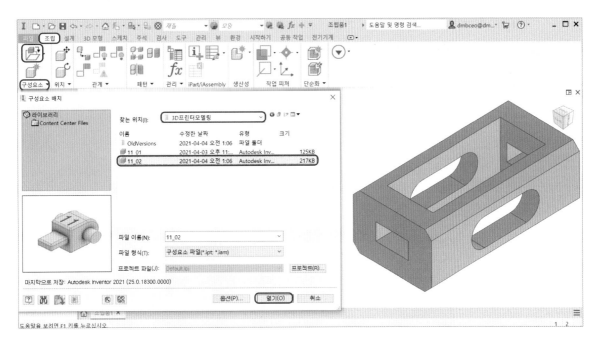

마우스 오른쪽 클릭 ⇨ X를 90° 회전 ⇨ 2번 부품 배치 위치에서 클릭

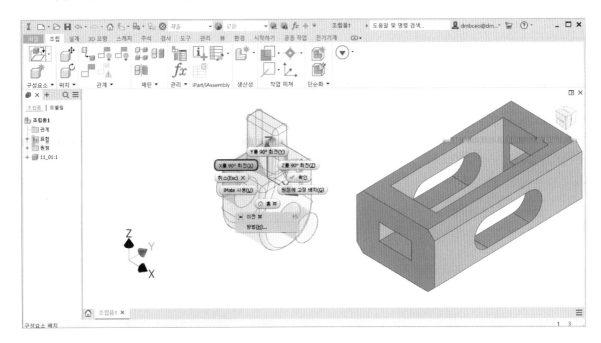

### (4) 구속하기

조립 ⇨ 관계 ⇨ 구속 ⇨ 유형 : 메이트 ⇨ 솔루션 : 플러시 ⇨ 선택 1(2번 부품의 면) ⇨ 선택 2(1번 부품의 면) ⇨ 간격띄우기 : 0 ⇨ 확인

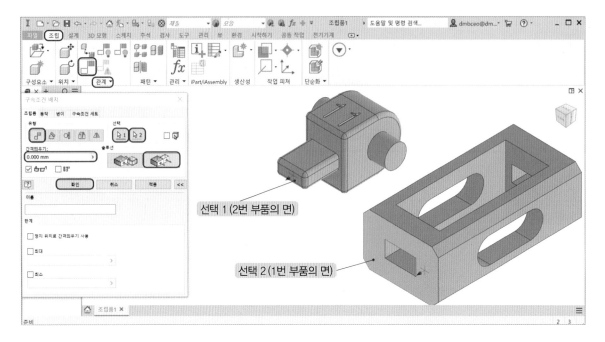

조립 ⇨ 관계 ⇨ 구속 ⇨ 유형 : 메이트 ⇨ 솔루션 : 플러시 ⇨ 선택 1(2번 부품의 면) ⇨ 선택 2(1번 부품의 면) ⇨ 간격띄우기 : 0 ⇨ 확인

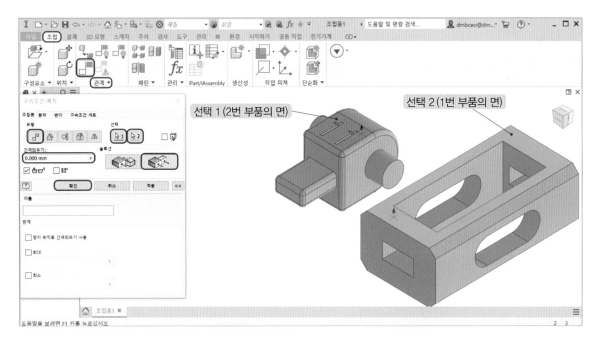

조립 ⇨ 관계 ⇨ 구속 ⇨ 유형 : 메이트 ⇨ 솔루션 : 메이트 ⇨ 선택 1(2번 부품의 면) ⇨ 간격띄우기 : 0.5

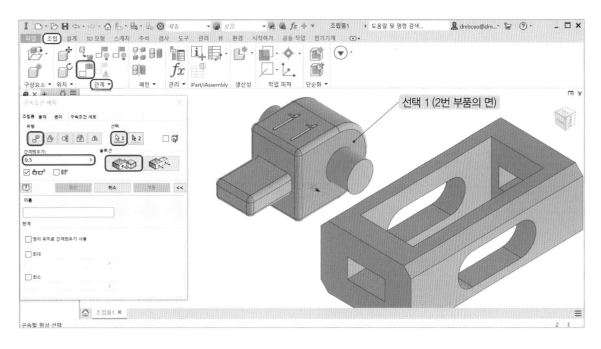

솔루션 : 메이트 ⇨ 선택 2(1번 부품의 면) ⇨ 간격띄우기 : 0.5 ⇨ 확인

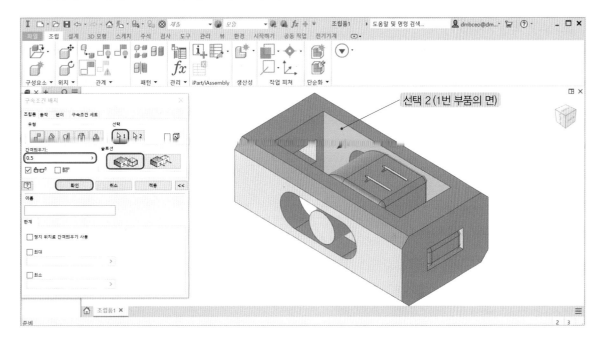

## (5) 파일 저장하기

파일 ⇨ 다른 이름으로 저장 ⇨ 3D프린터 모델링 ⇨ 파일 이름(N) : 11_03 ⇨ 파일 형식(T) : Autodesk inventor 조립품( * .iam) ⇨ 저장

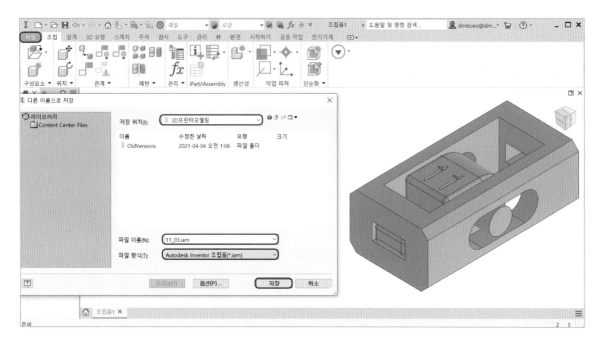

## (6) STP 파일 저장하기

파일 ⇨ 내보내기 ⇨ CAD 형식 ⇨ 3D프린터 모델링 ⇨ 파일 이름(N) : 11_03 ⇨ 파일 형식(T) : STEP 파일( * .stp; * .ste; * .step; * .stpz) ⇨ 저장

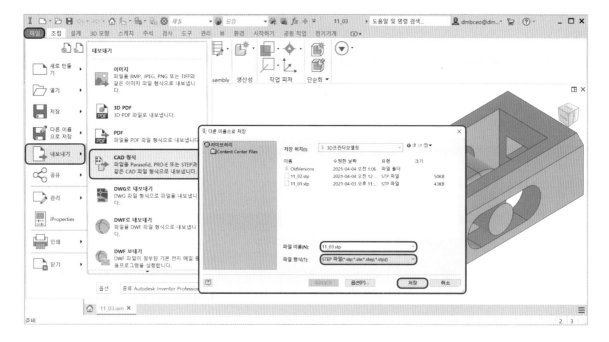

## (7) STL 파일 저장하기

파일 ⇨ 내보내기 ⇨ CAD 형식 ⇨ 3D프린터 모델링 ⇨ 파일 이름(N) : 11_04 ⇨ 파일 형식(T) : STL 파일( * .stl) ⇨ 저장

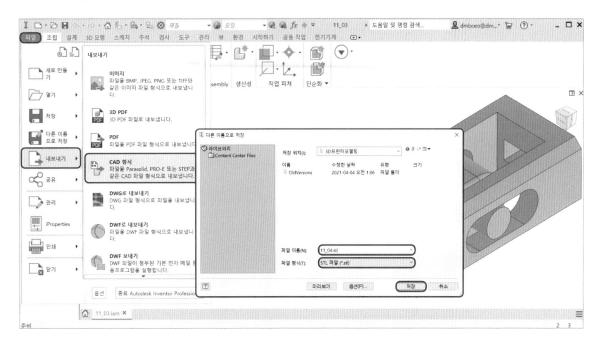

# 공개도면 ⑫

| 자격종목 | 3D프린터운용기능사 | [시험 1] 과제명 | 3D모델링 작업 | 척도 | NS |
|---|---|---|---|---|---|

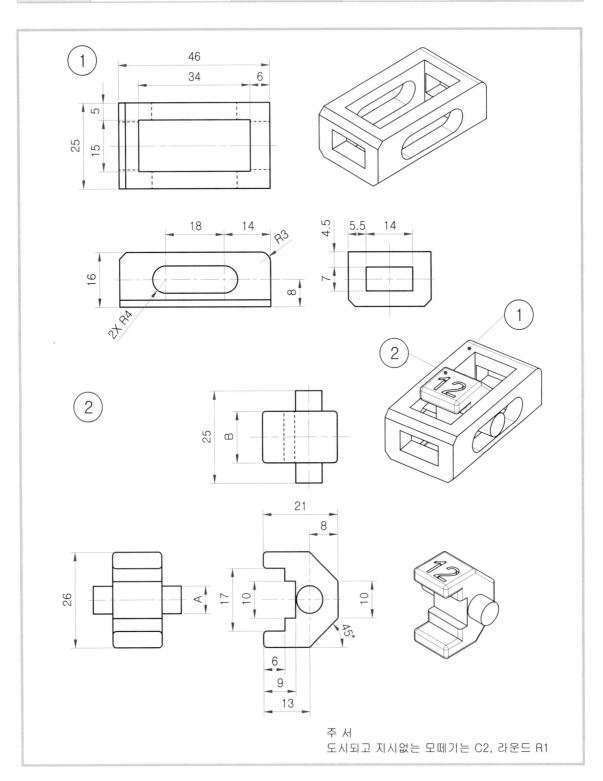

주 서
도시되고 지시없는 모떼기는 C2, 라운드 R1

## 12  3D프린터 모델링하기 12

### 1  1번 부품 모델링하기

#### (1) 스케치하기 1

ZY 평면에 그림과 같이 스케치하고 치수를 입력한다. 구속조건은 슬롯의 중심점을 원점에 일치 구속한다.

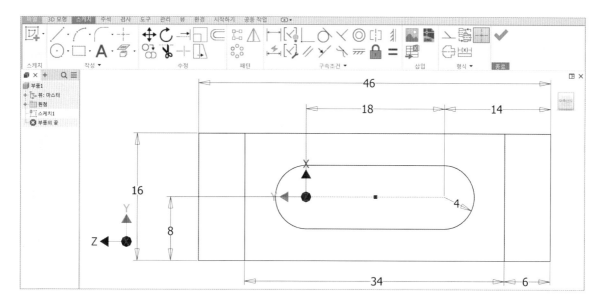

#### (2) 돌출하기

3D 모형 ⇨ 작성 ⇨ 돌출 ⇨ 입력 형상 ⇨ 프로파일 ⇨ 동작 ⇨ 방향 : 대칭 ⇨ 거리 25 ⇨ 확인

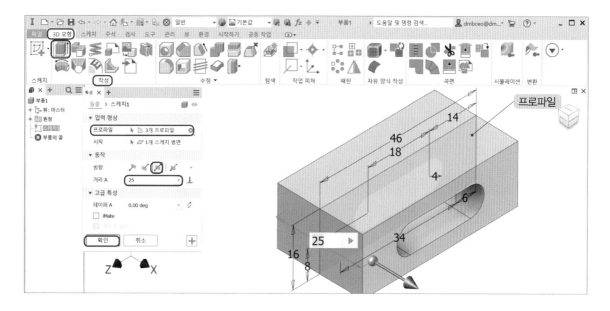

3D 모형 ⇨ 작성 ⇨ 돌출 ⇨ 입력 형상 ⇨ 프로파일 ⇨ 동작 ⇨ 방향 : 대칭 ⇨ 거리 15 ⇨ 출력 ⇨ 부울 : 잘라내기 ⇨ 확인

**TIP>>**

모형 탐색기 돌출 아래 스케치를 오른쪽 클릭하여 팝업창에서 가시성을 체크하여 돌출을 같은 방법으로 한다.

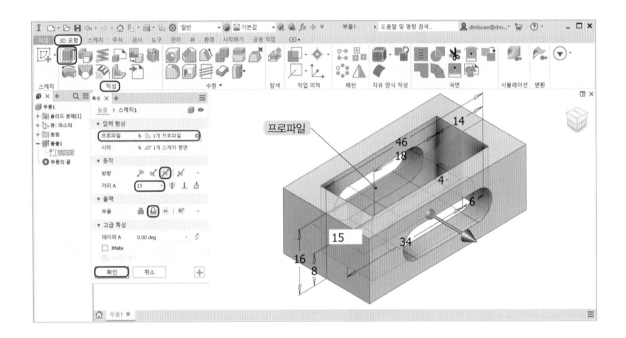

## (3) 스케치하기 1

앞쪽 평면에 그림과 같이 사각형을 스케치하고 치수를 입력한다.

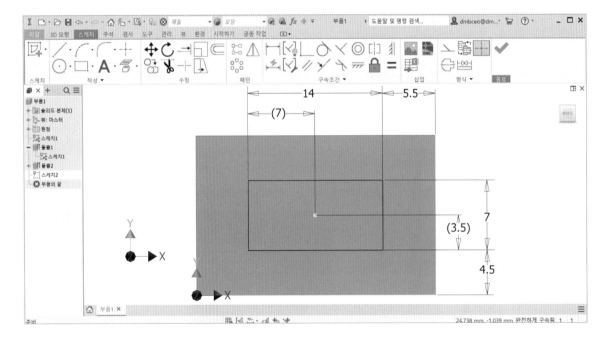

## (4) 돌출하기

3D 모형 ⇨ 작성 ⇨ 돌출 ⇨ 입력 형상 ⇨ 프로파일 ⇨ 동작 ⇨ 방향 : 반전 ⇨ 거리 46 ⇨ 출력 ⇨ 부울 : 잘라내기 ⇨ 확인

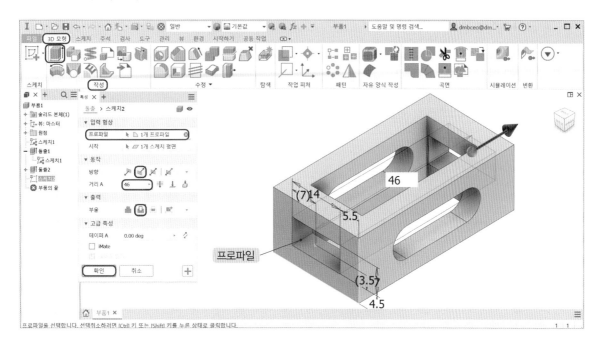

## (5) 모깎기

3D 모형 ⇨ 수정 ⇨ 모서리 모깎기 ⇨ 상수 ⇨ 모서리 ⇨ 반지름 3 ⇨ 확인

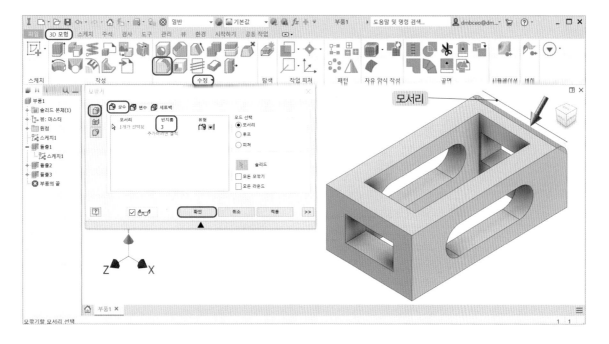

## (6) 모따기하기

3D 모형 ⇨ 수정 ⇨ 모따기 ⇨ 대칭 ⇨ 모서리 ⇨ 거리 2 ⇨ 확인

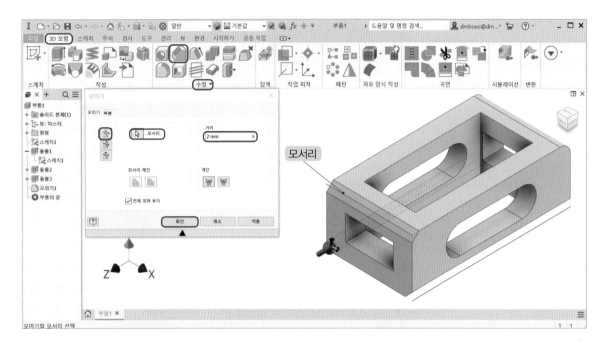

## (7) 파일 저장하기

파일 ⇨ 다른 이름으로 저장 ⇨ 3D프린터 모델링 ⇨ 파일 이름(N) : 12_01 ⇨ 파일 형식(T) : Autodesk inventor 부품( * .ipt) ⇨ 저장

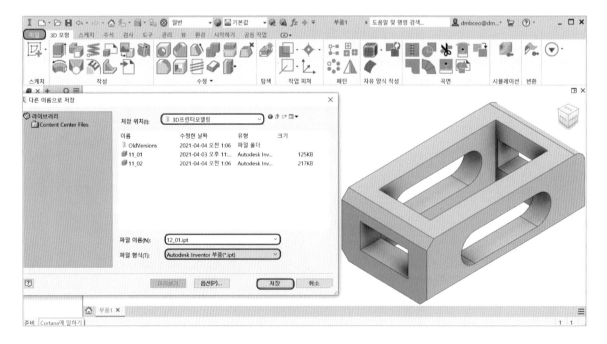

### (8) STP 파일 저장하기

파일 ⇨ 내보내기 ⇨ CAD 형식 ⇨ 3D프린터 모델링 ⇨ 파일 이름(N) : 12_01 ⇨ 파일 형식(T) : STEP 파일( * .stp; * .ste; * .step; * .stpz) ⇨ 저장

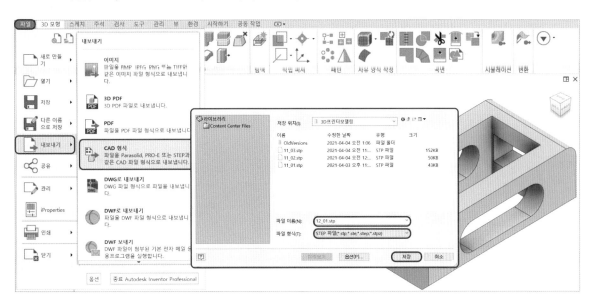

## 2 2번 부품 모델링하기

### (1) 스케치하기 1

ZY 평면에 그림과 같이 스케치하고 치수를 입력한다. 구속조건은 원의 중심점을 원점에 일치 구속한다.

**TIP>>**
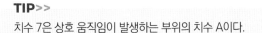
치수 7은 상호 움직임이 발생하는 부위의 치수 A이다.

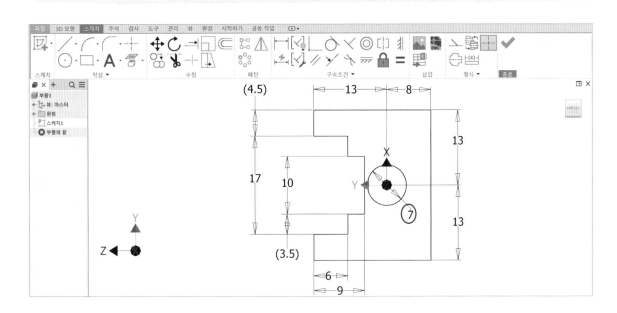

## (2) 대칭 돌출하기

3D 모형 ⇨ 작성 ⇨ 돌출 ⇨ 입력 형상 ⇨ 프로파일 ⇨ 동작 ⇨ 방향 : 대칭 ⇨ 거리 25 ⇨ 확인

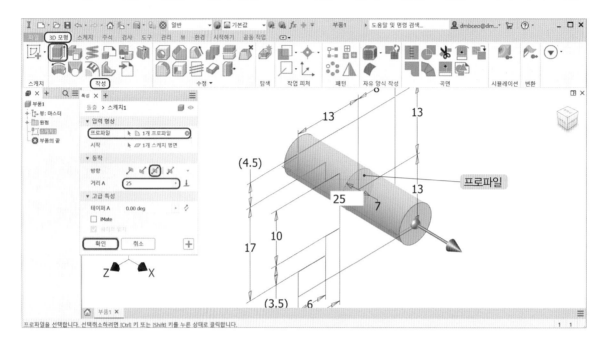

3D 모형 ⇨ 작성 ⇨ 돌출 ⇨ 입력 형상 ⇨ 프로파일 ⇨ 동작 ⇨ 방향 : 대칭 ⇨ 거리 14 ⇨ 출력 ⇨ 부울 : 접합 ⇨ 확인

**TIP>>**

1. 모형 탐색기 돌출 아래 스케치를 오른쪽 클릭하여 팝업창에서 가시성을 체크하여 돌출한다.
2. 돌출 거리 14는 상호 움직임이 발생하는 부위의 치수 B이다.

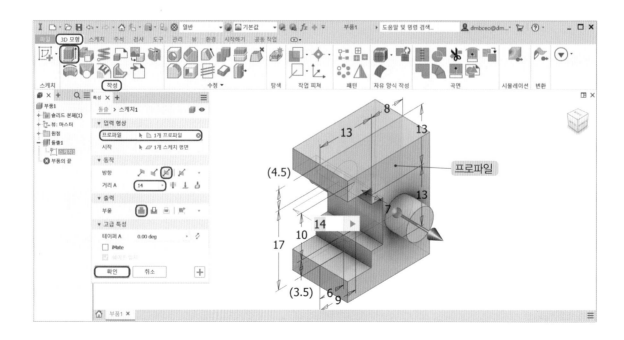

## (3) 모따기하기

3D 모형 ⇨ 수정 ⇨ 모따기 ⇨ 대칭 ⇨ 모서리 ⇨ 거리 8 ⇨ 확인

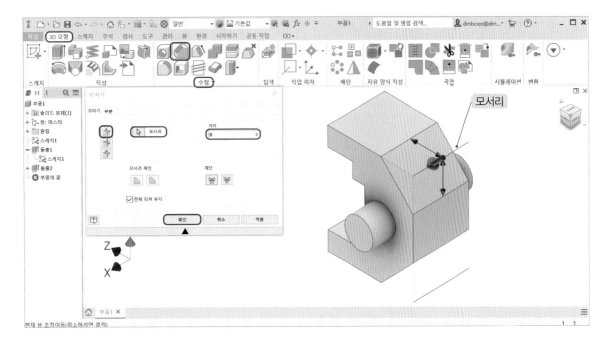

## (4) 모깎기

3D 모형 ⇨ 수정 ⇨ 모서리 모깎기 ⇨ 상수 ⇨ 모서리 ⇨ 반지름 1 ⇨ 확인

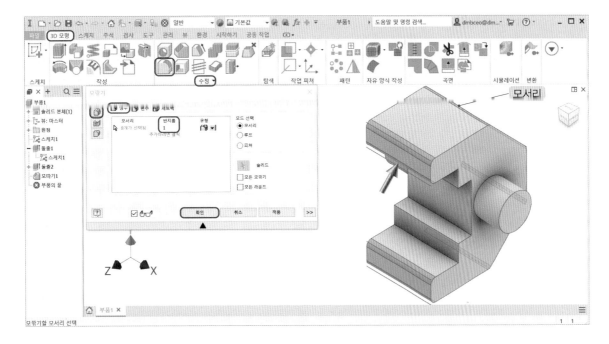

3D 모형 ⇨ 수정 ⇨ 모서리 모깎기 ⇨ 상수 ⇨ 모서리 ⇨ 반지름 1 ⇨ 확인

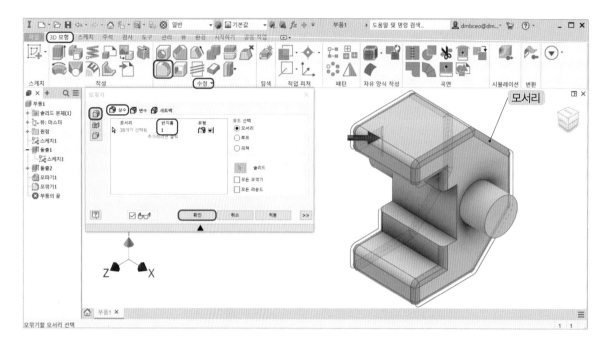

## (5) 텍스트

앞면에 스케치를 생성한다.

스케치 ⇨ 작성 ⇨ 텍스트 ⇨ 굴림체 8mm ⇨ 12 ⇨ 확인 ⇨ 스케치 종료

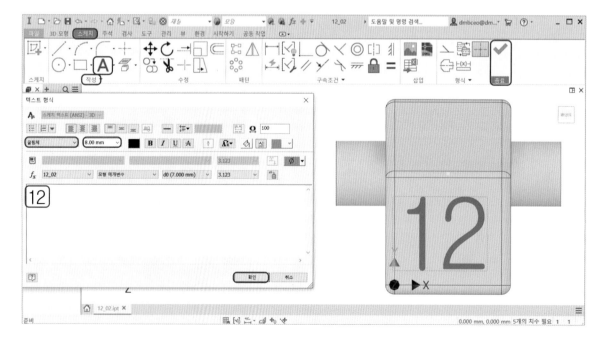

## (6) 엠보싱하기

3D 모형 ⇨ 작성 ⇨ 엠보싱 ⇨ 프로파일 ⇨ 깊이 : 0.5 ⇨ 면으로부터 오목 ⇨ 벡터 방향 2 ⇨ 확인

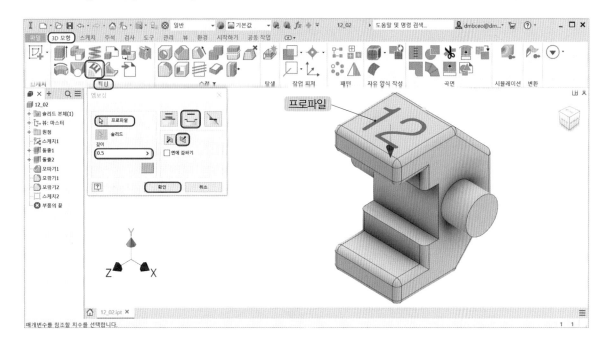

## (7) 파일 저장하기

파일 ⇨ 다른 이름으로 저장 ⇨ 3D프린터 모델링 ⇨ 파일 이름(N) : 12_02 ⇨ 파일 형식(T) : Autodesk inventor 부품( * .ipt) ⇨ 저장

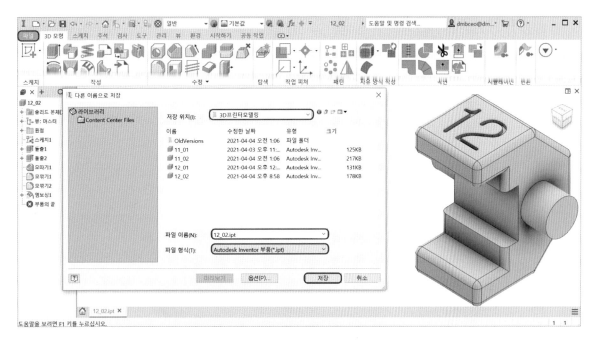

### (8) STP 파일 저장하기

파일 ⇨ 내보내기 ⇨ CAD 형식 ⇨ 3D프린터 모델링 ⇨ 파일 이름(N) : 12_02 ⇨ 파일 형식(T) : STEP 파일( * .stp; * .ste; * .step; * .stpz) ⇨ 저장

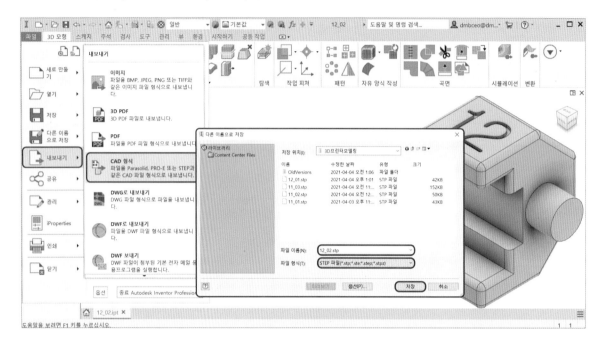

## 3 조립하기

### (1) 조립 시작하기

시작하기 ⇨ 시작 ⇨ 새로 만들기 ⇨ 조립품−2D 및 3D 구성요소 조립 : Standard.iam ⇨ 작성

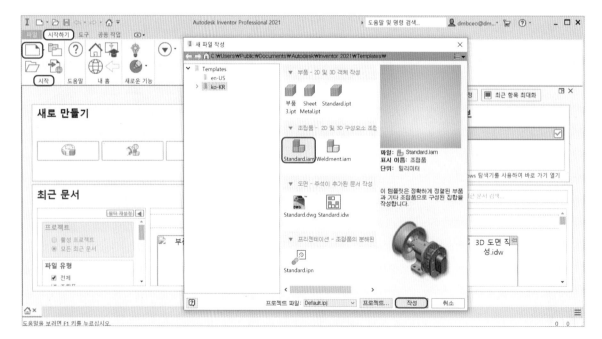

## (2) 1번 부품 불러 배치하기

조립 ⇨ 구성요소 ⇨ 배치 ⇨ 찾는 위치 : 3D프린터 모델링 ⇨ 이름 : 12_01 ⇨ 열기

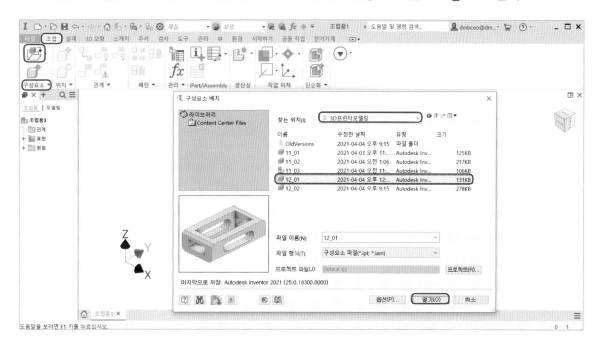

마우스 오른쪽 클릭 ⇨ X를 90° 회전 ⇨ 1번 부품 배치 위치에서 클릭

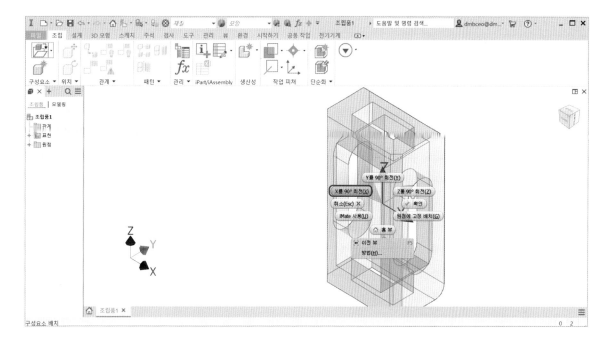

### (3) 2번 부품 불러 배치하기

조립 ⇨ 구성요소 ⇨ 배치 ⇨ 찾는 위치 : 3D프린터 모델링 ⇨ 이름 : 12_02 ⇨ 열기

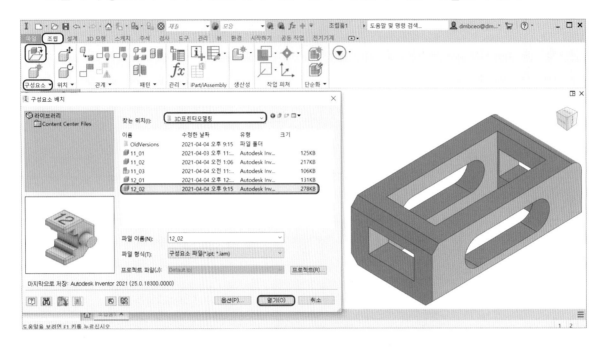

마우스 오른쪽 클릭 ⇨ X를 90° 회전 ⇨ 2번 부품 배치 위치에서 클릭

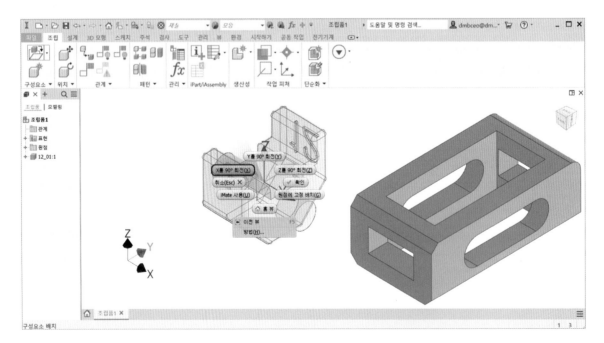

## (4) 구속하기

조립 ⇨ 관계 ⇨ 구속 ⇨ 유형 : 메이트 ⇨ 솔루션 : 메이트 ⇨ 선택 1(2번 부품의 축선) ⇨ 선택 2(1번 부품의 축선) ⇨ 확인

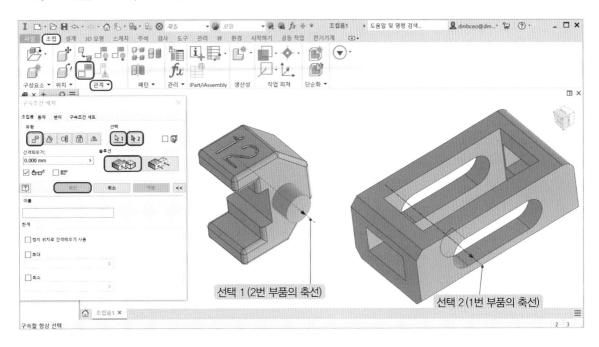

조립 ⇨ 관계 ⇨ 구속 ⇨ 유형 : 메이트 ⇨ 솔루션 : 메이트 ⇨ 선택 1(2번 부품의 면) ⇨ 간격띄우기 : 0.5

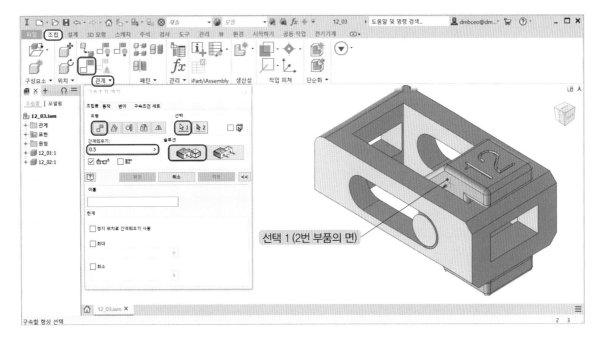

솔루션 : 메이트 ➡ 선택 2(1번 부품의 면) ➡ 간격띄우기 : 0.5 ➡ 확인

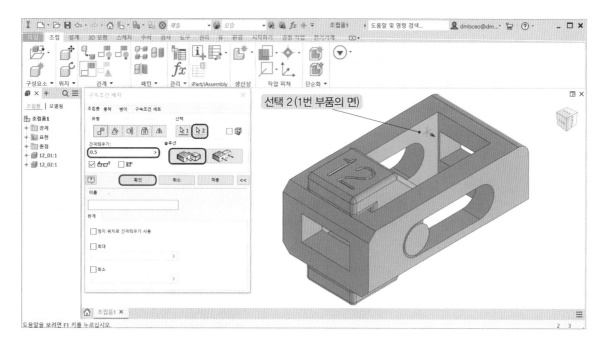

## (5) 파일 저장하기

파일 ➡ 다른 이름으로 저장 ➡ 3D프린터 모델링 ➡ 파일 이름(N) : 12_03 ➡ 파일 형식(T) : Autodesk inventor 조립품( * .iam) ➡ 저장

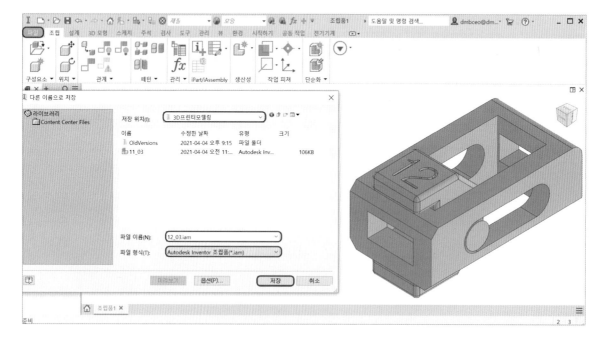

## (6) STP 파일 저장하기

파일 ⇨ 내보내기 ⇨ CAD 형식 ⇨ 3D프린터 모델링 ⇨ 파일 이름(N) : 12_03 ⇨ 파일 형식(T) : STEP 파일( * .stp; * .ste; * .step; * .stpz) ⇨ 저장

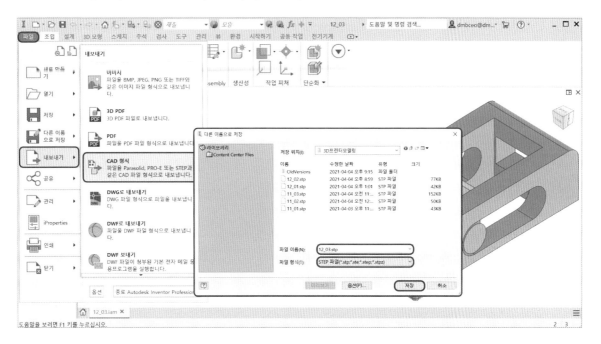

## (7) STL 파일 저장하기

파일 ⇨ 내보내기 ⇨ CAD 형식 ⇨ 3D프린터 모델링 ⇨ 파일 이름(N) : 12_04 ⇨ 파일 형식(T) : STL 파일( * .stl) ⇨ 저장

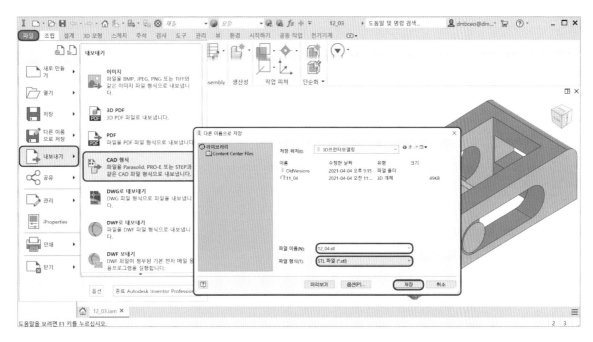

# 공 개 도 면 ⑬

| 자격종목 | 3D프린터운용기능사 | [시험 1] 과제명 | 3D모델링 작업 | 척도 | NS |
|---|---|---|---|---|---|

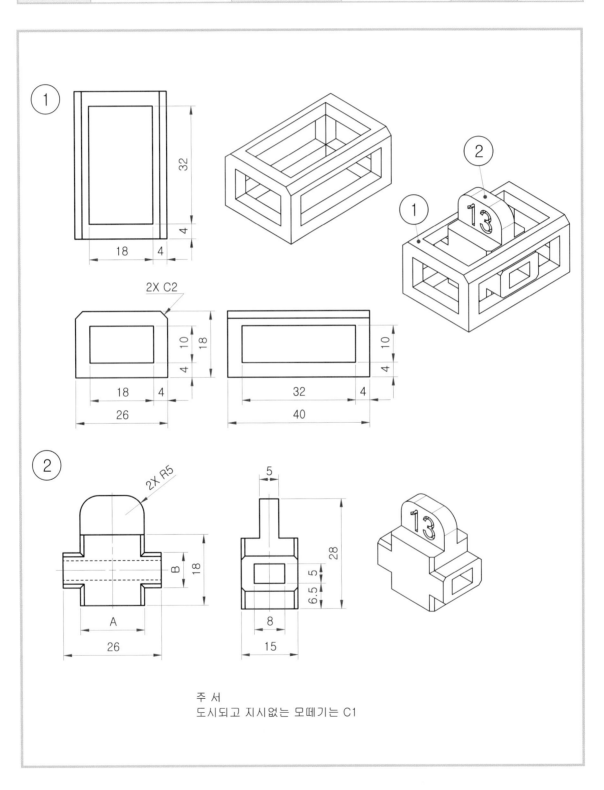

주 서
도시되고 지시없는 모떼기는 C1

## 13 3D프린터 모델링하기 13

### 1 1번 부품 모델링하기

#### (1) 스케치하기 1

ZY 평면에 그림과 같이 스케치하고 치수를 입력한다. 구속조건은 사각형 좌측 아래 끝점을 원점에 일치 구속한다.

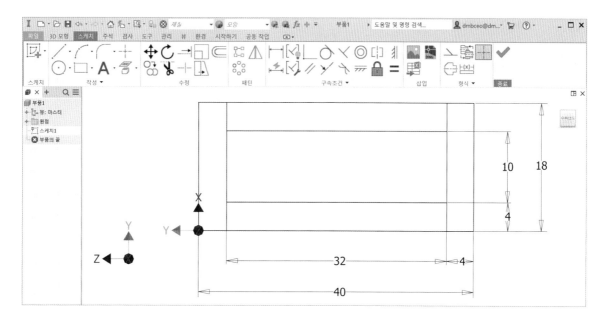

#### (2) 돌출하기

3D 모형 ⇨ 작성 ⇨ 돌출 ⇨ 입력 형상 ⤵ 프로파일 ⤵ 동작 ⤵ 방향 : 대칭 ⇨ 거리 20 ⤵ 확인

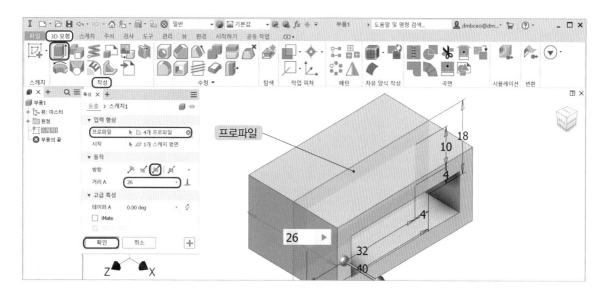

3D 모형 ⇨ 작성 ⇨ 돌출 ⇨ 입력 형상 ⇨ 프로파일 ⇨ 동작 ⇨ 방향 : 대칭 ⇨ 거리 18 ⇨ 출력 ⇨ 부울 : 잘라내기 ⇨ 확인

**TIP>>**
모형 탐색기 돌출 아래 스케치를 오른쪽 클릭하여 팝업창에서 가시성을 체크하여 돌출을 같은 방법으로 한다.

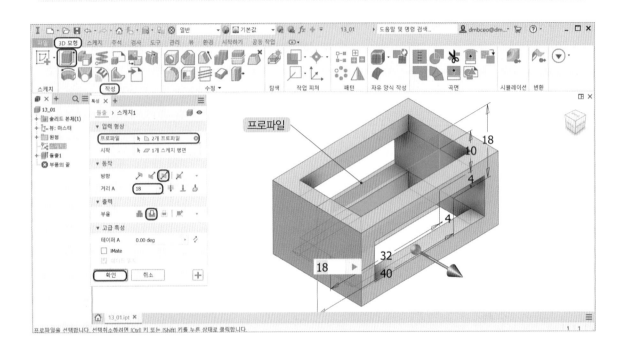

## (3) 스케치하기 1

앞쪽 평면에 그림과 같이 사각형을 스케치하고 치수를 입력한다.

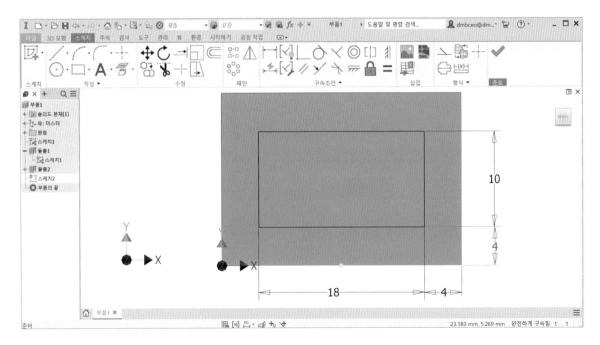

### (4) 돌출하기

3D 모형 ➡ 작성 ➡ 돌출 ➡ 입력 형상 ➡ 프로파일 ➡ 동작 ➡ 방향 : 반전 ➡ 거리 40 ➡ 출력 ➡ 부울 : 잘라내기 ➡ 확인

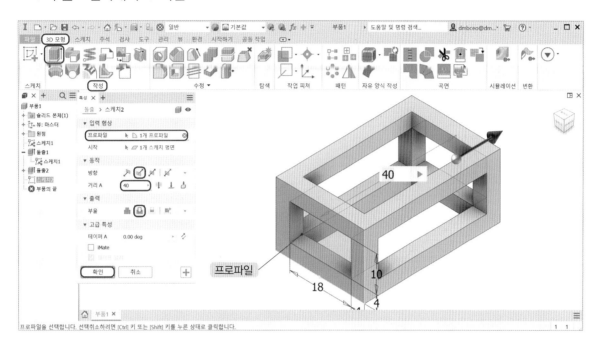

### (5) 모따기하기

3D 모형 ➡ 수정 ➡ 모따기 ➡ 대칭 ➡ 모서리 ➡ 거리 2 ➡ 확인

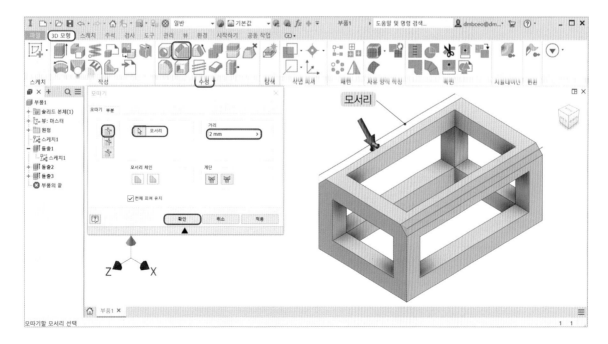

## (6) 파일 저장하기

파일 ⇨ 다른 이름으로 저장 ⇨ 3D프린터 모델링 ⇨ 파일 이름(N) : 13_01 ⇨ 파일 형식(T) : Autodesk inventor 부품( * .ipt) ⇨ 저장

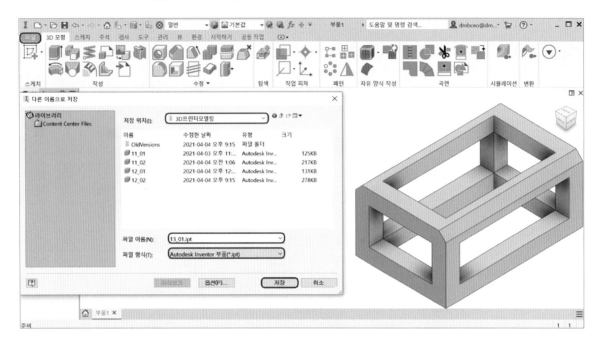

## (7) STP 파일 저장하기

파일 ⇨ 내보내기 ⇨ CAD 형식 ⇨ 3D프린터 모델링 ⇨ 파일 이름(N) : 13_01 ⇨ 파일 형식(T) : STEP 파일( * .stp; * .ste; * .step; * .stpz) ⇨ 저장

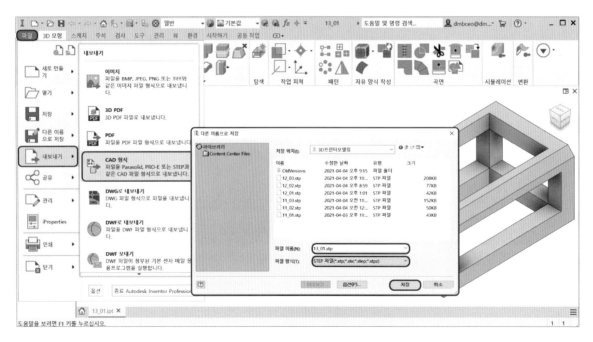

## 2 2번 부품 모델링하기

### (1) 스케치하기 1

XY 평면에 그림과 같이 스케치하고 치수를 입력한다. 구속조건은 아래쪽 수평선을 원점에 일치 구속한다.

**TIP**

치수 17, 9는 상호 움직임이 발생하는 부위의 치수 A, B이다.

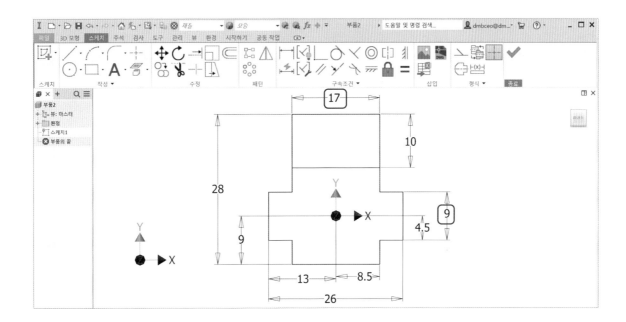

### (2) 대칭 돌출하기

3D 모형 ➡ 작성 ➡ 돌출 ➡ 입력 형상 ➡ 프로파일 ➡ 동작 ➡ 방향 · 대칭 ➡ 거리 15 ➡ 확인

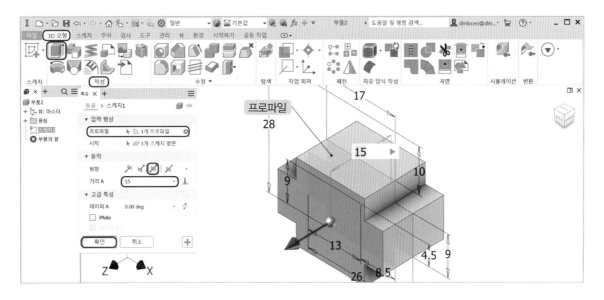

3D 모형 ⇨ 작성 ⇨ 돌출 ⇨ 입력 형상 ⇨ 프로파일 ⇨ 동작 ⇨ 방향 : 대칭 ⇨ 거리 5 ⇨ 출력 ⇨ 부울 : 접합 ⇨ 확인

**TIP>>**
모형 탐색기 돌출 아래 스케치를 오른쪽 클릭하여 팝업창에서 가시성을 체크하여 돌출을 같은 방법으로 한다.

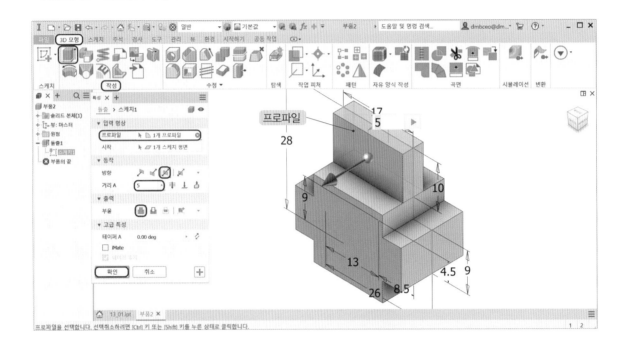

## (3) 스케치하기 1

우측면에 그림과 같이 사각형을 스케치하고 치수를 입력한다.

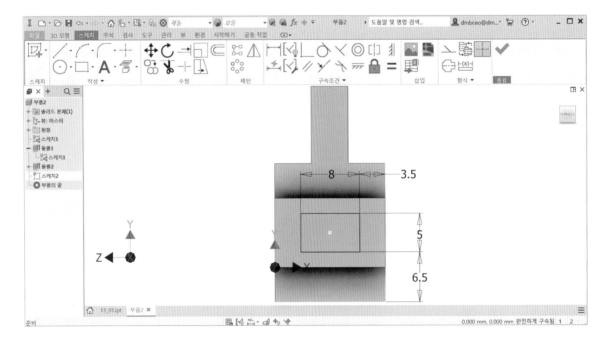

### (4) 돌출하기

3D 모형 ⇨ 작성 ⇨ 돌출 ⇨ 입력 형상 ⇨ 프로파일 ⇨ 동작 ⇨ 방향 : 반전 ⇨ 거리 26 ⇨ 출력 ⇨ 부울 : 잘라내기 ⇨ 확인

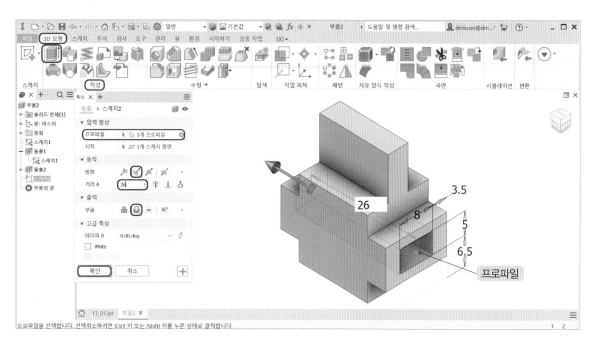

### (5) 모깎기

3D 모형 ⇨ 수정 ⇨ 모서리 모깎기 ⇨ 상수 ⇨ 모서리 ⇨ 반지름 5 ⇨ 확인

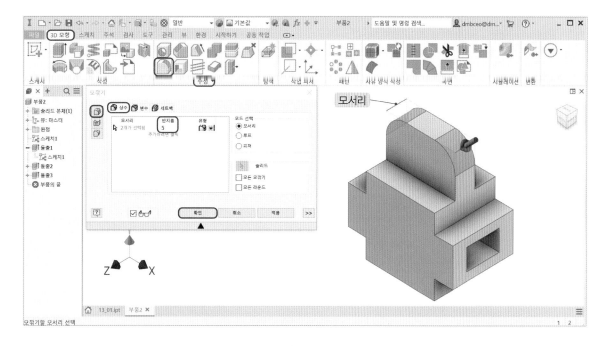

## (6) 모따기하기

3D 모형 ⇨ 수정 ⇨ 모따기 ⇨ 대칭 ⇨ 모서리 ⇨ 거리 1 ⇨ 확인

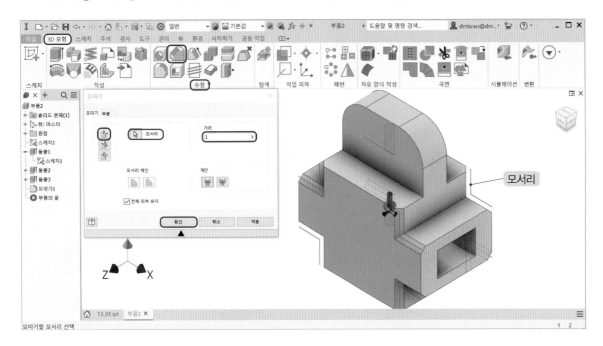

## (7) 텍스트

앞면에 스케치를 생성한다.

스케치 ⇨ 작성 ⇨ 텍스트 ⇨ 굴림체 7mm ⇨ 13 ⇨ 확인 ⇨ 스케치 종료

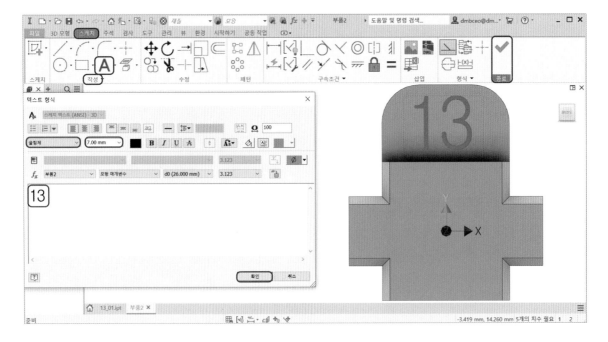

## (8) 엠보싱하기

3D 모형 ⇨ 작성 ⇨ 엠보싱 ⇨ 프로파일 ⇨ 깊이 : 0.5 ⇨ 면으로부터 오목 ⇨ 벡터 방향 2 ⇨ 확인

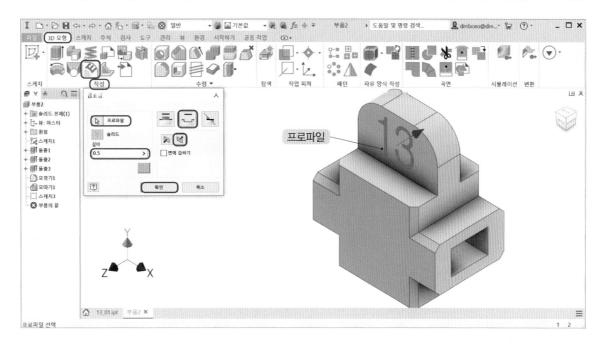

## (9) 파일 저장하기

파일 ⇨ 다른 이름으로 저장 ⇨ 3D프린터 모델링 ⇨ 파일 이름(N) : 13_02 ⇨ 파일 형식(T) : Autodesk inventor 부품( * .ipt) ⇨ 저장

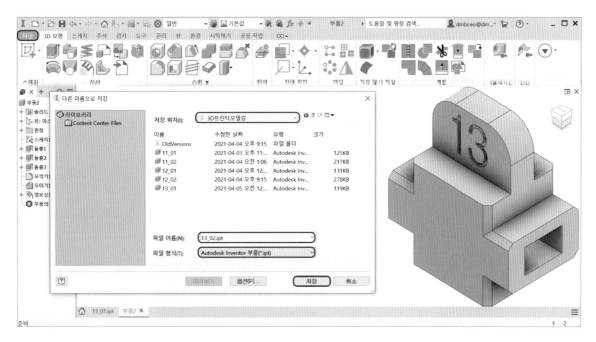

## (10) STP 파일 저장하기

파일 ⇨ 내보내기 ⇨ CAD 형식 ⇨ 3D프린터 모델링 ⇨ 파일 이름(N) : 13_02 ⇨ 파일 형식(T) : STEP 파일( * .stp; * .ste; * .step; * .stpz) ⇨ 저장

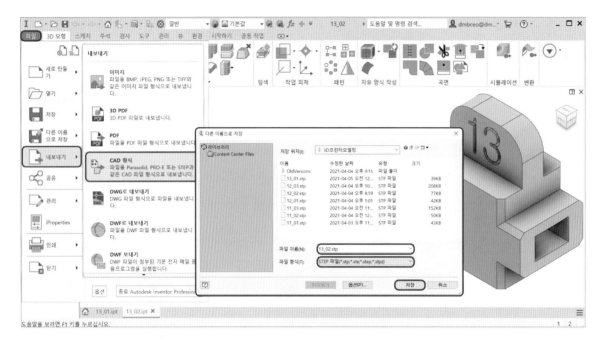

## 3 조립하기

## (1) 조립 시작하기

시작하기 ⇨ 시작 ⇨ 새로 만들기 ⇨ 조립품-2D 및 3D 구성요소 조립 : Standard.iam ⇨ 작성

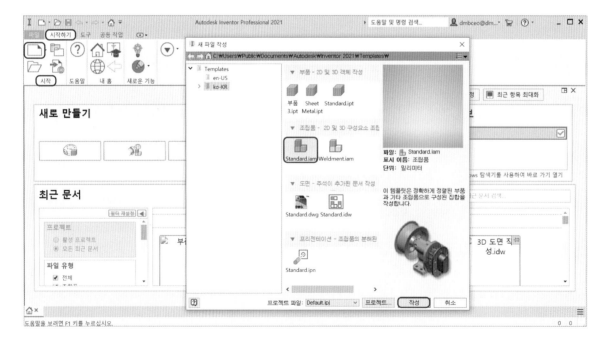

## (2) 1번 부품 불러 배치하기

조립 ⇨ 구성요소 ⇨ 배치 ⇨ 찾는 위치 : 3D프린터 모델링 ⇨ 이름 : 13_01 ⇨ 열기

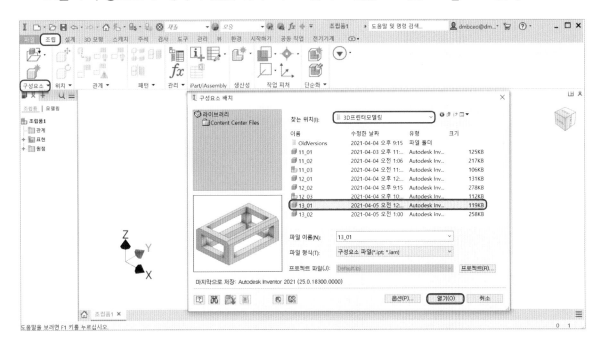

마우스 오른쪽 클릭 ⇨ X를 90° 회전 ⇨ 1번 부품 배치 위치에서 클릭

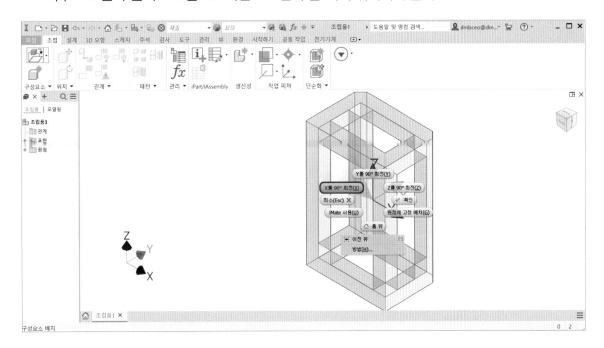

### (3) 2번 부품 불러 배치하기

조립 ⇨ 구성요소 ⇨ 배치 ⇨ 찾는 위치 : 3D프린터 모델링 ⇨ 이름 : 13_02 ⇨ 열기

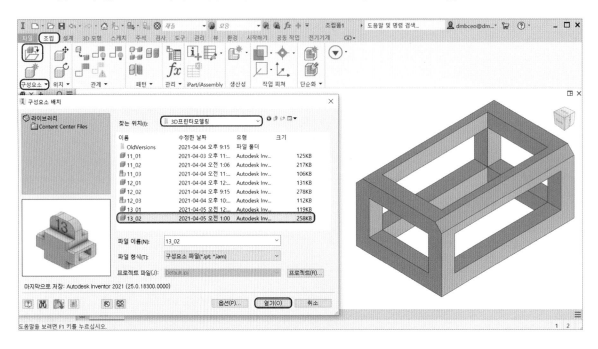

마우스 오른쪽 클릭 ⇨ X를 90° 회전 ⇨ 2번 부품 배치 위치에서 클릭

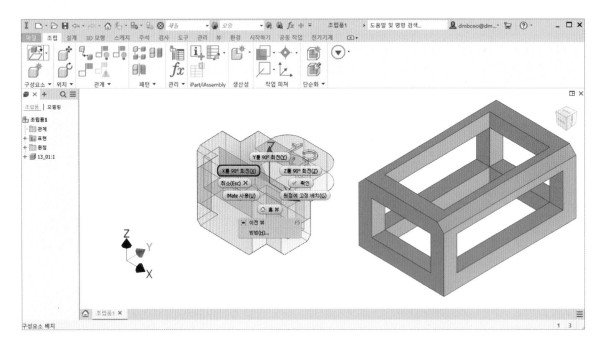

## (4) 구속하기

조립 ⇨ 관계 ⇨ 구속 ⇨ 유형 : 메이트 ⇨ 솔루션 : 메이트 ⇨ 선택 1(2번 부품의 면) ⇨ 간격띄우기 : 0.5

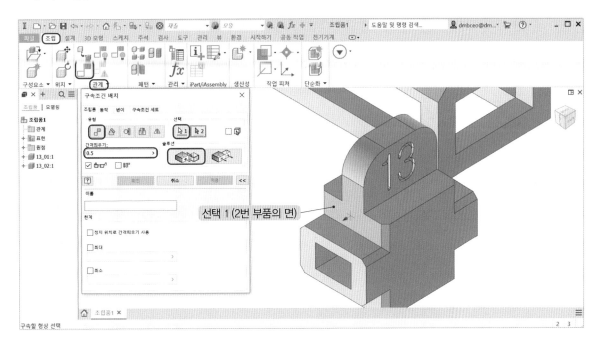

솔루션 : 메이트 ⇨ 선택 2(1번 부품의 면) ⇨ 간격띄우기 : 0.5 ⇨ 확인

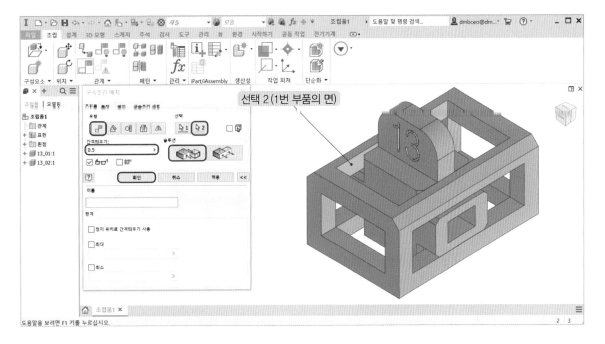

조립 ⇨ 관계 ⇨ 구속 ⇨ 유형 : 메이트 ⇨ 솔루션 : 메이트 ⇨ 선택 1(2번 부품의 면) ⇨ 간격띄우기 : 0.5

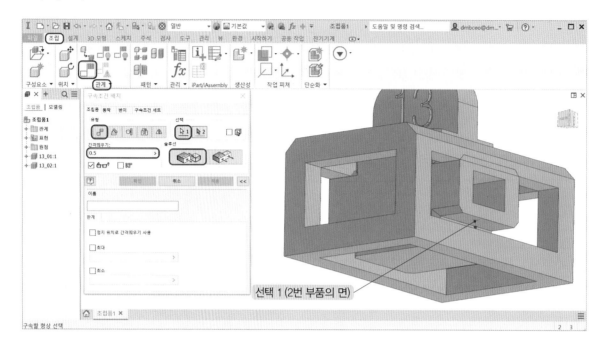

솔루션 : 메이트 ⇨ 선택 2(1번 부품의 면) ⇨ 간격띄우기 : 0.5 ⇨ 확인

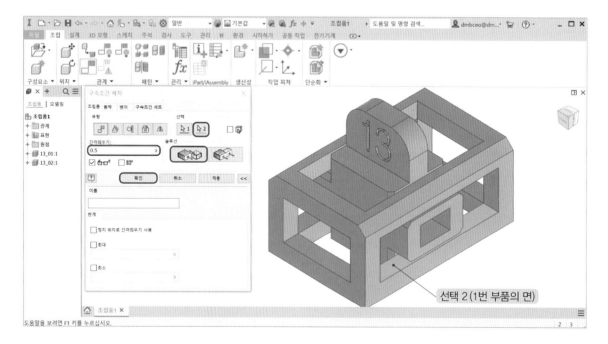

조립 ⇨ 관계 ⇨ 구속 ⇨ 유형 : 메이트 ⇨ 솔루션 : 메이트 ⇨ 선택 1(2번 부품의 면) ⇨ 간격띄우기 : 10

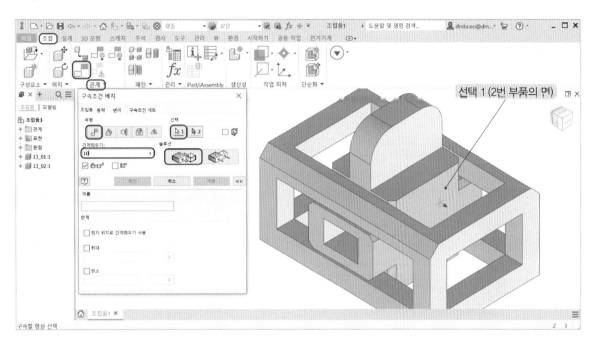

솔루션 : 메이트 ⇨ 선택 2(1번 부품의 면) ⇨ 간격띄우기 : 10 ⇨ 확인

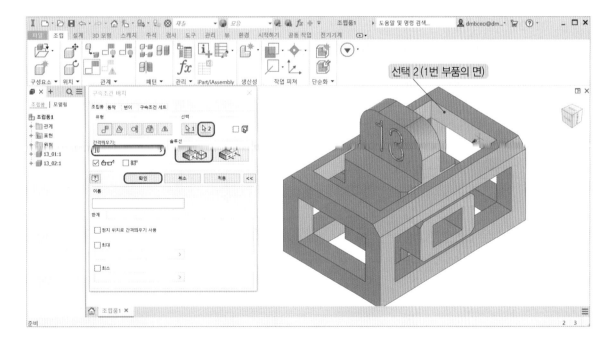

## (5) 파일 저장하기

파일 ⇨ 다른 이름으로 저장 ⇨ 3D프린터 모델링 ⇨ 파일 이름(N) : 13_03 ⇨ 파일 형식(T) : Autodesk inventor 조립품( * .iam) ⇨ 저장

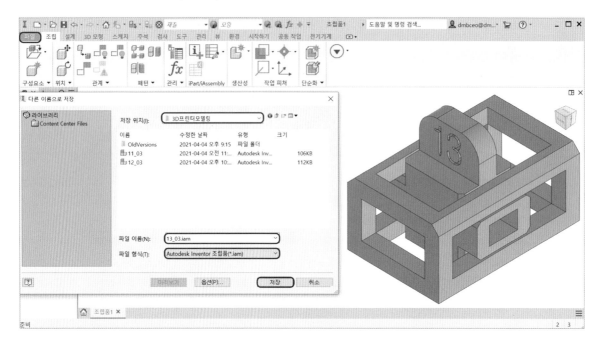

## (6) STP 파일 저장하기

파일 ⇨ 내보내기 ⇨ CAD 형식 ⇨ 3D프린터 모델링 ⇨ 파일 이름(N) : 13_03 ⇨ 파일 형식(T) : STEP 파일( * .stp; * .ste; * .step; * .stpz) ⇨ 저장

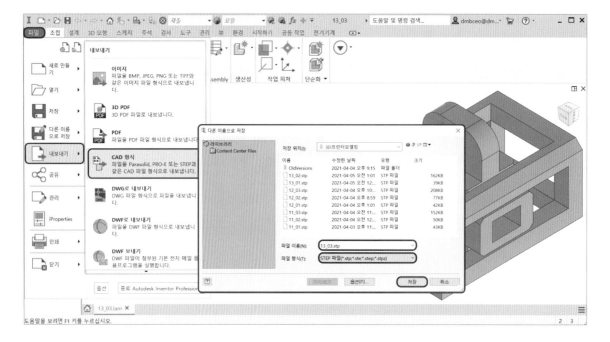

## (7) STL 파일 저장하기

파일 ⇨ 내보내기 ⇨ CAD 형식 ⇨ 3D프린터 모델링 ⇨ 파일 이름(N) : 13_04 ⇨ 파일 형식(T) :
STL 파일( * .stl) ⇨ 저장

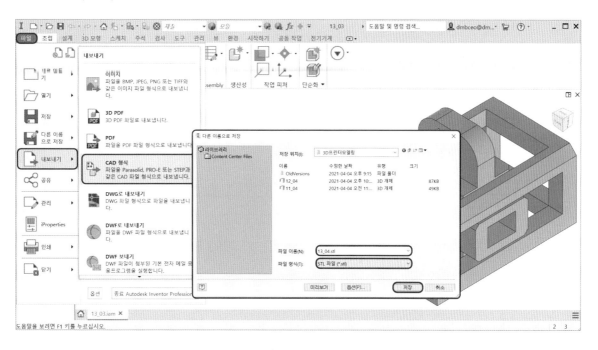

# 공개도면 ⑭

| 자격종목 | 3D프린터운용기능사 | [시험 1] 과제명 | 3D모델링 작업 | 척도 | NS |
|---|---|---|---|---|---|

주 서
도시되고 지시없는 모떼기는 C3

## 14  3D프린터 모델링하기 14

### 1  1번 부품 모델링하기

#### (1) 스케치하기 1

XY 평면에 그림과 같이 스케치하고 치수를 입력한다. 구속조건은 원의 중심을 원점에 일치 구속한다.

**TIP>>**
치수 5는 상호 움직임이 발생하는 부위의 치수 A이다.

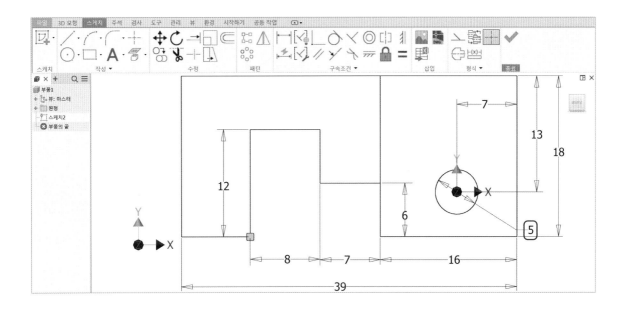

#### (2) 대칭 돌출하기

3D 모형 ⇨ 작성 ⇨ 돌출 ⇨ 입력 형상 ⇨ 프로파일 ⇨ 동작 ⇨ 방향 : 대칭 ⇨ 거리 15 ⇨ 확인

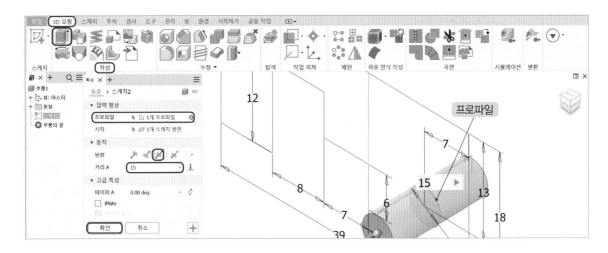

3D 모형 ⇨ 작성 ⇨ 돌출 ⇨ 입력 형상 ⇨ 프로파일 ⇨ 동작 ⇨ 방향 : 대칭 ⇨ 거리 7 ⇨ 출력 ⇨
부울 : 접합 ⇨ 확인

**TIP>>**
1. 모형 탐색기 돌출 아래 스케치를 오른쪽 클릭하여 팝업창에서 가시성을 체크하여 돌출을 같은 방법으로 한다.
2. 돌출 거리 7은 상호 움직임이 발생하는 부위의 치수 B이다.

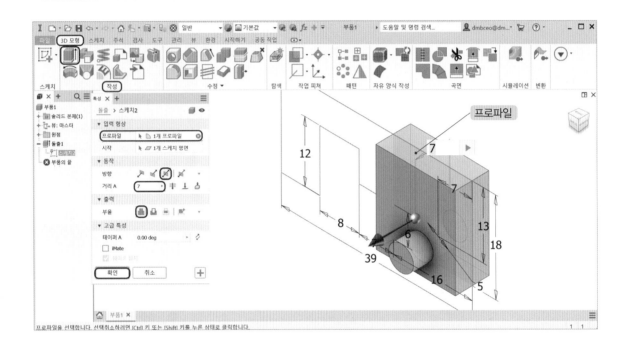

3D 모형 ⇨ 작성 ⇨ 돌출 ⇨ 입력 형상 ⇨ 프로파일 ⇨ 동작 ⇨ 방향 : 대칭 ⇨ 거리 15 ⇨ 출력
⇨ 부울 : 접합 ⇨ 확인

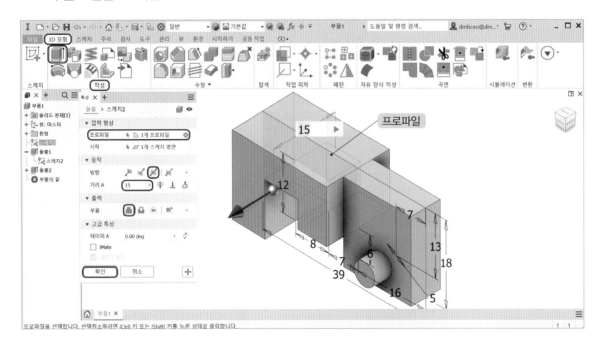

### (3) 모깎기

3D 모형 ⇨ 수정 ⇨ 모서리 모깎기 ⇨ 상수 ⇨ 모서리 ⇨ 반지름 3 ⇨ 확인

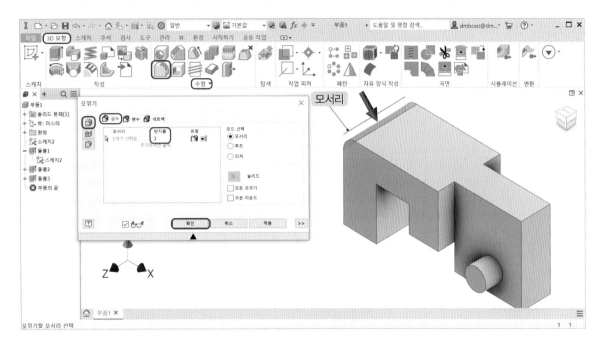

### (4) 모따기하기

3D 모형 ⇨ 수정 ⇨ 모따기 ⇨ 대칭 ⇨ 모서리 ⇨ 거리 3 ⇨ 확인

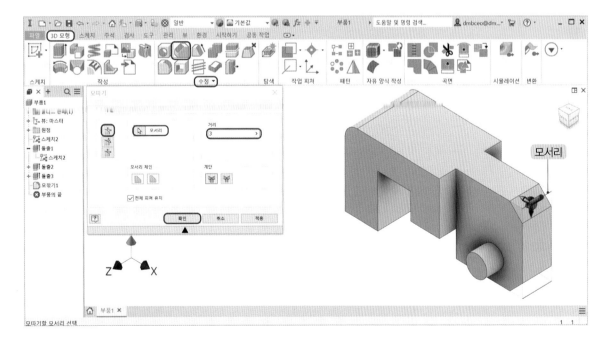

### (5) 텍스트

앞면에 스케치를 생성한다.

스케치 ⇨ 작성 ⇨ 텍스트 ⇨ 굴림체 10mm ⇨ 14 ⇨ 확인 ⇨ 스케치 종료

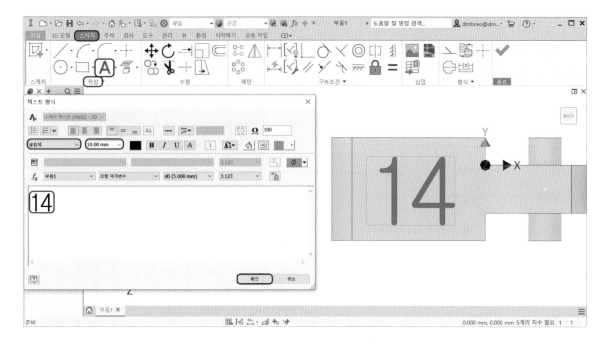

### (6) 엠보싱하기

3D 모형 ⇨ 작성 ⇨ 엠보싱 ⇨ 프로파일 ⇨ 깊이 : 0.5 ⇨ 면으로부터 오목 ⇨ 벡터 방향 2 ⇨ 확인

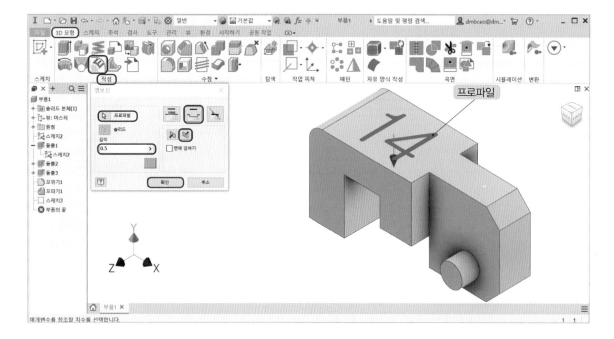

### (7) 파일 저장하기

파일 ⇨ 다른 이름으로 저장 ⇨ 3D프린터 모델링 ⇨ 파일 이름(N) : 14_01 ⇨ 파일 형식(T) : Autodesk inventor 부품( *.ipt) ⇨ 저장

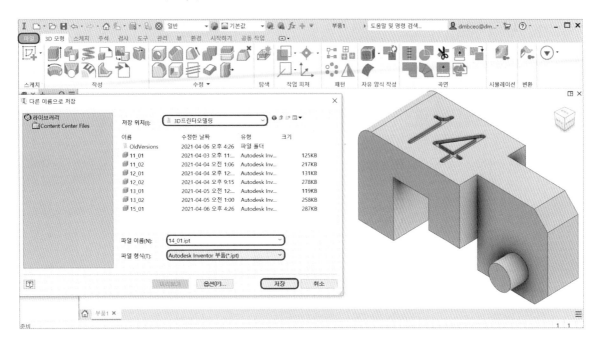

### (8) STP 파일 저장하기

파일 ⇨ 내보내기 ⇨ CAD 형식 ⇨ 3D프린터 모델링 ⇨ 파일 이름(N) : 14_01 ⇨ 파일 형식(T) : STEP 파일( *.stp; *.ste; *.step; *.stpz) ⇨ 저장

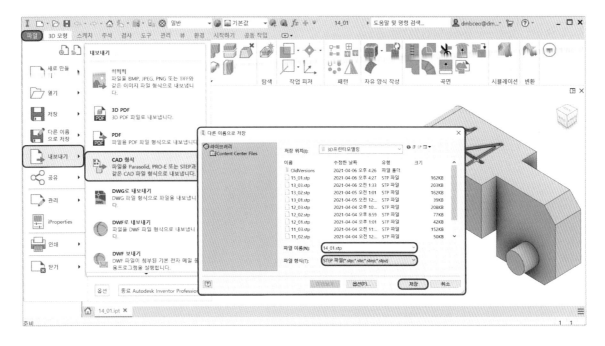

## ② 2번 부품 모델링하기

### (1) 스케치하기 1

XY 평면에 그림과 같이 스케치하고 치수를 입력한다. 구속조건은 슬롯 중심점을 원점에 일치 구속한다.

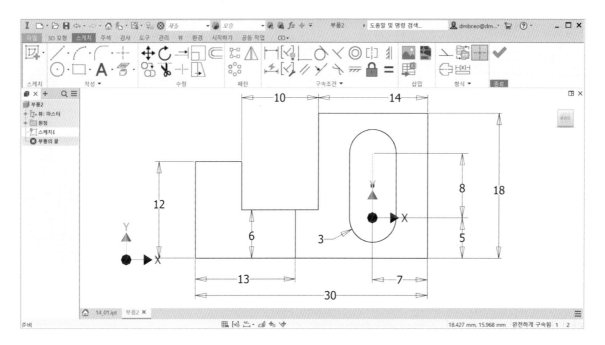

### (2) 대칭 돌출하기

3D 모형 ⇨ 작성 ⇨ 돌출 ⇨ 입력 형상 ⇨ 프로파일 ⇨ 동작 ⇨ 방향 : 대칭 ⇨ 거리 15 ⇨ 확인

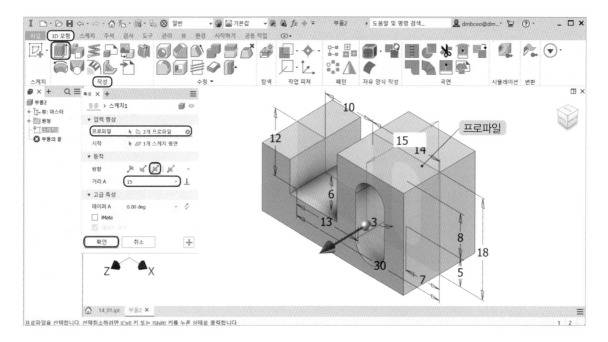

3D 모형 ⇨ 작성 ⇨ 돌출 ⇨ 입력 형상 ⇨ 프로파일 ⇨ 동작 ⇨ 방향 : 대칭 ⇨ 거리 8 ⇨ 출력 ⇨ 부울 : 잘라내기 ⇨ 확인

**TIP>>**
모형 탐색기 돌출 아래 스케치를 오른쪽 클릭하여 팝업창에서 가시성을 체크하여 돌출한다.

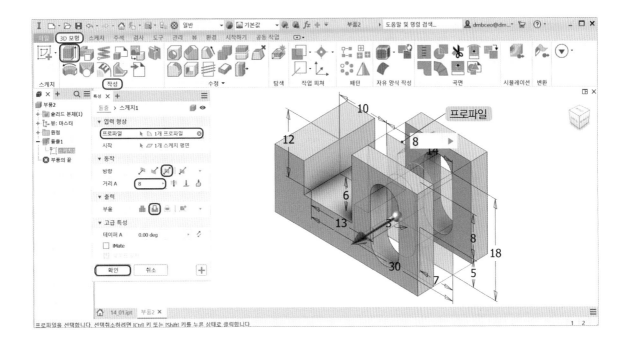

## (3) 모따기하기

3D 모형 ⇨ 수정 ⇨ 모따기 ⇨ 대칭 ⇨ 모서리 ⇨ 거리 3 ⇨ 확인

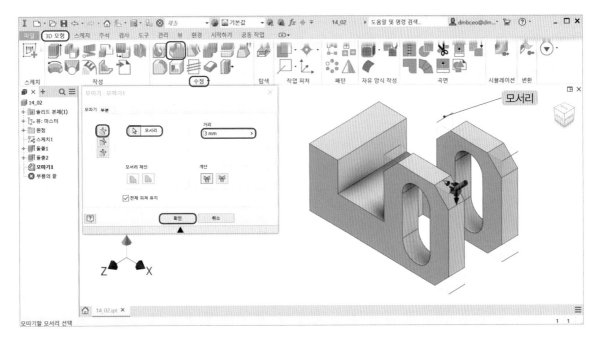

## (4) 파일 저장하기

파일 ⇨ 다른 이름으로 저장 ⇨ 3D프린터 모델링 ⇨ 파일 이름(N) : 14_02 ⇨ 파일 형식(T) : Autodesk inventor 부품( * .ipt) ⇨ 저장

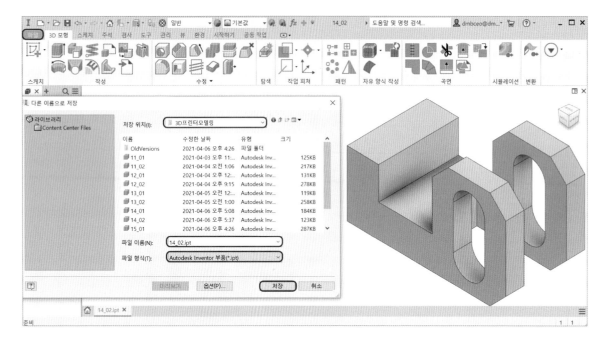

## (5) STP 파일 저장하기

파일 ⇨ 내보내기 ⇨ CAD 형식 ⇨ 3D프린터 모델링 ⇨ 파일 이름(N) : 14_02 ⇨ 파일 형식(T) : STEP 파일( * .stp; * .ste; * .step; * .stpz) ⇨ 저장

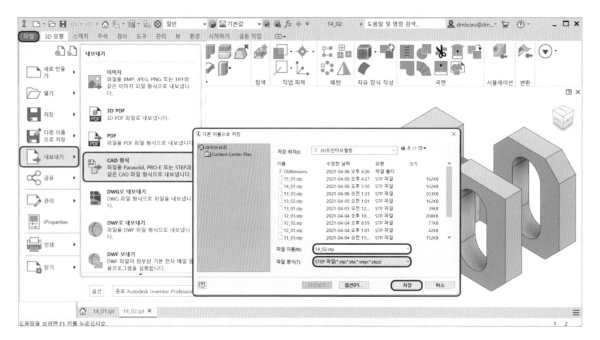

## 3 조립하기

### (1) 조립 시작하기

시작하기 ⇨ 시작 ⇨ 새로 만들기 ⇨ 조립품-2D 및 3D 구성요소 조립 : Standard.iam ⇨ 작성

### (2) 1번 부품 불러 배치하기

조립 ⇨ 구성요소 ⇨ 배치 ⇨ 찾는 위치 : 3D프린터 모델링 ⇨ 이름 : 14_01 ⇨ 열기

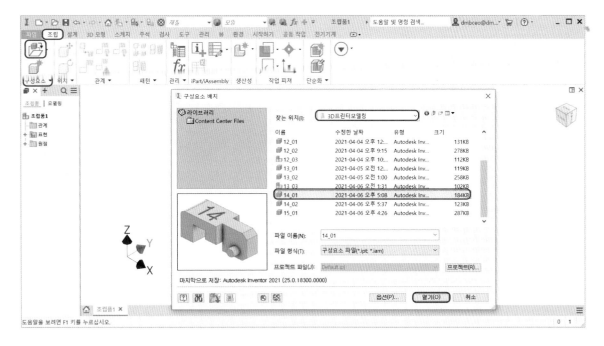

마우스 오른쪽 클릭 ⇨ X를 90° 회전 ⇨ 1번 부품 배치 위치에서 클릭

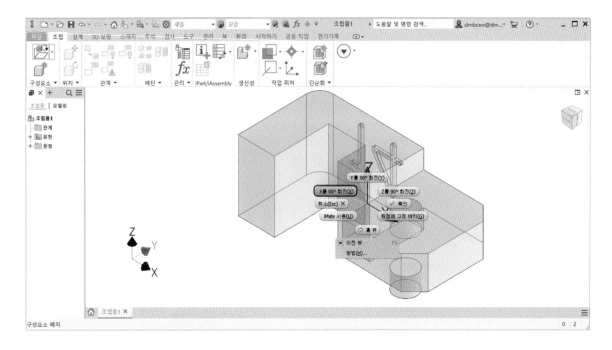

## (3) 2번 부품 불러 배치하기

조립 ⇨ 구성요소 ⇨ 배치 ⇨ 찾는 위치 : 3D프린터 모델링 ⇨ 이름 : 14_02 ⇨ 열기

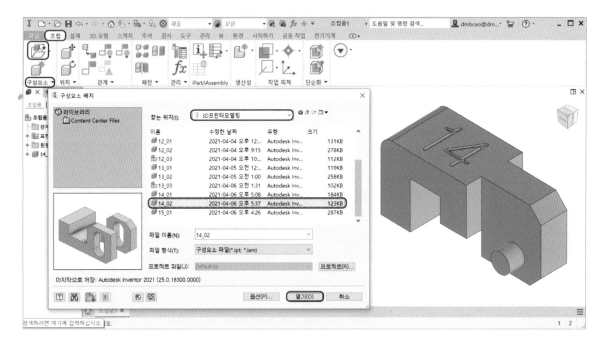

마우스 오른쪽 클릭 ⇨ X를 90° 회전 ⇨ 2번 부품 배치 위치에서 클릭

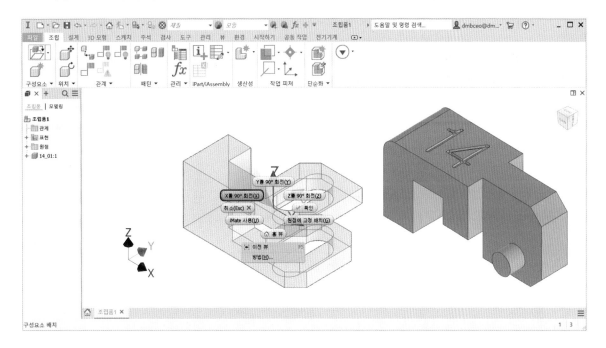

## (4) 구속하기

조립 ⇨ 관계 ⇨ 구속 ⇨ 유형 : 메이트 ⇨ 솔루션 : 메이트 ⇨ 선택 1(2번 부품의 축선) ⇨ 선택 2(1번 부품의 축선) ⇨ 확인

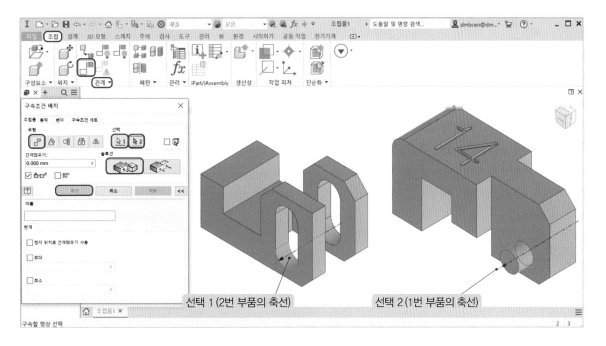

조립 ⇨ 관계 ⇨ 구속 ⇨ 유형 : 메이트 ⇨ 솔루션 : 메이트 ⇨ 선택 1(2번 부품의 면) ⇨ 간격띄우기 : 0.5

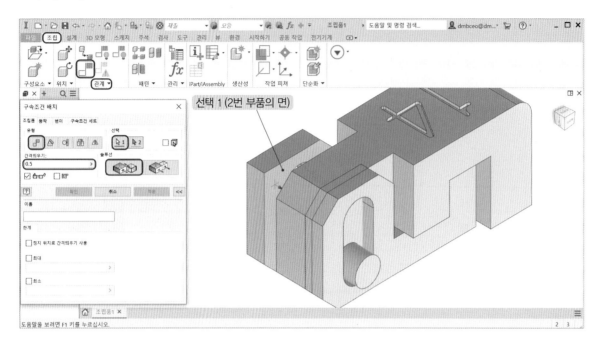

솔루션 : 메이트 ⇨ 선택 2(1번 부품의 면) ⇨ 간격띄우기 : 0.5 ⇨ 확인

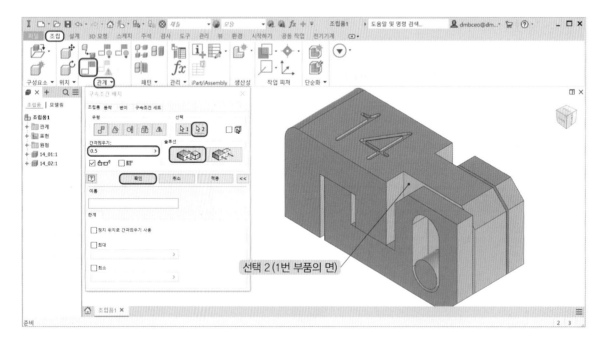

## (5) 파일 저장하기

파일 ⇨ 다른 이름으로 저장 ⇨ 3D프린터 모델링 ⇨ 파일 이름(N) : 14_03 ⇨ 파일 형식(T) : Autodesk inventor 조립품( * .iam) ⇨ 저장

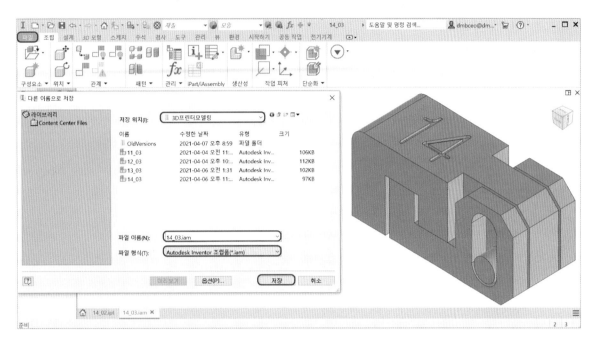

## (6) STP 파일 저장하기

파일 ⇨ 내보내기 ⇨ CAD 형식 ⇨ 3D프린터 모델링 ⇨ 파일 이름(N) : 14_03 ⇨ 파일 형식(T) : STEP 파일( * .stp; * .ste; * .step; * .stpz) ⇨ 저장

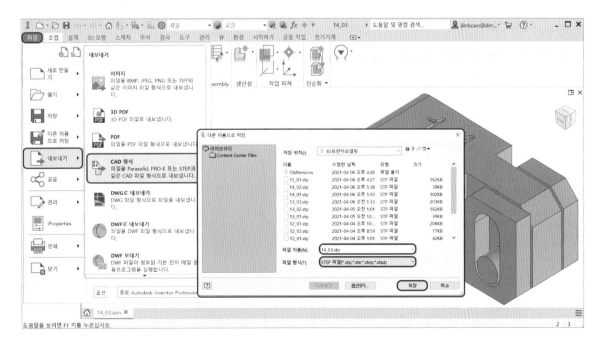

## (7) STL 파일 저장하기

파일 ➪ 내보내기 ➪ CAD 형식 ➪ 3D프린터 모델링 ➪ 파일 이름(N) : 14_04 ➪ 파일 형식(T) : STL 파일( * .stl) ➪ 저장

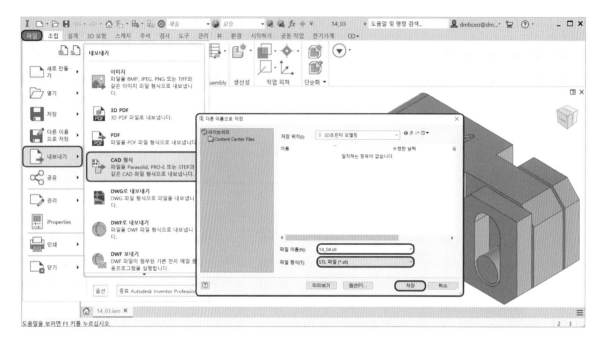

# 공 개 도 면 ⑮

| 자격종목 | 3D프린터운용기능사 | [시험 1] 과제명 | 3D모델링 작업 | 척도 | NS |
|---|---|---|---|---|---|

## 15 3D프린터 모델링하기 15

### 1 1번 부품 모델링하기

#### (1) 스케치하기 1

XZ 평면에 그림과 같이 사각형 두 개를 스케치하고 치수를 입력한다.

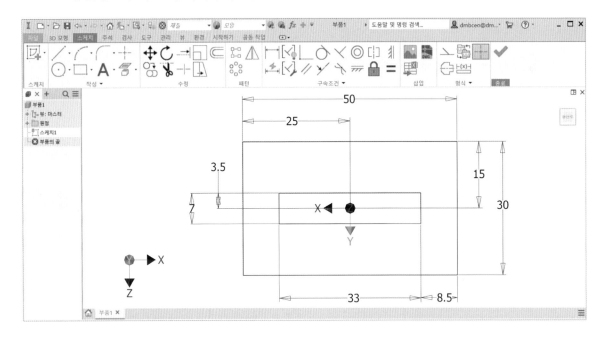

#### (2) 돌출하기

3D 모형 ⇨ 작성 ⇨ 돌출 ⇨ 입력 형상 ⇨ 프로파일 ⇨ 동작 ⇨ 방향 : 반전 ⇨ 거리 5 ⇨ 확인

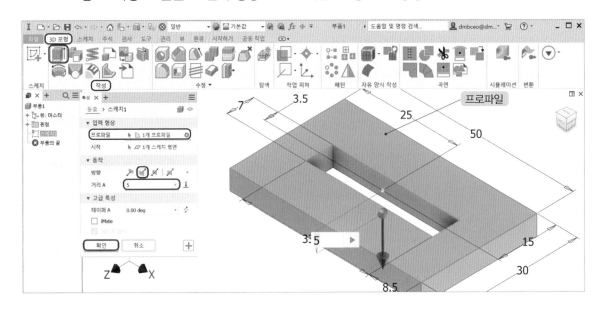

### (3) 스케치하기 2

앞쪽 평면에 그림과 같이 스케치하고 치수를 입력한다. 구속조건은 아래쪽 수평선을 모서리에 동일직선으로 구속한다.

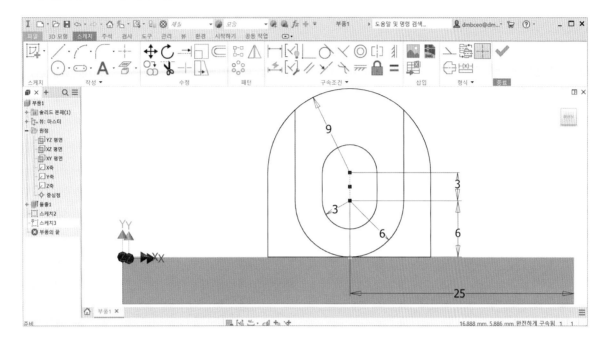

### (4) 돌출하기

3D 모형 ⇨ 작성 ⇨ 돌출 ⇨ 입력 형상 ⇨ 프로파일 ⇨ 동작 ⇨ 방향 : 반전 ⇨ 거리 5 ⇨ 확인

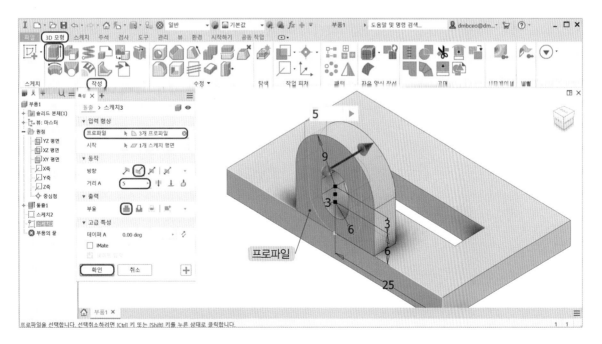

3D 모형 ⇨ 작성 ⇨ 돌출 ⇨ 입력 형상 ⇨ 프로파일 ⇨ 동작 ⇨ 방향 : 반전 ⇨ 거리 2 ⇨ 출력 ⇨ 부울 : 잘라내기 ⇨ 확인

**TIP>>**

모형 탐색기 돌출 아래 스케치를 오른쪽 클릭하여 팝업창에서 가시성을 체크하여 돌출을 같은 방법으로 한다.

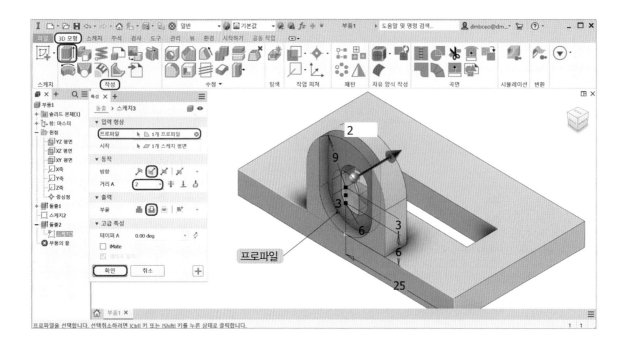

## (5) 대칭하기

3D 모형 ⇨ 패턴 ⇨ 미러 ⇨ 개별 피처 미러 ⇨ 피처 ⇨ 미러 평면 ⇨ XY 평면 ⇨ 확인

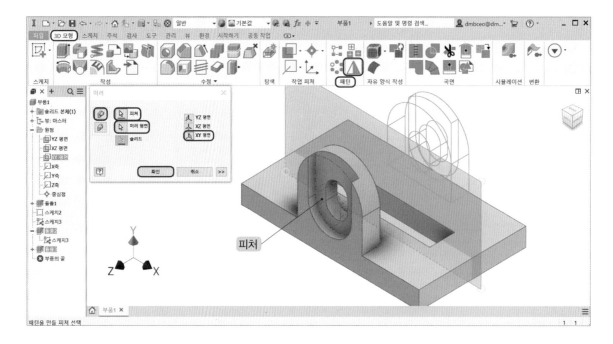

## (6) 모깎기

3D 모형 ⇨ 수정 ⇨ 모서리 모깎기 ⇨ 상수 ⇨ 모서리 ⇨ 반지름 10 ⇨ 확인

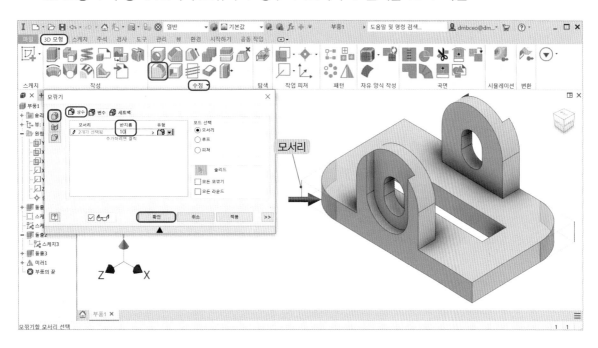

3D 모형 ⇨ 수정 ⇨ 모서리 모깎기 ⇨ 상수 ⇨ 모서리 ⇨ 반지름 5 ⇨ 확인

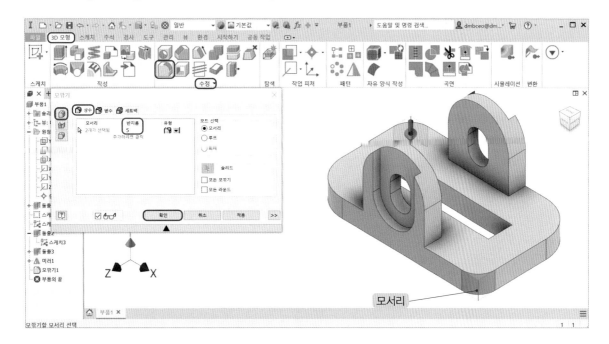

3D 모형 ⇨ 수정 ⇨ 모서리 모깎기 ⇨ 상수 ⇨ 모서리 ⇨ 반지름 5 ⇨ 확인

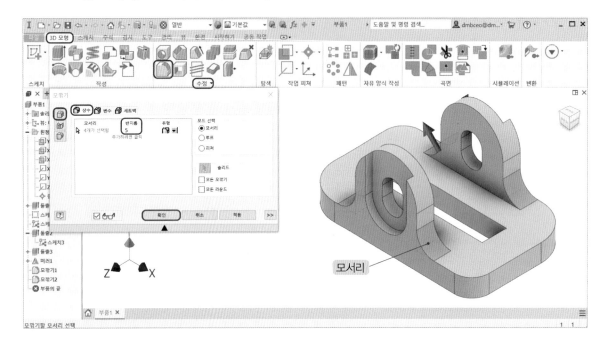

## (7) 텍스트

앞면에 스케치를 생성하여 수직선을 스케치하고 구성선으로 바꾼다.

스케치 ⇨ 작성 ⇨ 형상 텍스트 : 구성선 클릭 ⇨ 중심자리 맞추기 ⇨ 굴림체 6mm ⇨ 15 ⇨ 확인 ⇨ 스케치 종료

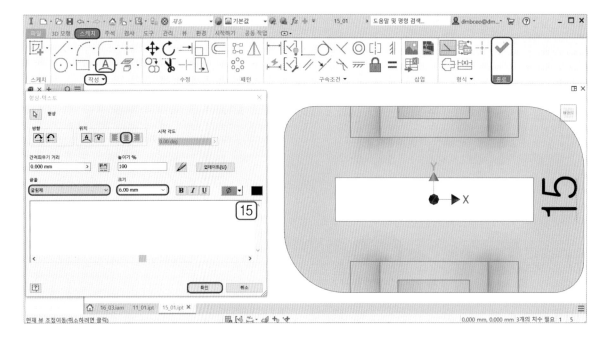

## (8) 엠보싱하기

3D 모형 ⇨ 작성 ⇨ 엠보싱 ⇨ 프로파일 ⇨ 깊이 : 0.5 ⇨ 면으로부터 오목 ⇨ 벡터 방향 2 ⇨ 확인

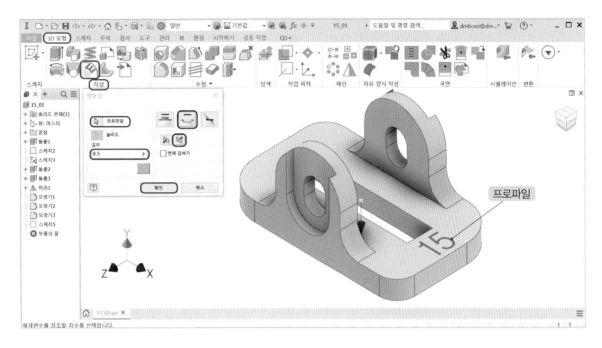

## (9) 파일 저장하기

파일 ⇨ 다른 이름으로 저장 ⇨ 3D프린터 모델링 ⇨ 파일 이름(N) : 15_01 ⇨ 파일 형식(T) : Autodesk inventor 부품( * .ipt) ⇨ 저장

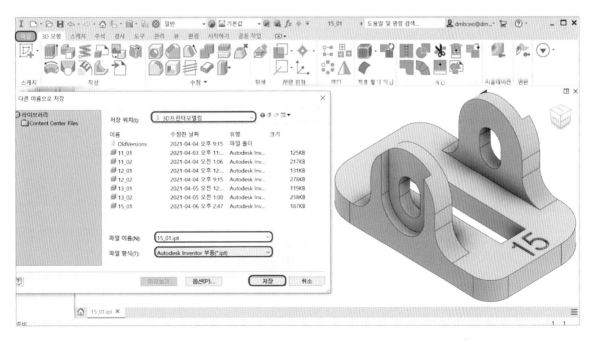

## (10) STP 파일 저장하기

파일 ⇨ 내보내기 ⇨ CAD 형식 ⇨ 3D프린터 모델링 ⇨ 파일 이름(N) : 15_01 ⇨ 파일 형식(T) : STEP 파일( * .stp; * .ste; * .step; * .stpz) ⇨ 저장

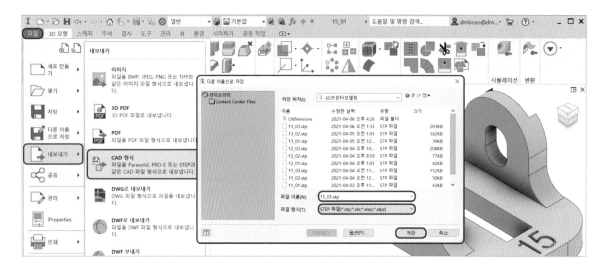

## ② 2번 부품 모델링하기

### (1) 스케치하기 1

XY 평면에 그림과 같이 원을 스케치하고 치수를 입력한다. 구속조건은 원의 중심점을 원점에 일치 구속한다.

> **TIP>>**
> 치수 5는 상호 움직임이 발생하는 부위의 치수 A이다.

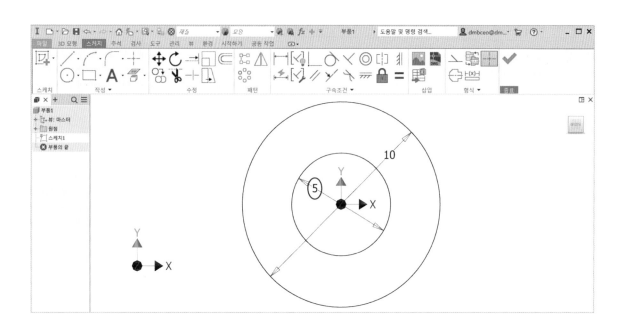

## (2) 대칭 돌출하기

3D 모형 ⇨ 작성 ⇨ 돌출 ⇨ 입력 형상 ⇨ 프로파일 ⇨ 동작 ⇨ 방향 : 대칭 ⇨ 거리 34 ⇨ 확인

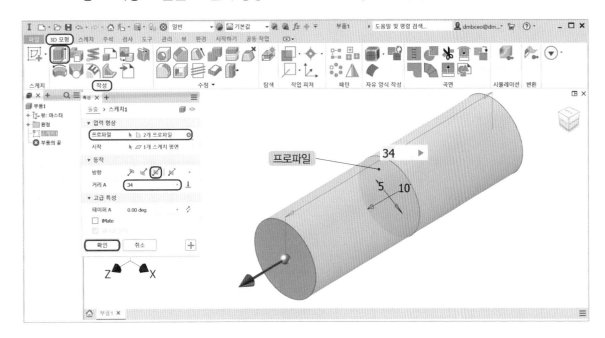

3D 모형 ⇨ 작성 ⇨ 돌출 ⇨ 입력 형상 ⇨ 프로파일 ⇨ 동작 ⇨ 방향 : 대칭 ⇨ 거리 27 ⇨ 출력 ⇨ 부울 : 잘라내기 ⇨ 확인

**TIP>>**
1. 모형 탐색기 돌출 아래 스케치를 오른쪽 클릭하여 팝업창에서 가시성을 체크하여 돌출한다.
2. 돌출 거리 27은 상호 움직임이 발생하는 부위의 치수 B이다.

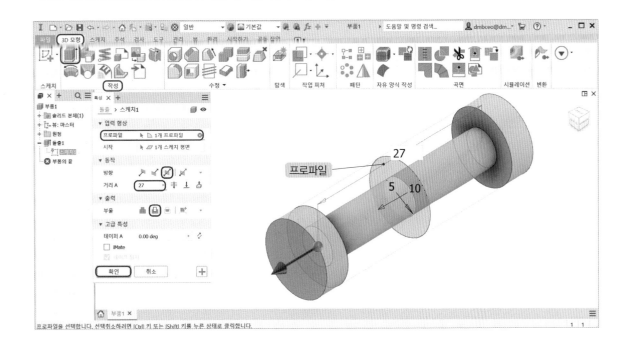

## (3) 스케치하기 1

ZY 평면에 그림과 같이 사각형을 스케치하고 치수를 입력한다.

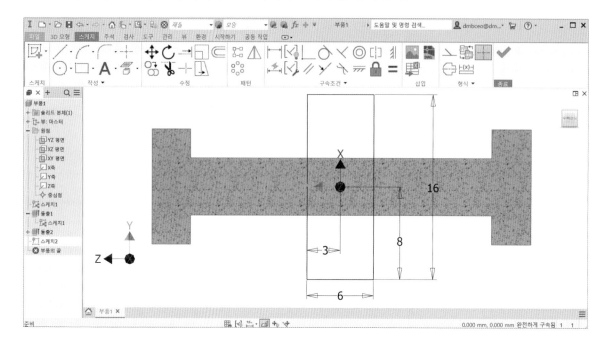

## (4) 돌출하기

3D 모형 ⇨ 작성 ⇨ 돌출 ⇨ 입력 형상 ⇨ 프로파일 ⇨ 동작 ⇨ 방향 : 대칭 ⇨ 거리 4 ⇨ 출력 ⇨ 부울 : 접합 ⇨ 확인

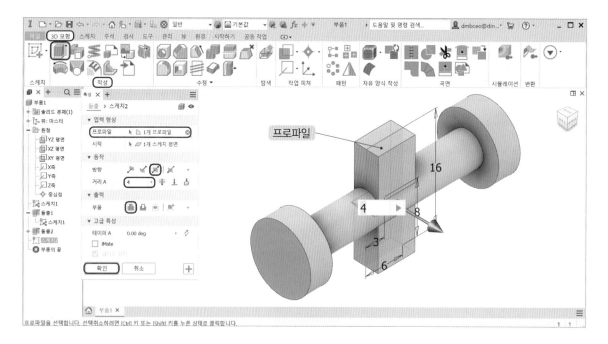

## (5) 파일 저장하기

파일 ⇨ 다른 이름으로 저장 ⇨ 3D프린터 모델링 ⇨ 파일 이름(N) : 15_02 ⇨ 파일 형식(T) : Autodesk inventor 부품( * .ipt) ⇨ 저장

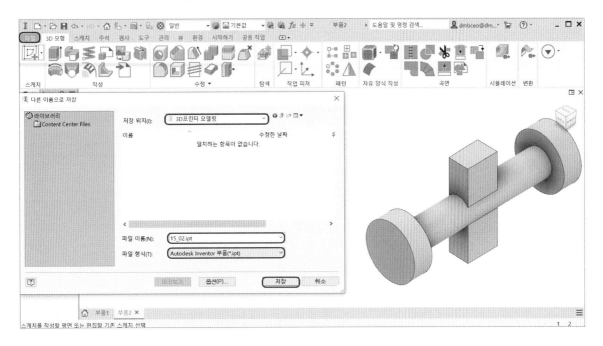

## (6) STP 파일 저장하기

파일 ⇨ 내보내기 ⇨ CAD 형식 ⇨ 3D프린터 모델링 ⇨ 파일 이름(N) : 15_02 ⇨ 파일 형식(T) : STEP 파일( * .stp; * .ste; * .step; * .stpz) ⇨ 저장

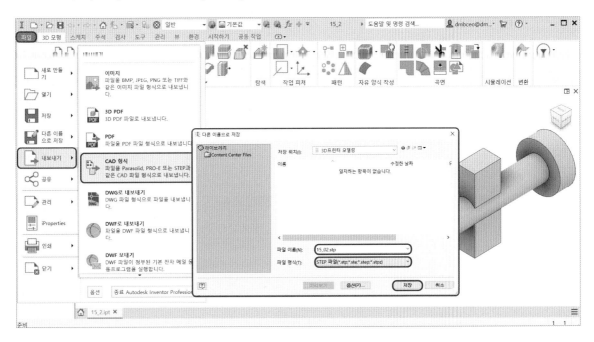

## 3 조립하기

### (1) 조립 시작하기

시작하기 ⇨ 시작 ⇨ 새로 만들기 ⇨ 조립품−2D 및 3D 구성요소 조립 : Standard.iam ⇨ 작성

### (2) 1번 부품 불러 배치하기

조립 ⇨ 구성요소 ⇨ 배치 ⇨ 찾는 위치 : 3D프린터 모델링 ⇨ 이름 : 15_01 ⇨ 열기

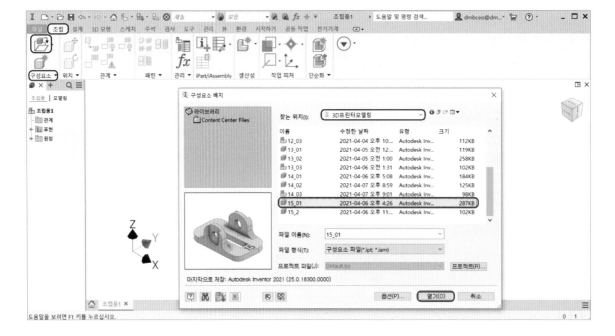

마우스 오른쪽 클릭 ⇨ X를 90° 회전 ⇨ 1번 부품 배치 위치에서 클릭

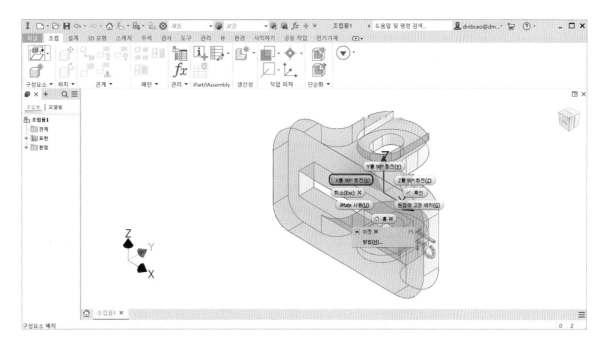

### (3) 2번 부품 불러 배치하기

조립 ⇨ 구성요소 ⇨ 배치 ⇨ 찾는 위치 : 3D프린터 모델링 ⇨ 이름 : 15_02 ⇨ 열기

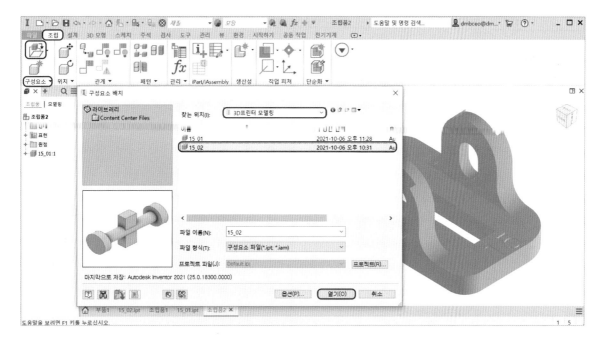

마우스 오른쪽 클릭 ⇨ X를 90° 회전 ⇨ 2번 부품 배치 위치에서 클릭

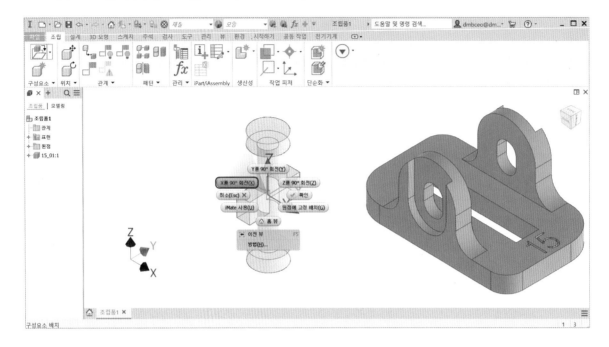

## (4) 구속하기

조립 ⇨ 관계 ⇨ 구속 ⇨ 유형 : 메이트 ⇨ 솔루션 : 메이트 ⇨ 선택 1(2번 부품의 축선) ⇨ 선택 2(1번 부품의 축선) ⇨ 확인

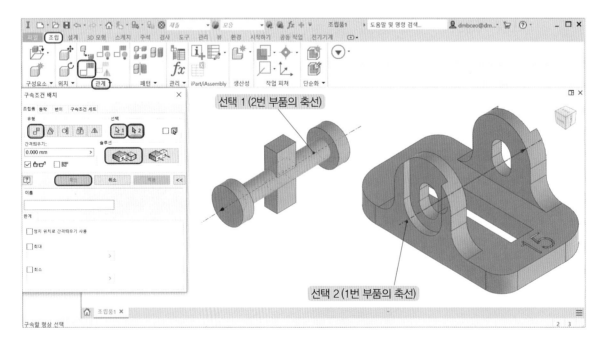

조립 ⇨ 관계 ⇨ 구속 ⇨ 유형 : 메이트 ⇨ 솔루션 : 메이트 ⇨ 선택 1(2번 부품의 면) ⇨ 간격띄
우기 : 0.5

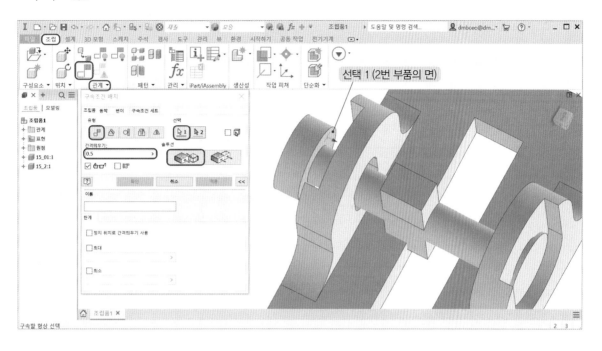

솔루션 : 메이트 ⇨ 선택 2(1번 부품의 면) ⇨ 간격띄우기 : 0.5 ⇨ 확인

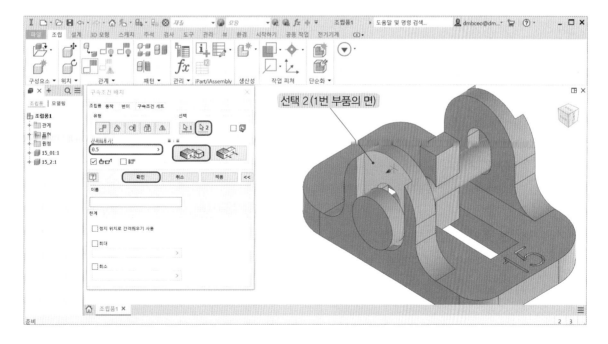

## (5) 파일 저장하기

파일 ⇨ 다른 이름으로 저장 ⇨ 3D프린터 모델링 ⇨ 파일 이름(N) : 15_03 ⇨ 파일 형식(T) : Autodesk inventor 조립품( * .iam) ⇨ 저장

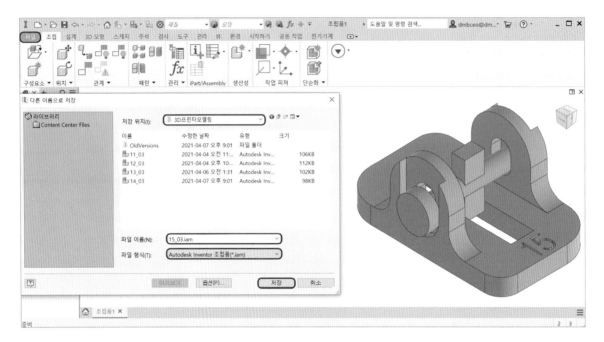

## (6) STP 파일 저장하기

파일 ⇨ 내보내기 ⇨ CAD 형식 ⇨ 3D프린터 모델링 ⇨ 파일 이름(N) : 15_03 ⇨ 파일 형식(T) : STEP 파일( * .stp; * .ste; * .step; * .stpz) ⇨ 저장

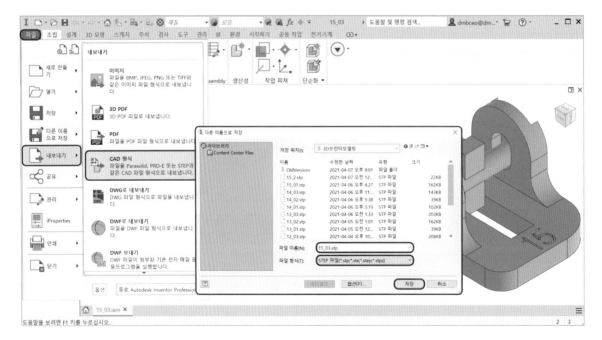

## (7) STL 파일 저장하기

파일 ⇨ 내보내기 ⇨ CAD 형식 ⇨ 3D프린터 모델링 ⇨ 파일 이름(N) : 15_04 ⇨ 파일 형식(T) :
STL 파일( * .stl) ⇨ 저장

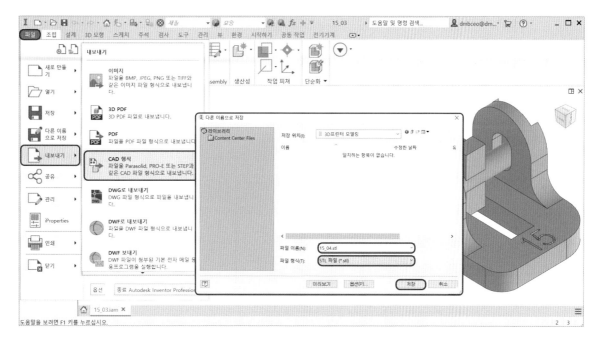

# 공개도면 ⑯

| 자격종목 | 3D프린터운용기능사 | [시험 1] 과제명 | 3D모델링 작업 | 척도 | NS |
|---|---|---|---|---|---|

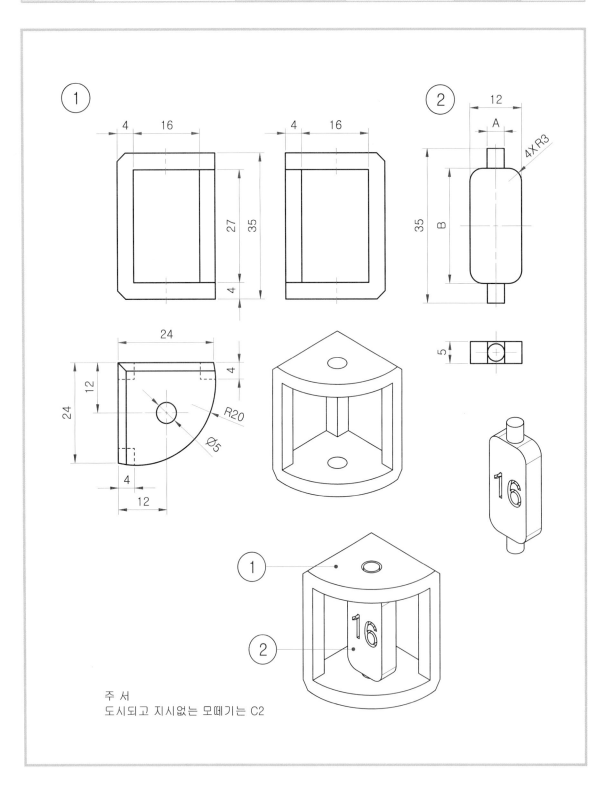

주 서
도시되고 지시없는 모떼기는 C2

## 16 3D프린터 모델링하기 16

### 1 1번 부품 모델링하기

#### (1) 스케치하기 1

XZ 평면에 그림과 같이 스케치하고 치수를 입력한다.

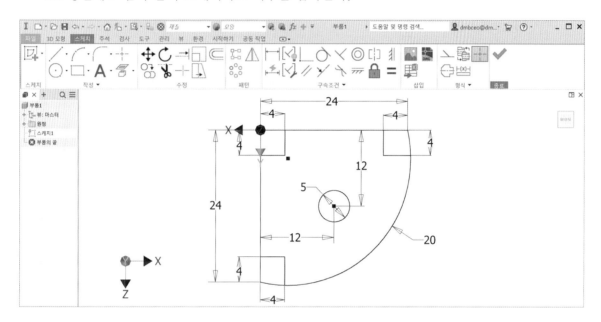

#### (2) 돌출하기

3D 모형 ⇨ 작성 ⇨ 돌출 ⇨ 입력 형상 ⇨ 프로파일 ⇨ 동작 ⇨ 방향 : 반전 ⇨ 거리 4 ⇨ 확인

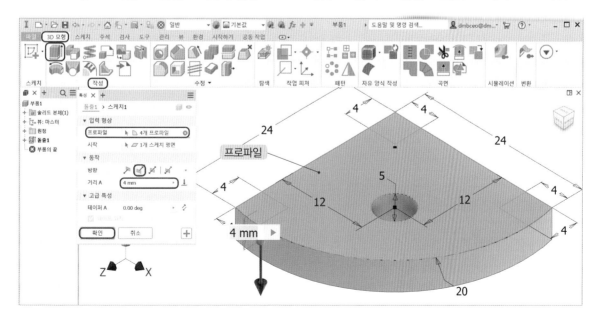

3D 모형 ⇨ 작성 ⇨ 돌출 ⇨ 입력 형상 ⇨ 프로파일 ⇨ 동작 ⇨ 방향 : 기본값 ⇨ 거리 27 ⇨ 출력 ⇨ 부울 : 접합 ⇨ 확인

**TIP>>**
모형 탐색기 돌출 아래 스케치를 오른쪽 클릭하여 팝업창에서 가시성을 체크하여 돌출을 같은 방법으로 한다.

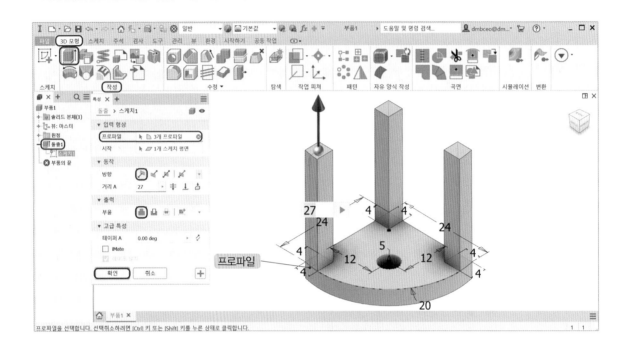

## (3) 스케치하기 2

사각기둥 위쪽 평면에 그림과 같이 형상 투영한다.

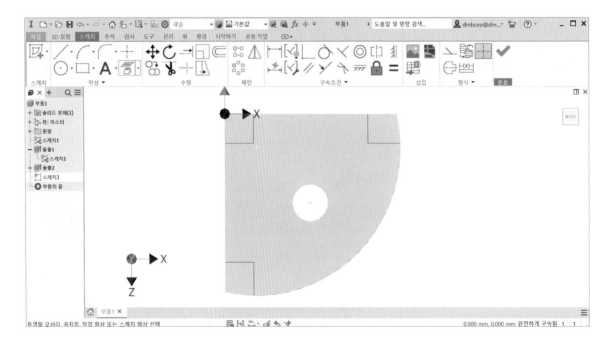

### (4) 돌출하기

3D 모형 ⇨ 작성 ⇨ 돌출 ⇨ 입력 형상 ⇨ 프로파일 ⇨ 동작 ⇨ 방향 : 기본값 ⇨ 거리 4 ⇨ 확인

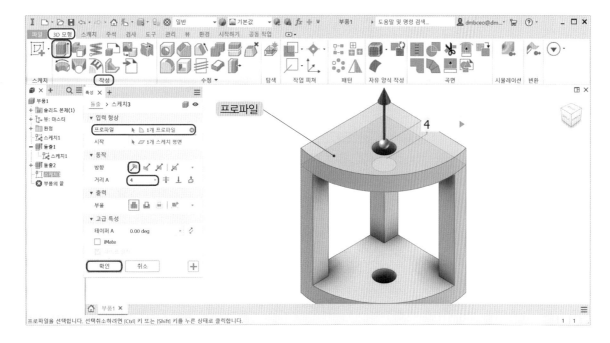

### (5) 모따기하기

3D 모형 ⇨ 수정 ⇨ 모따기 ⇨ 대칭 ⇨ 모서리 ⇨ 거리 2 ⇨ 확인

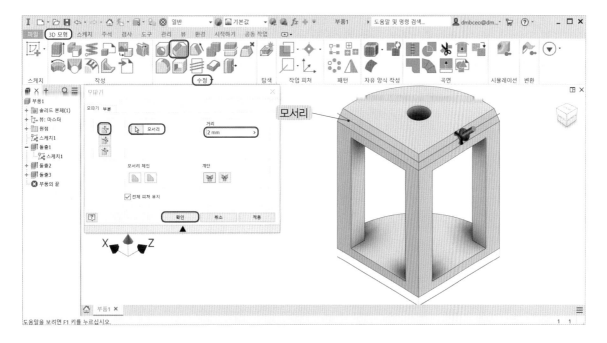

## (6) 파일 저장하기

파일 ⇨ 다른 이름으로 저장 ⇨ 3D프린터 모델링 ⇨ 파일 이름(N) : 16_01 ⇨ 파일 형식(T) : Autodesk inventor 부품( * .ipt) ⇨ 저장

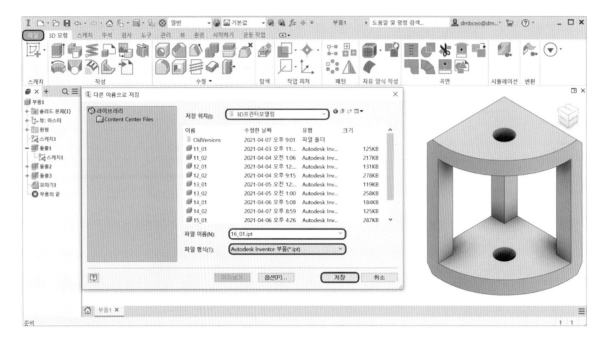

## (7) STP 파일 저장하기

파일 ⇨ 내보내기 ⇨ CAD 형식 ⇨ 3D프린터 모델링 ⇨ 파일 이름(N) : 16_01 ⇨ 파일 형식(T) : STEP 파일( * .stp; * .ste; * .step; * .stpz) ⇨ 저장

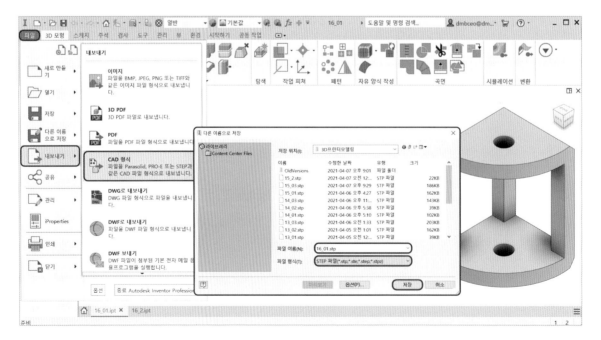

## 2  2번 부품 모델링하기

### (1) 스케치하기 1

XZ 평면에 그림과 같이 사각형과 원을 스케치하고 치수를 입력한다. 구속조건은 원의 중심점을 원점에 일치 구속한다.

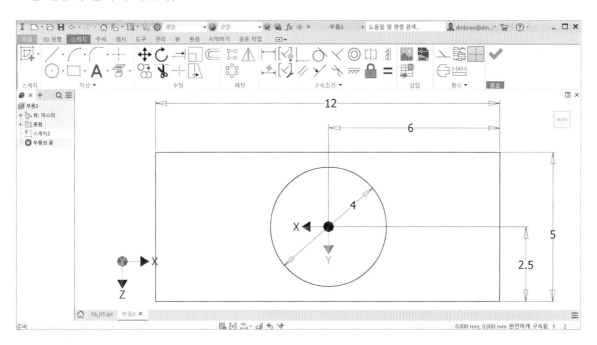

### (2) 대칭 돌출하기

3D 모형 ⇨ 작성 ⇨ 돌출 ⇨ 입력 형상 ⇨ 프로파일 ⇨ 동작 ⇨ 방향 : 대칭 ⇨ 거리 35 ⇨ 확인

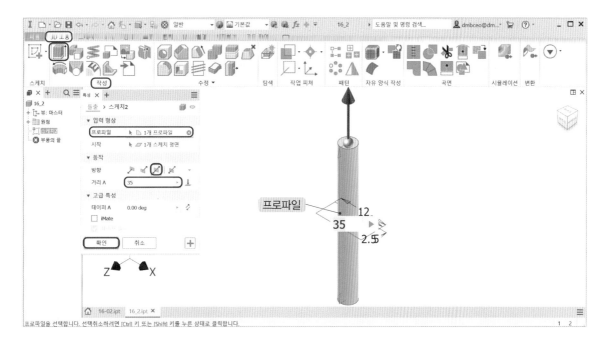

3D 모형 ⇨ 작성 ⇨ 돌출 ⇨ 입력 형상 ⇨ 프로파일 ⇨ 동작 ⇨ 방향 : 대칭 ⇨ 거리 26 ⇨ 출력 ⇨ 부울 : 접합 ⇨ 확인

**TIP>>**

1. 모형 탐색기 돌출 아래 스케치를 오른쪽 클릭하여 팝업창에서 가시성을 체크하여 돌출한다.
2. 돌출 거리 26은 상호 움직임이 발생하는 부위의 치수 B이다.

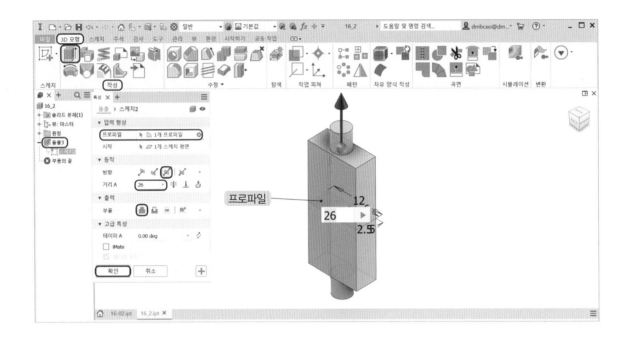

## (3) 모깎기

3D 모형 ⇨ 수정 ⇨ 모서리 모깎기 ⇨ 상수 ⇨ 모서리 ⇨ 반지름 3 ⇨ 확인

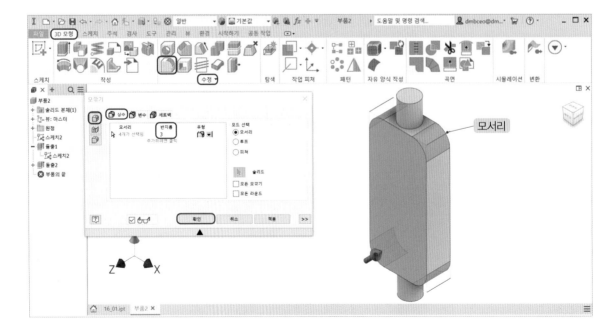

### (4) 텍스트

앞면에 스케치를 생성한다.

스케치 ⇨ 작성 ⇨ 텍스트 ⇨ 굴림체 7mm ⇨ 16 ⇨ 확인 ⇨ 스케치 종료

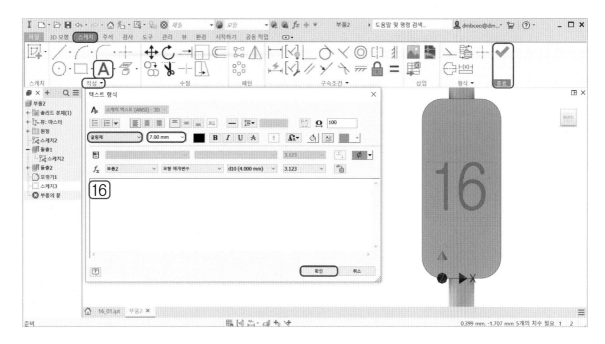

### (5) 엠보싱하기

3D 모형 ⇨ 작성 ⇨ 엠보싱 ⇨ 프로파일 ⇨ 깊이 : 0.5 ⇨ 면으로부터 오목 ⇨ 벡터 방향 2 ⇨ 확인

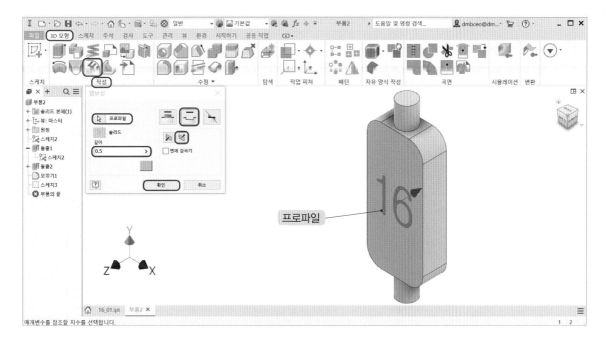

## (6) 파일 저장하기

파일 ⇨ 다른 이름으로 저장 ⇨ 3D프린터 모델링 ⇨ 파일 이름(N) : 16_02 ⇨ 파일 형식(T) : Autodesk inventor 부품( * .ipt) ⇨ 저장

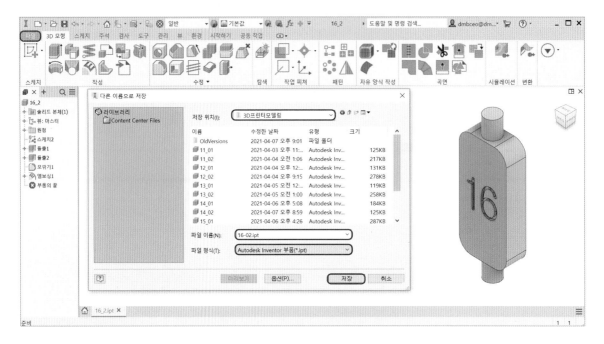

## (7) STP 파일 저장하기

파일 ⇨ 내보내기 ⇨ CAD 형식 ⇨ 3D프린터 모델링 ⇨ 파일 이름(N) : 16_02 ⇨ 파일 형식(T) : STEP 파일( * .stp; * .ste; * .step; * .stpz) ⇨ 저장

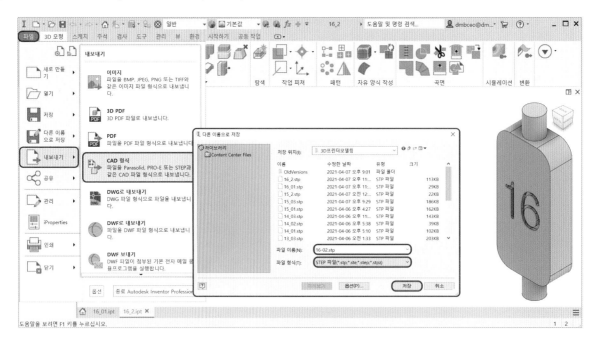

## 3 조립하기

### (1) 조립 시작하기

시작하기 ⇨ 시작 ⇨ 새로 만들기 ⇨ 조립품−2D 및 3D 구성요소 조립 : Standard.iam ⇨ 작성

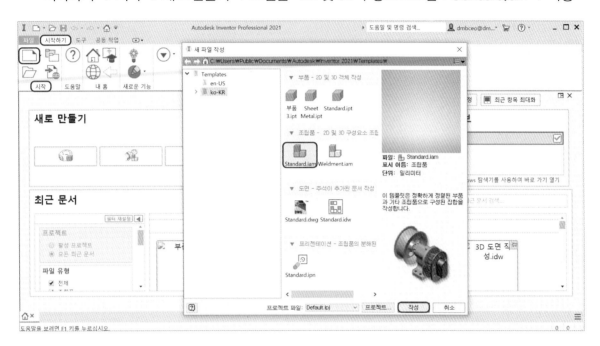

### (2) 1번 부품 불러 배치하기

조립 ⇨ 구성요소 ⇨ 배치 ⇨ 찾는 위치 : 3D프린터 모델링 ⇨ 이름 : 16_01 ⇨ 열기

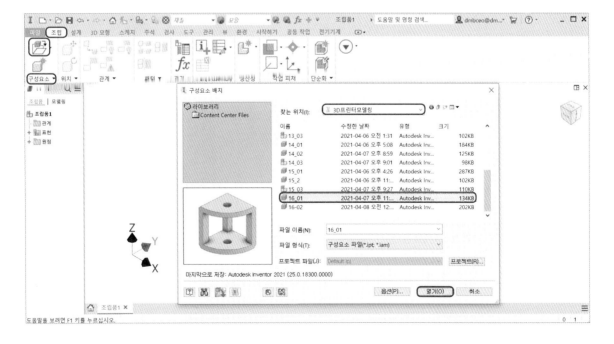

마우스 오른쪽 클릭 ⇨ X를 90° 회전 ⇨ 1번 부품 배치 위치에서 클릭

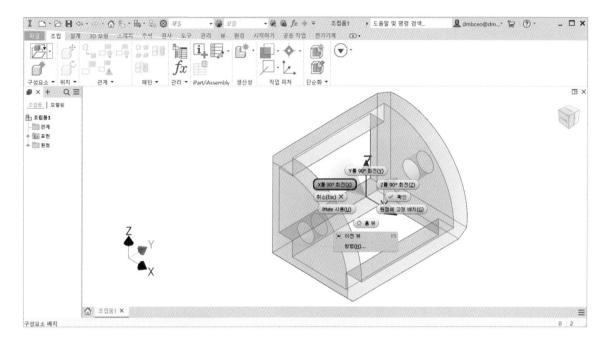

### (3) 2번 부품 불러 배치하기

조립 ⇨ 구성요소 ⇨ 배치 ⇨ 찾는 위치 : 3D프린터 모델링 ⇨ 이름 : 16_02 ⇨ 열기

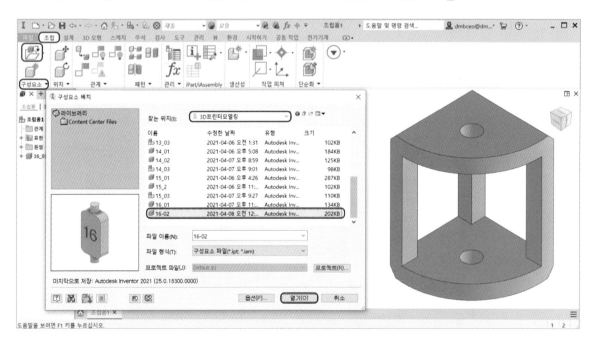

마우스 오른쪽 클릭 ⇨ X를 90° 회전 ⇨ 2번 부품 배치 위치에서 클릭

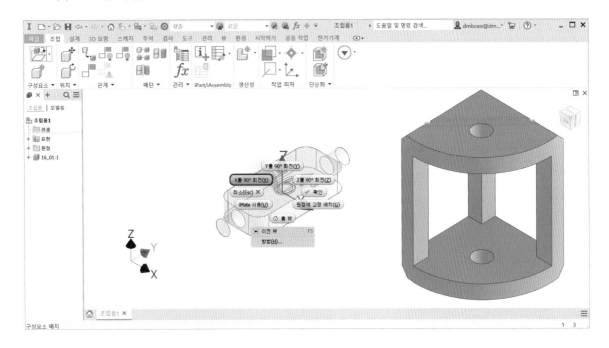

## (4) 구속하기

조립 ⇨ 관계 ⇨ 구속 ⇨ 유형 : 메이트 ⇨ 솔루션 : 메이트 ⇨ 선택 1(2번 부품의 축선) ⇨ 선택 2(1번 부품의 축선) ⇨ 확인

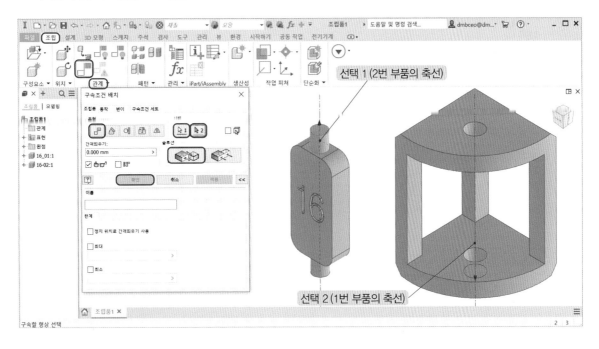

조립 ⇨ 관계 ⇨ 구속 ⇨ 유형 : 메이트 ⇨ 솔루션 : 플러시 ⇨ 선택 1(2번 부품의 면) ⇨ 선택 2(1번 부품의 면) ⇨ 간격띄우기 : 0 ⇨ 확인

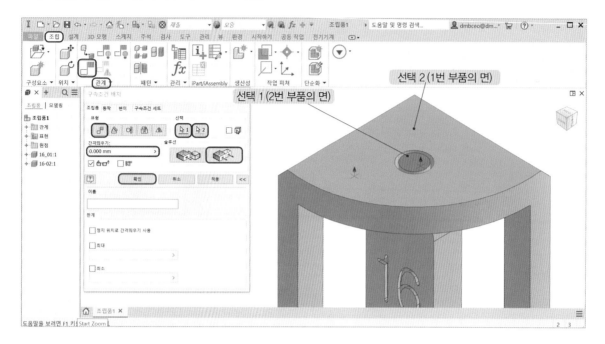

## (5) 파일 저장하기

파일 ⇨ 다른 이름으로 저장 ⇨ 3D프린터 모델링 ⇨ 파일 이름(N) : 16_03 ⇨ 파일 형식(T) : Autodesk inventor 조립품( * .iam) ⇨ 저장

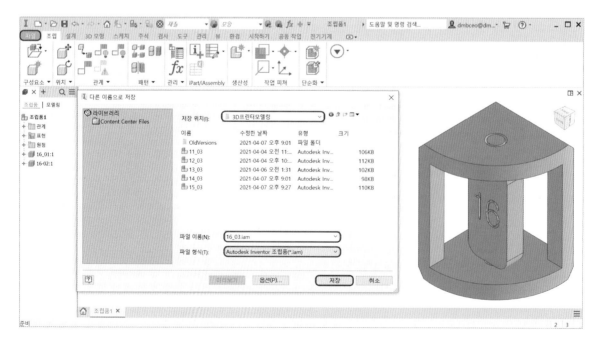

## (6) STP 파일 저장하기

파일 ⇨ 내보내기 ⇨ CAD 형식 ⇨ 3D프린터 모델링 ⇨ 파일 이름(N) : 16_03 ⇨ 파일 형식(T) : STEP 파일( * .stp; * .ste; * .step; * .stpz) ⇨ 저장

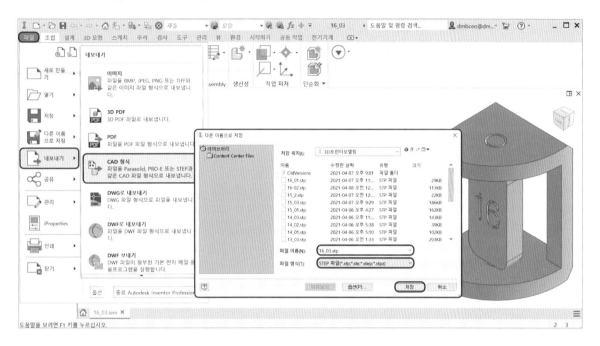

## (7) STL 파일 저장하기

파일 ⇨ 내보내기 ⇨ CAD 형식 ⇨ 3D프린터 모델링 ⇨ 파일 이름(N) : 16_04 ⇨ 파일 형식(T) : STL 파일( * .stl) ⇨ 저장

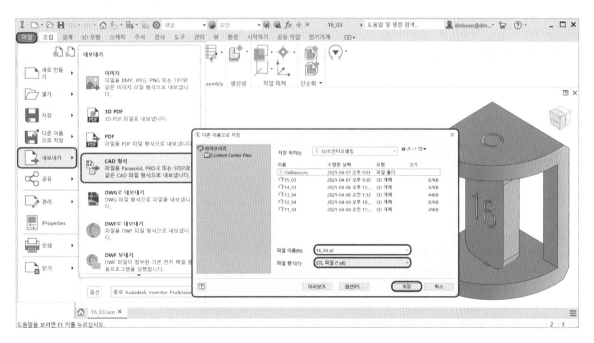

# 공개도면 ⑰

| 자격종목 | 3D프린터운용기능사 | [시험 1] 과제명 | 3D모델링 작업 | 척도 | NS |
|---|---|---|---|---|---|

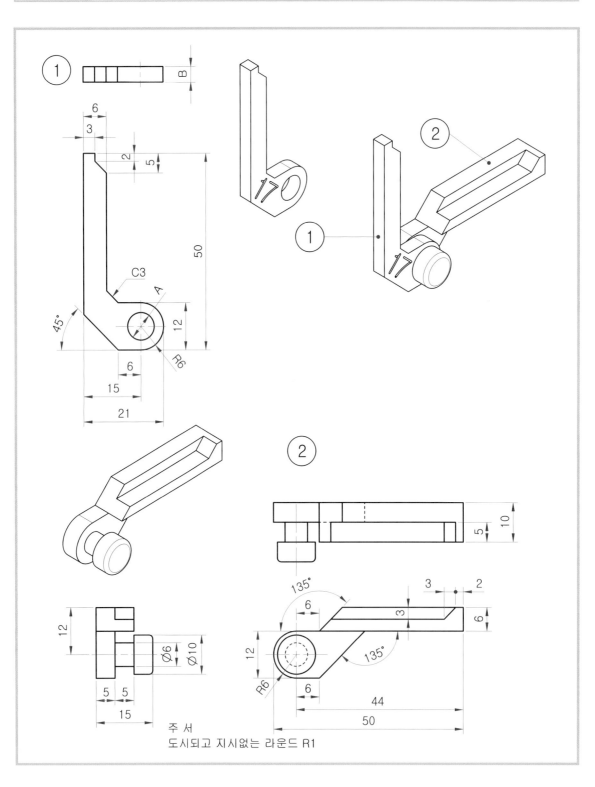

주 서
도시되고 지시없는 라운드 R1

# 17 3D프린터 모델링하기 17

## 1 1번 부품 모델링하기

### (1) 스케치하기 1

ZY 평면에 그림과 같이 스케치하고 치수를 입력한다. 구속조건은 아래쪽 수평선을 원점에 일치 구속한다.

**TIP>>**
치수 7은 상호 움직임이 발생하는 부위의 치수 A이다.

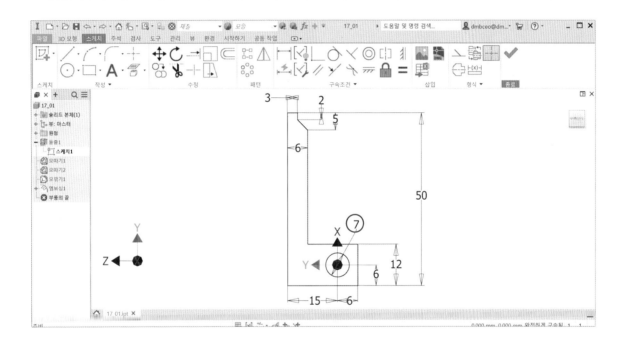

## (2) 돌출하기

3D 모형 ⇨ 작성 ⇨ 돌출 ⇨ 입력 형상 ⇨ 프로파일 ⇨ 동작 ⇨ 방향 : 기본값 ⇨ 거리 4 ⇨ 확인

**TIP>>**
돌출 거리 4는 상호 움직임이 발생하는 부위의 치수 B이다.

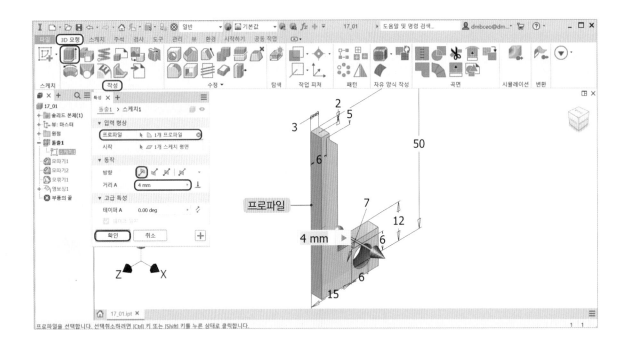

## (3) 모따기하기

3D 모형 ⇨ 수정 ⇨ 모따기 ⇨ 대칭 ⇨ 모서리 ⇨ 거리 9 ⇨ 확인

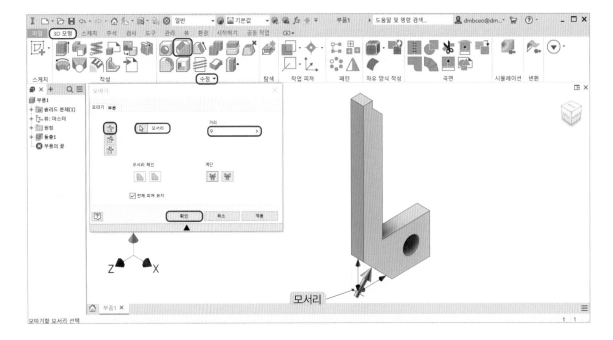

3D 모형 ⇨ 수정 ⇨ 모따기 ⇨ 대칭 ⇨ 모서리 ⇨ 거리 3 ⇨ 확인

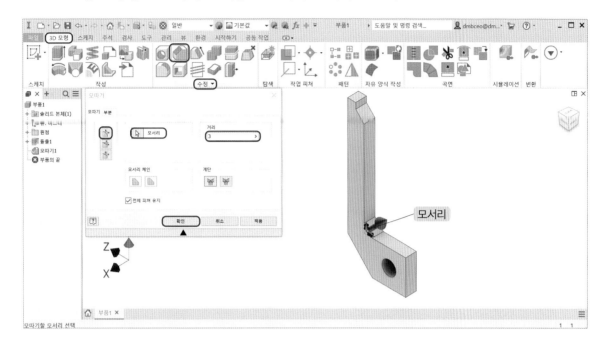

## (4) 모깎기

3D 모형 ⇨ 수정 ⇨ 모서리 모깎기 ⇨ 상수 ⇨ 모서리 ⇨ 반지름 6 ⇨ 확인

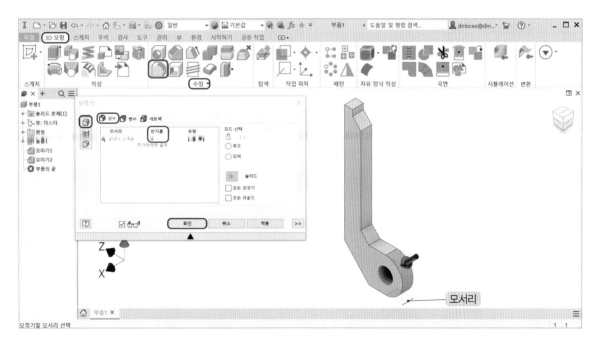

## (5) 텍스트

우측면에 스케치를 생성한다. 모서리에 평행한 사선을 작성하고 구성선으로 바꾼다.

스케치 ⇨ 작성 ⇨ 형상 텍스트 ⇨ 형상(사선 선택) ⇨ 굴림체 7mm ⇨ 17 ⇨ 확인 ⇨ 스케치 종료

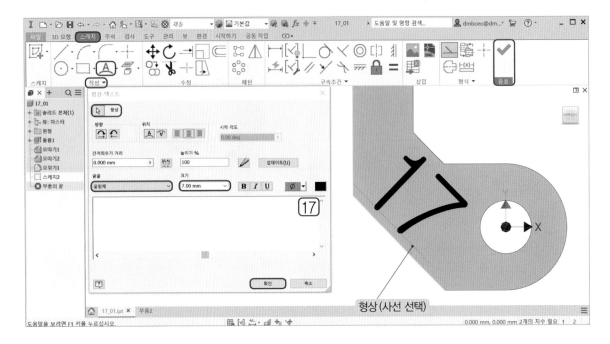

## (6) 엠보싱하기

3D 모형 ⇨ 작성 ⇨ 엠보싱 ⇨ 프로파일 ⇨ 깊이 : 0.5 ⇨ 면으로부터 오목 ⇨ 벡터 방향 2 ⇨ 확인

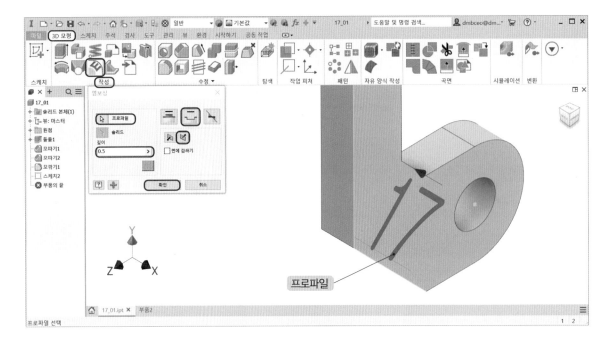

## (7) 파일 저장하기

파일 ⇨ 다른 이름으로 저장 ⇨ 3D프린터 모델링 ⇨ 파일 이름(N) : 17_01 ⇨ 파일 형식(T) : Autodesk inventor 부품( * .ipt) ⇨ 저장

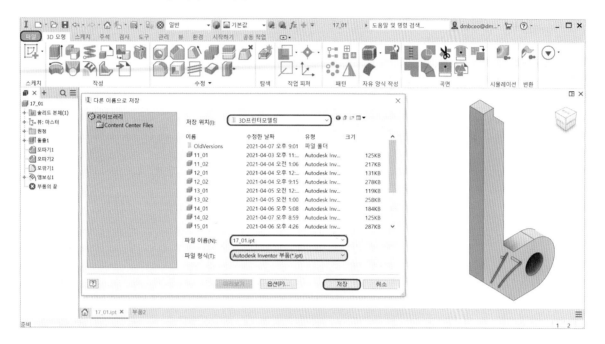

## (8) STP 파일 저장하기

파일 ⇨ 내보내기 ⇨ CAD 형식 ⇨ 3D프린터 모델링 ⇨ 파일 이름(N) : 17_01 ⇨ 파일 형식(T) : STEP 파일( * .stp; * .ste; * .step; * .stpz) ⇨ 저장

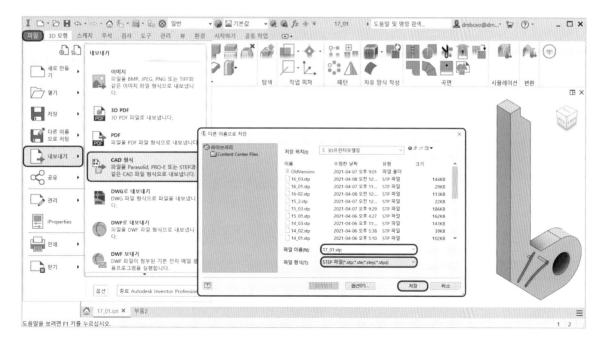

## ② 2번 부품 모델링하기

### (1) 스케치하기 1

ZY 평면에 그림과 같이 스케치하고 치수를 입력한다. 구속조건은 원의 중심점을 원점에 일치
구속한다.

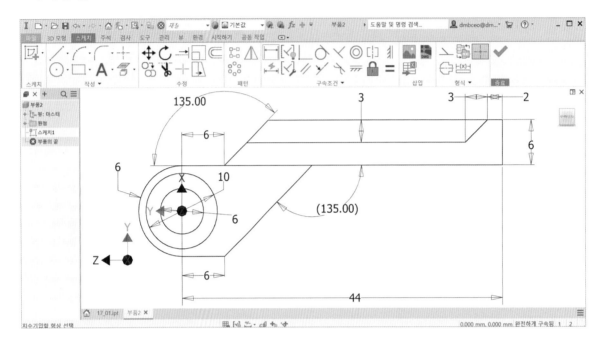

### (2) 돌출하기

3D 모형 ⇨ 작성 ⇨ 돌출 ⇨ 입력 형상 ⇨ 프로파일 ⇨ 동작 ⇨ 방향 : 반전 ⇨ 거리 5 ⇨ 확인

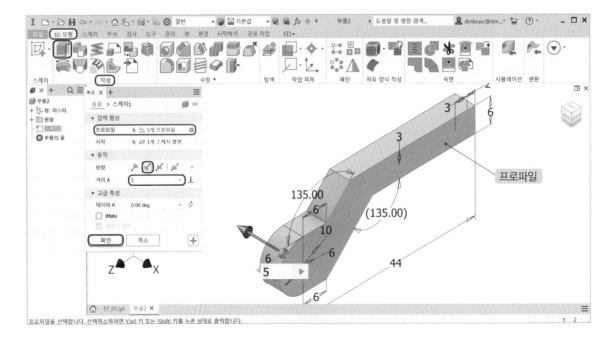

3D 모형 ⇨ 작성 ⇨ 돌출 ⇨ 입력 형상 ⇨ 프로파일 ⇨ 동작 ⇨ 방향 : 기본값 ⇨ 거리 5 ⇨ 출력 ⇨ 부울 : 접합 ⇨ 확인

**TIP>>**
모형 탐색기 돌출 아래 스케치를 오른쪽 클릭하여 팝업창에서 가시성을 체크하여 돌출을 같은 방법으로 한다.

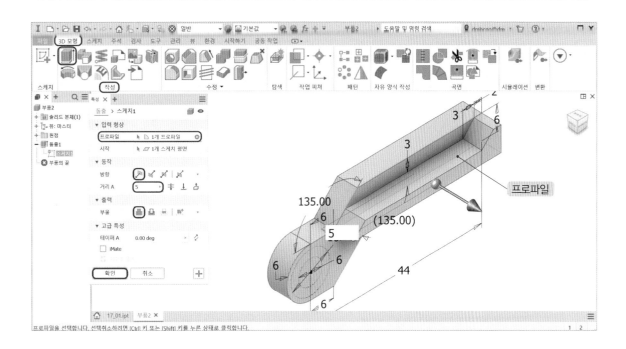

3D 모형 ⇨ 작성 ⇨ 돌출 ⇨ 입력 형상 ⇨ 프로파일 ⇨ 동작 ⇨ 방향 : 기본값 ⇨ 거리 10 ⇨ 출력 ⇨ 부울 : 접합 ⇨ 확인

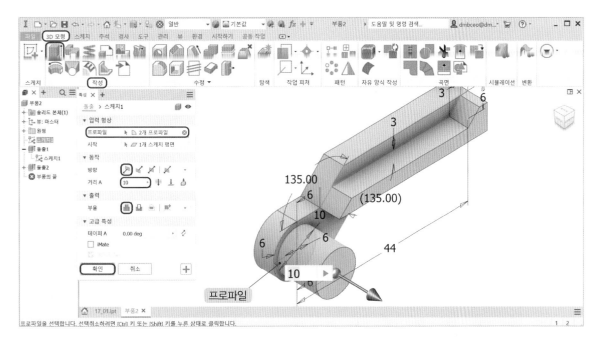

3D 모형 ⇨ 작성 ⇨ 돌출 ⇨ 입력 형상 ⇨ 프로파일 ⇨ 동작 ⇨ 방향 : 기본값 ⇨ 거리 5 ⇨ 출력 ⇨ 부울 : 잘라내기 ⇨ 확인

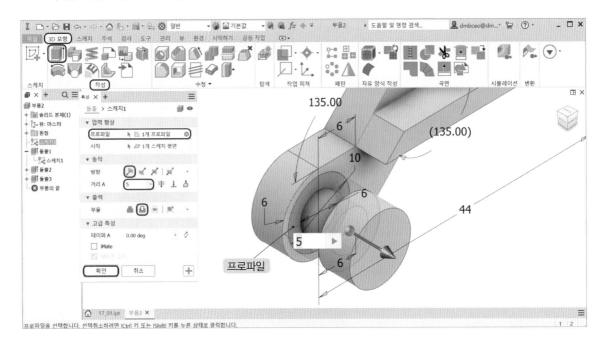

## (3) 모깎기

3D 모형 ⇨ 수정 ⇨ 모서리 모깎기 ⇨ 상수 ⇨ 모서리 ⇨ 반지름 1 ⇨ 확인

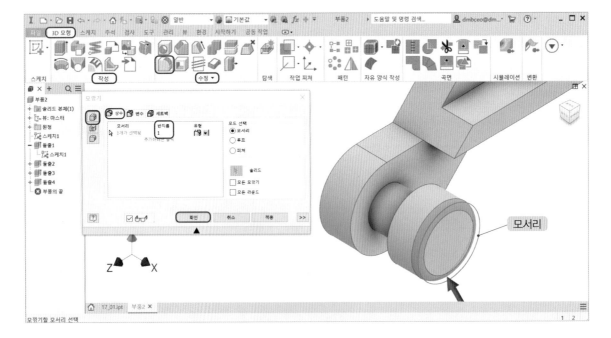

### (4) 파일 저장하기

파일 ⇨ 다른 이름으로 저장 ⇨ 3D프린터 모델링 ⇨ 파일 이름(N) : 17_02 ⇨ 파일 형식(T) : Autodesk inventor 부품( * .ipt) ⇨ 저장

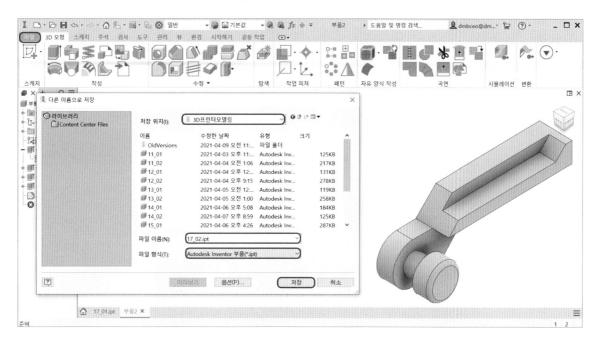

### (5) STP 파일 저장하기

파일 ⇨ 내보내기 ⇨ CAD 형식 ⇨ 3D프린터 모델링 ⇨ 파일 이름(N) : 17_02 ⇨ 파일 형식(T) : STEP 파일( * .stp; * .ste; * .step; * .stpz) ⇨ 저장

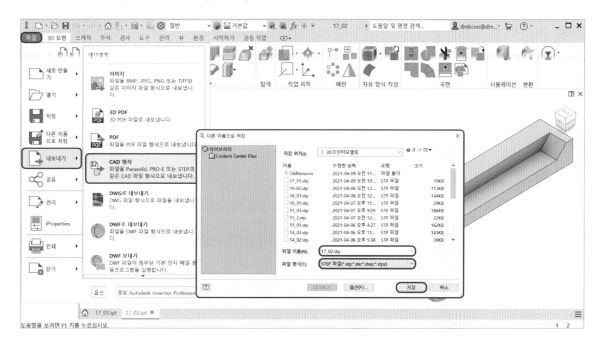

## 3 조립하기

### (1) 조립 시작하기

시작하기 ⇨ 시작 ⇨ 새로 만들기 ⇨ 조립품-2D 및 3D 구성요소 조립 : Standard.iam ⇨ 작성

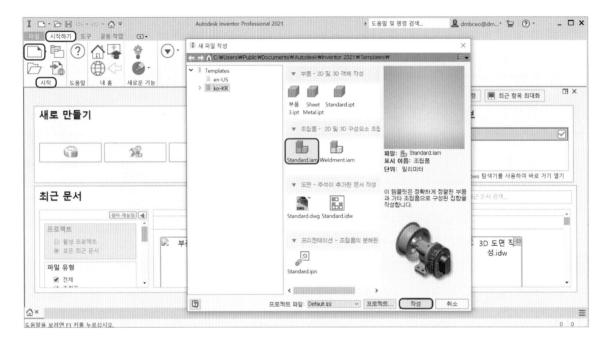

### (2) 2번 부품 불러 배치하기

조립 ⇨ 구성요소 ⇨ 배치 ⇨ 찾는 위치 : 3D프린터 모델링 ⇨ 이름 : 17_02 ⇨ 열기

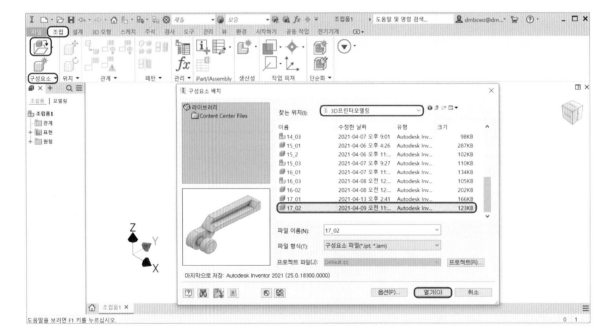

마우스 오른쪽 클릭 ⇨ X를 90° 회전 ⇨ 1번 부품 배치 위치에서 클릭

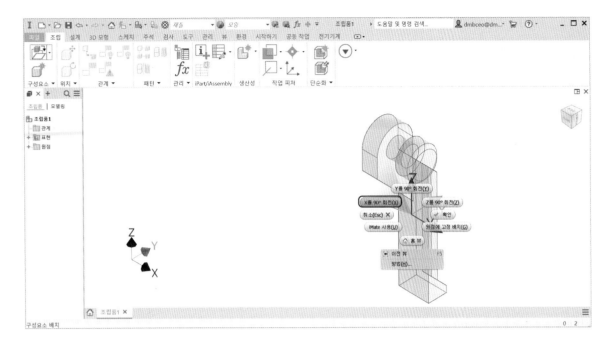

## (3) 1번 부품 불러 배치하기

조립 ⇨ 구성요소 ⇨ 배치 ⇨ 찾는 위치 : 3D프린터 모델링 ⇨ 이름 : 17_01 ⇨ 열기

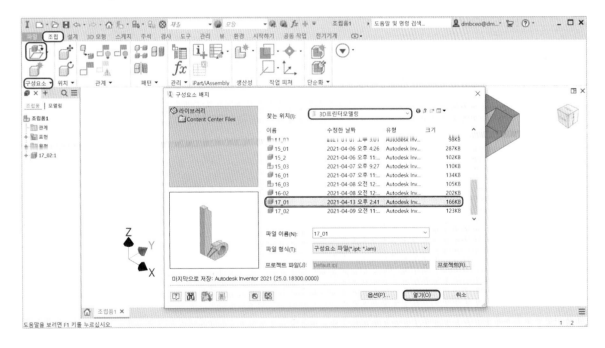

마우스 오른쪽 클릭 ⇨ X를 90° 회전 ⇨ 2번 부품 배치 위치에서 클릭

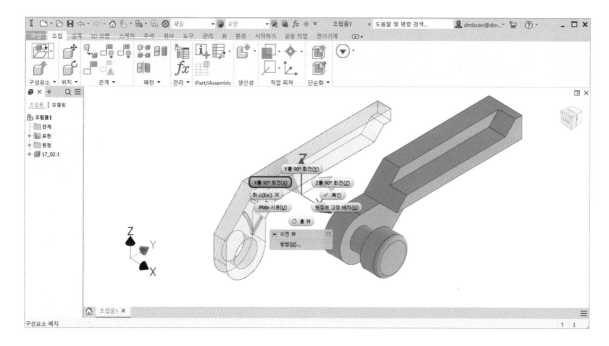

## (4) 구속하기

조립 ⇨ 관계 ⇨ 구속 ⇨ 유형 : 메이트 ⇨ 솔루션 : 메이트 ⇨ 선택 1(1번 부품의 축선) ⇨ 선택 2(2번 부품의 축선) ⇨ 확인

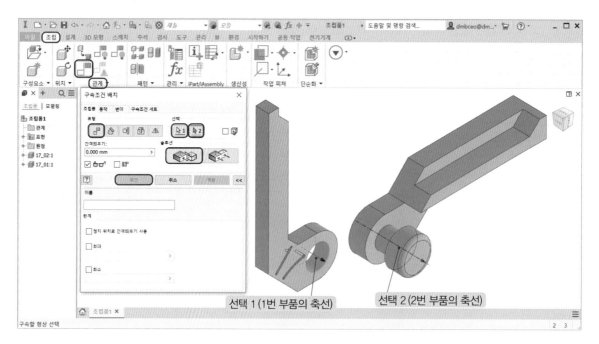

선택 1 (1번 부품의 축선)     선택 2 (2번 부품의 축선)

조립 ⇨ 관계 ⇨ 구속 ⇨ 유형 : 메이트 ⇨ 솔루션 : 메이트 ⇨ 선택 1(1번 부품의 면) ⇨ 간격띄우기 : 0.5

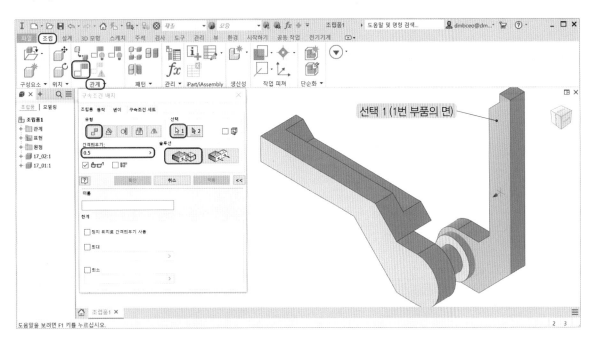

솔루션 : 메이트 ⇨ 선택 2(2번 부품의 면) ⇨ 간격띄우기 : 0.5 ⇨ 확인

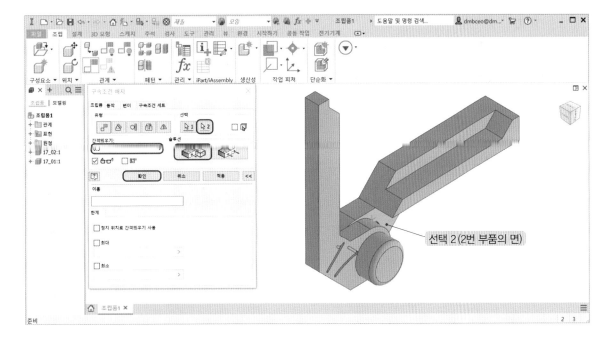

## (5) 파일 저장하기

파일 ⇨ 다른 이름으로 저장 ⇨ 3D프린터 모델링 ⇨ 파일 이름(N) : 17_03 ⇨ 파일 형식(T) : Autodesk inventor 조립품( * .iam) ⇨ 저장

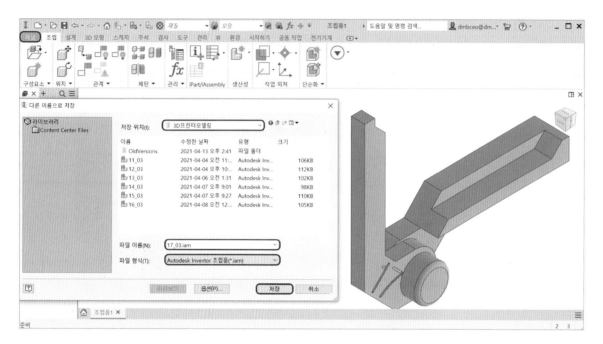

## (6) STP 파일 저장하기

파일 ⇨ 내보내기 ⇨ CAD 형식 ⇨ 3D프린터 모델링 ⇨ 파일 이름(N) : 17_03 ⇨ 파일 형식(T) : STEP 파일( * .stp; * .ste; * .step; * .stpz) ⇨ 저장

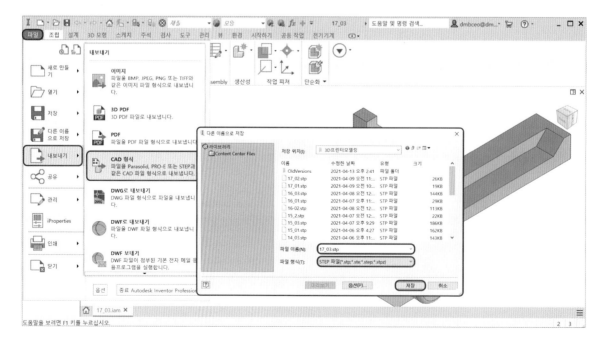

### (7) STL 파일 저장하기

파일 ⇨ 내보내기 ⇨ CAD 형식 ⇨ 3D프린터 모델링 ⇨ 파일 이름(N) : 17_04 ⇨ 파일 형식(T) : STL 파일( * .stl) ⇨ 저장

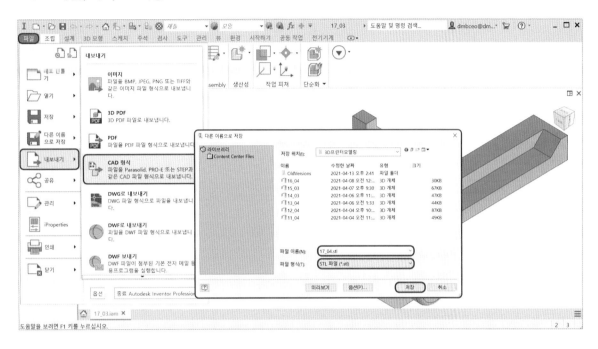

# 공개도면 ⑱

| 자격종목 | 3D프린터운용기능사 | [시험 1] 과제명 | 3D모델링 작업 | 척도 | NS |
|---|---|---|---|---|---|

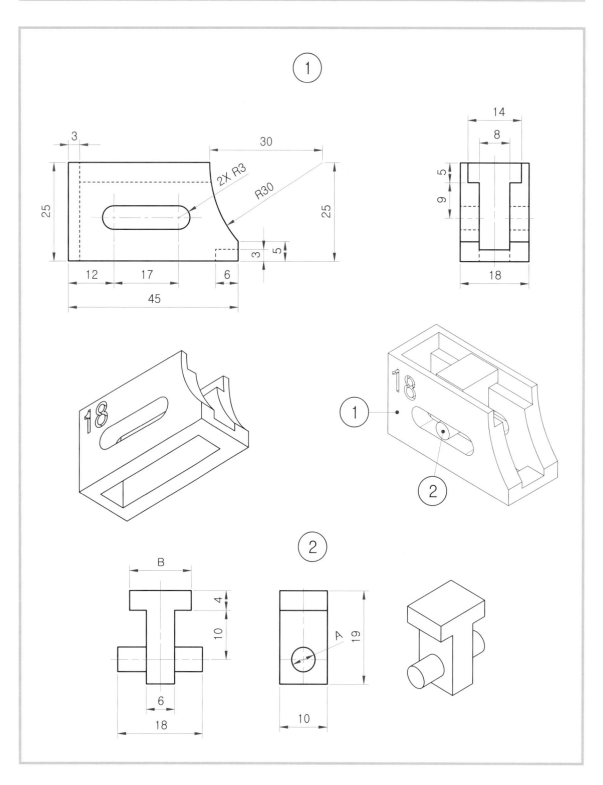

## 18 3D프린터 모델링하기 18

### 1 1번 부품 모델링하기

#### (1) 스케치하기 1

XY 평면에 그림과 같이 스케치하고 치수를 입력한다. 구속조건은 슬롯 원호의 중심점을 원점에 일치 구속한다.

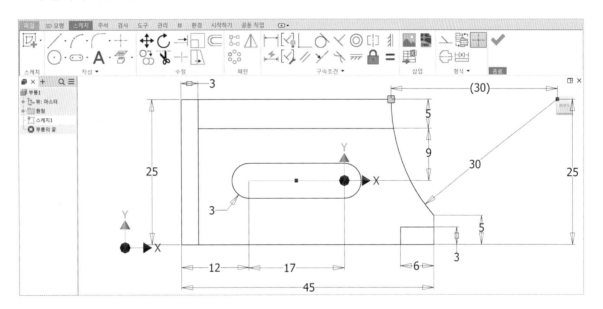

#### (2) 돌출하기

3D 모형 ⇨ 작성 ⇨ 돌출 ⇨ 입력 형상 ⇨ 프로파일 ⇨ 동작 ⇨ 방향 : 대칭 ⇨ 거리 18 ⇨ 확인

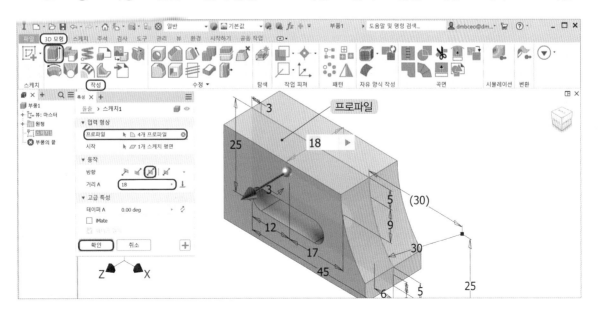

3D 모형 ⇨ 작성 ⇨ 돌출 ⇨ 입력 형상 ⇨ 프로파일 ⇨ 동작 ⇨ 방향 : 대칭 ⇨ 거리 8 ⇨ 출력 ⇨ 부울 : 잘라내기 ⇨ 확인

**TIP>>**
모형 탐색기 돌출 아래 스케치를 오른쪽 클릭하여 팝업창에서 가시성을 체크하여 돌출을 같은 방법으로 한다.

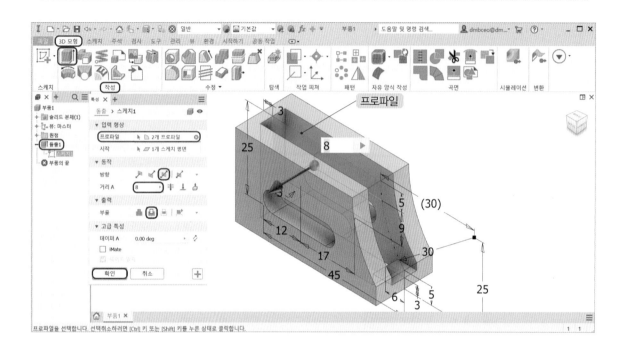

3D 모형 ⇨ 작성 ⇨ 돌출 ⇨ 입력 형상 ⇨ 프로파일 ⇨ 동작 ⇨ 방향 : 대칭 ⇨ 거리 14 ⇨ 출력 ⇨ 부울 : 잘라내기 ⇨ 확인

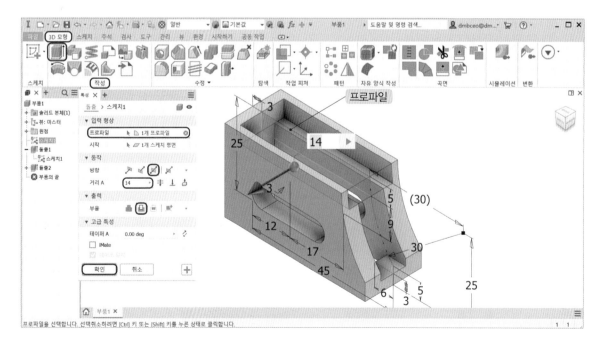

## (3) 텍스트

앞면에 스케치를 생성한다.

스케치 ⇨ 작성 ⇨ 텍스트 ⇨ 굴림체 8mm ⇨ 18 ⇨ 확인 ⇨ 스케치 종료

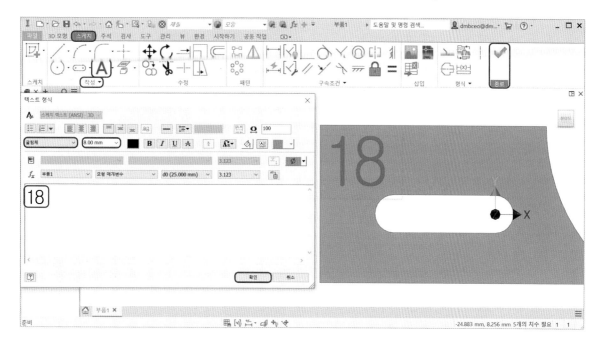

## (4) 엠보싱하기

3D 모형 ⇨ 작성 ⇨ 엠보싱 ⇨ 프로파일 ⇨ 깊이 : 0.5 ⇨ 면으로부터 오목 ⇨ 벡터 방향 2 ⇨ 확인

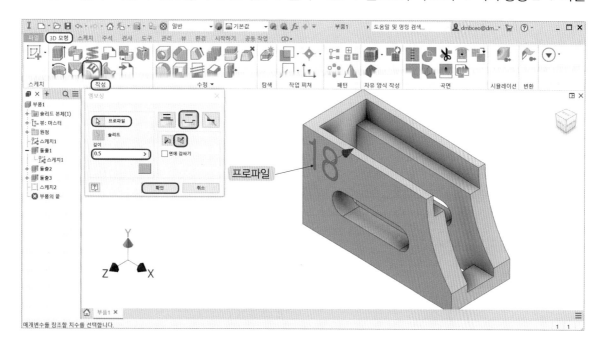

## (5) 파일 저장하기

파일 ⇨ 다른 이름으로 저장 ⇨ 3D프린터 모델링 ⇨ 파일 이름(N) : 18_01 ⇨ 파일 형식(T) : Autodesk inventor 부품( * .ipt) ⇨ 저장

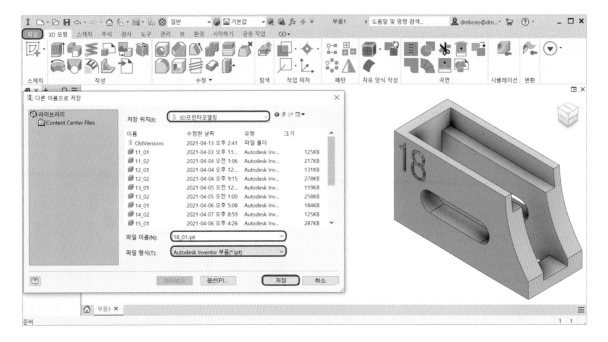

## (6) STP 파일 저장하기

파일 ⇨ 내보내기 ⇨ CAD 형식 ⇨ 3D프린터 모델링 ⇨ 파일 이름(N) : 18_01 ⇨ 파일 형식(T) : STEP 파일( * .stp; * .ste; * .step; * .stpz) ⇨ 저장

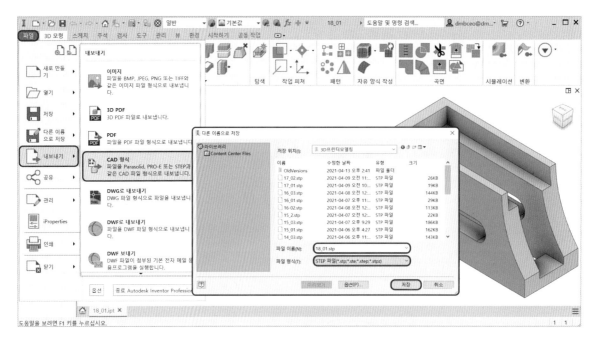

### 2 2번 부품 모델링하기

#### (1) 스케치하기 1

XY 평면에 그림과 같이 스케치하고 치수를 입력한다. 구속조건은 원의 중심점을 원점에 일치 구속한다.

**TIP>>**

치수 5는 상호 움직임이 발생하는 부위의 치수 A이다.

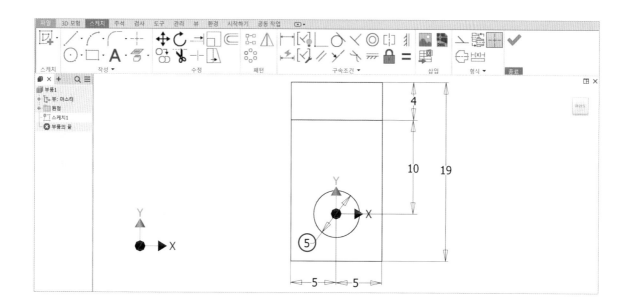

#### (2) 대칭 돌출하기

3D 모형 ⇨ 작성 ⇨ 돌출 ⇨ 입력 형상 ⇨ 프로파일 ⇨ 동작 ⇨ 방향 : 대칭 ⇨ 거리 18 ⇨ 확인

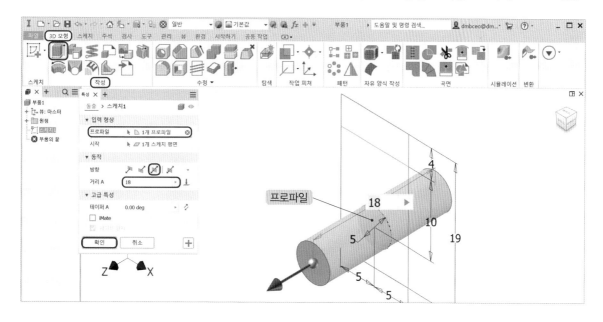

3D 모형 ⇨ 작성 ⇨ 돌출 ⇨ 입력 형상 ⇨ 프로파일 ⇨ 동작 ⇨ 방향 : 대칭 ⇨ 거리 6 ⇨ 출력 ⇨
부울 : 접합 ⇨ 확인

**TIP>>**
모형 탐색기 돌출 아래 스케치를 오른쪽 클릭하여 팝업창에서 가시성을 체크하여 돌출한다.

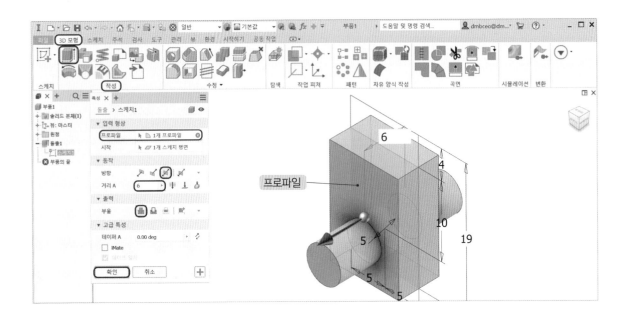

3D 모형 ⇨ 작성 ⇨ 돌출 ⇨ 입력 형상 ⇨ 프로파일 ⇨ 동작 ⇨ 방향 : 대칭 ⇨ 거리 13 ⇨ 출력
⇨ 부울 : 접합 ⇨ 확인

**TIP>>**
돌출 거리 13은 상호 움직임이 발생하는 부위의 치수 B이다.

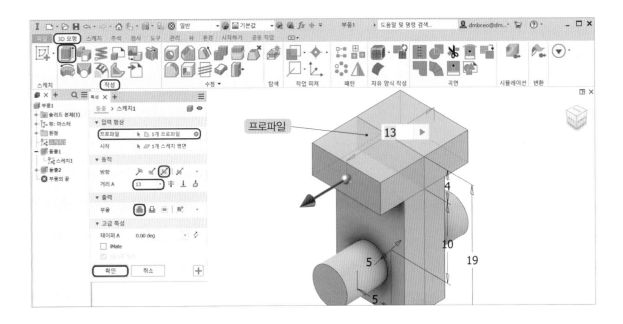

## (3) 파일 저장하기

파일 ⇨ 다른 이름으로 저장 ⇨ 3D프린터 모델링 ⇨ 파일 이름(N) : 18_02 ⇨ 파일 형식(T) : Autodesk inventor 부품( * .ipt) ⇨ 저장

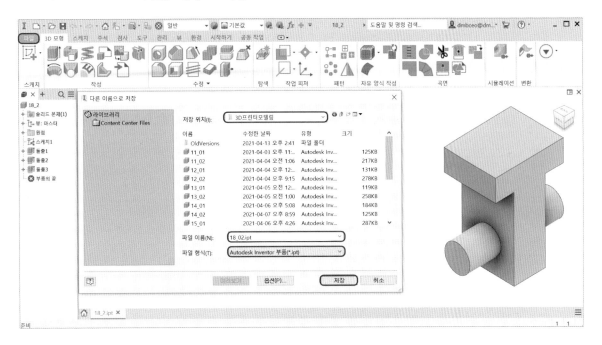

## (4) STP 파일 저장하기

파일 ⇨ 내보내기 ⇨ CAD 형식 ⇨ 3D프린터 모델링 ⇨ 파일 이름(N) : 18_02 ⇨ 파일 형식(T) : STEP 파일( * .stp; * .ste; * .step; * .stpz) ⇨ 저장

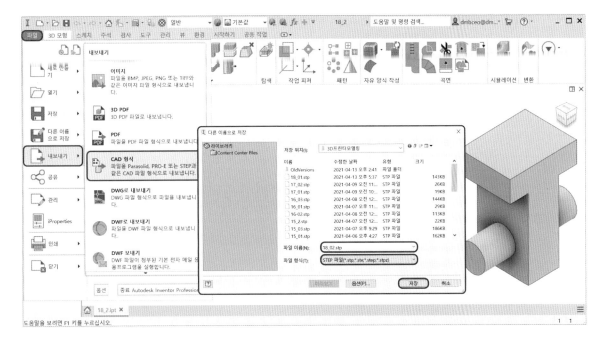

# 3 조립하기

## (1) 조립 시작하기

시작하기 ⇨ 시작 ⇨ 새로 만들기 ⇨ 조립품-2D 및 3D 구성요소 조립 : Standard.iam ⇨ 작성

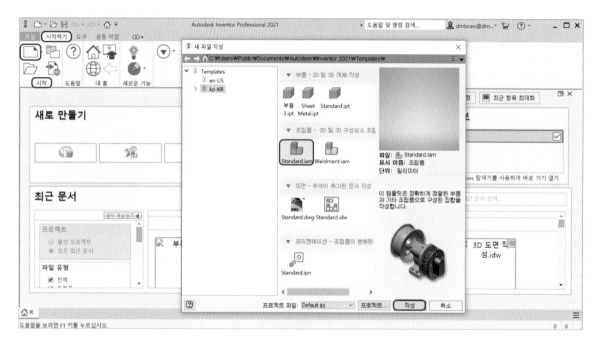

## (2) 1번 부품 불러 배치하기

조립 ⇨ 구성요소 ⇨ 배치 ⇨ 찾는 위치 : 3D프린터 모델링 ⇨ 이름 : 18_01 ⇨ 열기

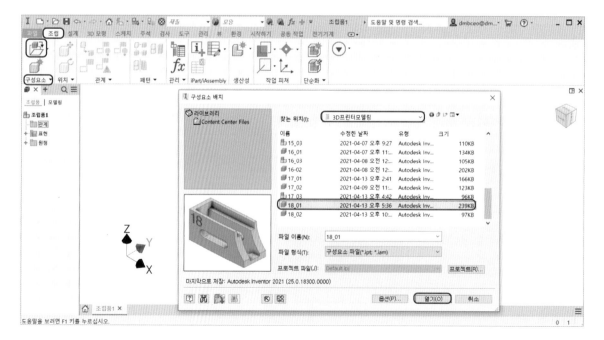

마우스 오른쪽 클릭 ➪ X를 90° 회전 ➪ 1번 부품 배치 위치에서 클릭

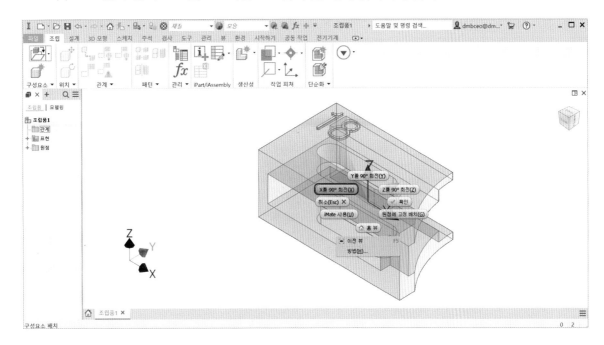

### (3) 2번 부품 불러 배치하기

조립 ➪ 구성요소 ➪ 배치 ➪ 찾는 위치 : 3D프린터 모델링 ➪ 이름 : 18_02 ➪ 열기

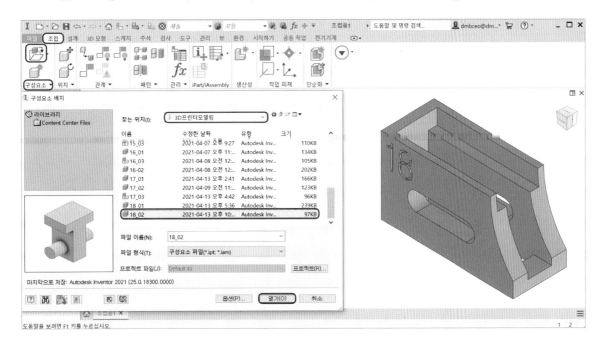

마우스 오른쪽 클릭 ⇨ X를 90° 회전 ⇨ 2번 부품 배치 위치에서 클릭

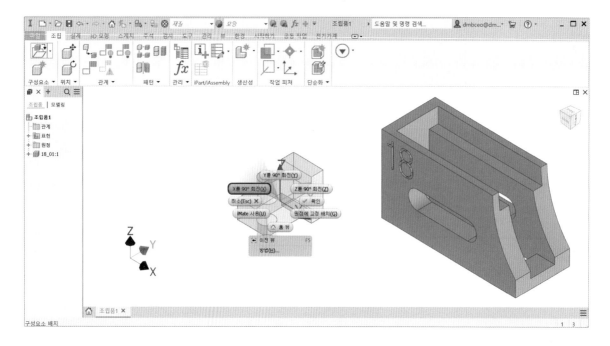

## (4) 구속하기

조립 ⇨ 관계 ⇨ 구속 ⇨ 유형 : 메이트 ⇨ 솔루션 : 메이트 ⇨ 선택 1(2번 부품의 축선) ⇨ 선택 2(1번 부품의 축선) ⇨ 확인

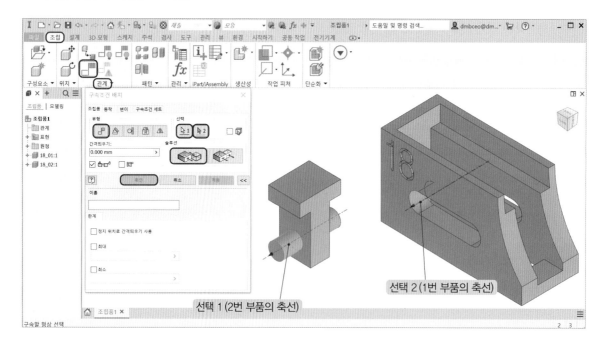

조립 ⇨ 관계 ⇨ 구속 ⇨ 유형 : 메이트 ⇨ 솔루션 : 메이트 ⇨ 선택 1(2번 부품의 면) ⇨ 간격띄우기 : 0.5

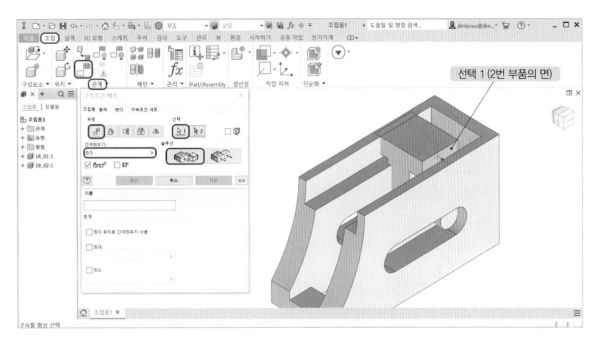

솔루션 : 메이트 ⇨ 선택 2(1번 부품의 면) ⇨ 간격띄우기 : 0.5 ⇨ 확인

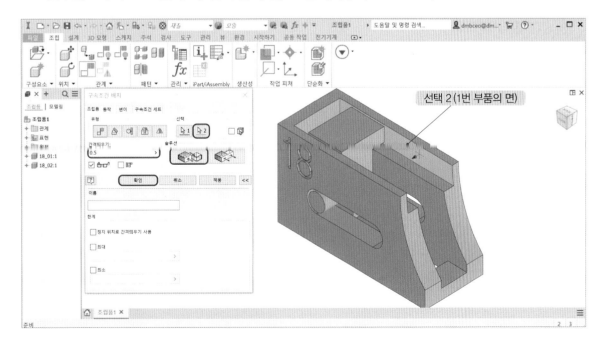

## (5) STL 파일 저장하기

파일 ⇨ 다른 이름으로 저장 ⇨ 3D프린터 모델링 ⇨ 파일 이름(N) : 18_03 ⇨ 파일 형식(T) : Autodesk inventor 조립품( * .iam) ⇨ 저장

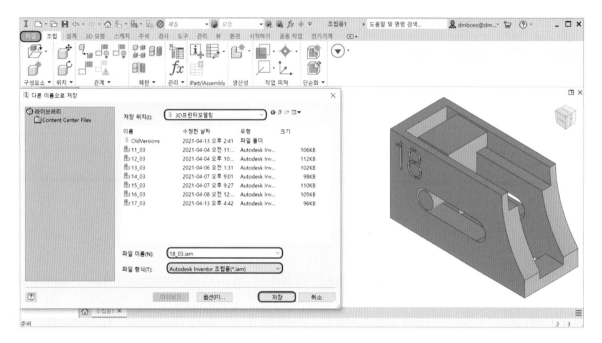

## (6) STP 파일 저장하기

파일 ⇨ 내보내기 ⇨ CAD 형식 ⇨ 3D프린터 모델링 ⇨ 파일 이름(N) : 18_03 ⇨ 파일 형식(T) : STEP 파일( * .stp; * .ste; * .step; * .stpz) ⇨ 저장

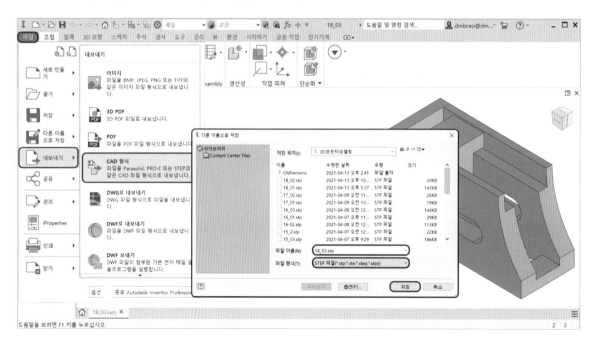

## (7) STL 파일 저장하기

파일 ⇨ 내보내기 ⇨ CAD 형식 ⇨ 3D프린터 모델링 ⇨ 파일 이름(N) : 18_04 ⇨ 파일 형식(T) : STL 파일( * .stl) ⇨ 저장

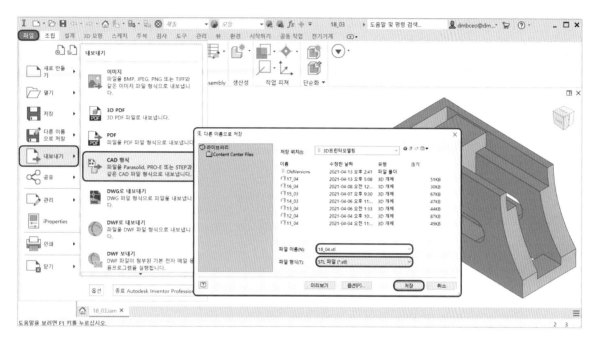

Chapter

3

3D프린터 모델링하기

# 인벤터 3D프린팅

2022년  1월  10일  인쇄
2022년  1월  15일  발행

저자 : 이광수
펴낸이 : 이정일

펴낸곳 : 도서출판 **일진사**
www.iljinsa.com

04317 서울시 용산구 효창원로 64길 6
대표전화 : 704-1616, 팩스 : 715-3536
등록번호 : 제1979-000009호(1979.4.2)

**값 28,000원**

ISBN : 978-89-429-1681-8